Kostenermittlung und -kalkulation im Bauprojekt

Alexander Malkwitz · Markus Kattenbusch
Simon Mock · Merle Grüber

Kostenermittlung und -kalkulation im Bauprojekt

Grundlagen und Anwendung

Springer Vieweg

Alexander Malkwitz
Institut für Baubetrieb und Baumanagement
Universität Duisburg-Essen
Öffentlich bestellter u. vereidigter
Sachverständiger für Baupreisermittlung und
Abrechnung im Hoch- und Ingenieurbau sowie
Bauablaufstörungen
Essen, Deutschland

Simon Mock
Beratender Ingenieur
KKP Ingenieure GbR
Essen, Deutschland

Markus Kattenbusch
Institut für Baubetrieb und
Bauverfahrenstechnik, HS Bochum
Öffentlich bestellter u. vereidigter
Sachverständiger für Baupreisermittlung und
Abrechnung im Hoch- und Ingenieurbau sowie
Bauablaufstörungen, KKP Ingenieure GbR
Essen, Deutschland

Merle Grüber
Institut für Baubetrieb und Baumanagement
Universität Duisburg-Essen
Essen, Deutschland

ISBN 978-3-658-38926-0   ISBN 978-3-658-38927-7 (eBook)
https://doi.org/10.1007/978-3-658-38927-7

Die Deutsche Nationalbibliothek verzeichnet diese Publikation in der Deutschen Nationalbibliografie; detaillierte bibliografische Daten sind im Internet über http://dnb.d-nb.de abrufbar.

Springer Vieweg
© Der/die Herausgeber bzw. der/die Autor(en), exklusiv lizenziert an Springer Fachmedien Wiesbaden GmbH, ein Teil von Springer Nature 2022, korrigierte Publikation 2023

Planung/Lektorat: Karina Danulat
Springer Vieweg ist ein Imprint der eingetragenen Gesellschaft Springer Fachmedien Wiesbaden GmbH und ist ein Teil von Springer Nature.
Die Anschrift der Gesellschaft ist: Abraham-Lincoln-Str. 46, 65189 Wiesbaden, Germany

Vorwort

Die Bauwirtschaft ist einer der größten Wirtschaftszweige in Deutschland. Neben der steigenden technischen und vertraglichen Komplexität von Bauprojekten ist die Einhaltung der Wirtschaftlichkeit mehr denn je der zentrale Erfolgsfaktor für die erfolgreiche Realisierung von Bauprojekten. Die Ermittlung der Kosten eines Bauprojektes entlang der gesamten Realisierung, beginnend von der ersten Idee bis zum erfolgreichen Abschluss und sogar darüber hinaus in der Betriebsphase, ist dabei von entscheidender Bedeutung. Dies beginnt bei der Ermittlung eines ersten Kostenrahmens, geht über die Kostenschätzung zu den kalkulativen Ermittlungen von Kosten für die einzelnen Gewerke bis zur nachträglichen Ermittlung der tatsächlich angefallenen Kosten. Die Kostenermittlung begleitet das Bauprojekt damit entlang der gesamten Planungs- und Realisierungsphase.

In diesem Buch werden daher entlang eines typischen Projektablaufes alle Kostenermittlungsaufgaben erläutert. Dies beginnt mit der Darstellung der Methoden der Projektkostenermittlung und der Grundlagen des Rechnungswesens sowie der betriebswirtschaftlichen Grundlagen der Gewerkekalkulation. Aufbauend darauf wird die Methode der Zuschlags- bzw. Umlagekalkulation erläutert. Im Anschluß daran werden die Kalkulationsaufgaben im laufenden Vertrag dargestellt, um mögliche Vergütungsanpassungen als auch Schadensersatz und Entschädigungsansprüche zu ermitteln.

Ohne besondere Hilfe wäre dieses Buch nicht realisiert worden. Besonders möchten wir Frau Ada Berisha für die Unterstützung bei der Bearbeitung des Themas der Projektkostenkalkulation danken. Außerdem danken wir Frau Martina Gevers und Herrn Stefan Schenke für die wertvolle Unterstützung bei der redaktionellen Prüfung des Werkes.

Dem Springer Verlag danken wir für die Unterstützung und für das entgegengebrachte Vertrauen. Insbesondere danken wir Frau Karina Danulat und Frau Annette Prenzer für die Begleitung während des gesamten Buchprojektes.

Essen, Deutschland   Alexander Malkwitz
Juli 2022   Markus Kattenbusch

Die Originalversion dieses Buches wurde revidiert. Ein Erratum ist verfügbar unter:
https://doi.org/10.1007/978-3-658-38927-7_6

Inhaltsverzeichnis

Abbildungsverzeichnis

Grundlagen der Kostenermittlung

1

1.1 Ziel und Aufgabe der Kostenermittlung von Bauprojekten

Aufgrund der meist großen Volumina von Bauprojekten hat sich seit vielen Jahren gezeigt, dass neben der Bewältigung der teilweise hohen technischen Komplexität von Bauprojekten, die Frage der Wirtschaftlichkeit von überragender Bedeutung ist. Unwirtschaftliche Bauprojekte oder Bauprojekte ohne klaren Kostenrahmen und ohne klares Budget können oft nicht finanziert werden. Es gibt nur selten den Fall, dass finanzielle Grenzen nicht existieren. Die Kosten eines Bauprojekts stellen also eine der Kernfragen bei der Realisierung des Projekts dar. Daher ist es entscheidend für den Projekterfolg, die Kosten des Bauprojektes entlang der gesamten Realisierungsphase beginnend von der ersten Idee bis zur Fertigstellung zu prognostizieren, zu schätzen und schließlich hochzurechnen und zu erfassen. Dieser Prozess und die Aufgabe das Projekt kontinuierlich kostenmäßig zu begleiten, ist die wesentliche Aufgabe der Kostenermittlung.

Am Beginn eines Projektes steht ein baulicher Bedarf oder eine Idee, bei der schnell die Notwendigkeit aufkommen wird eine erste Kostengröße zu erfassen, um diese etwa gegen den Nutzen abzuwägen. Dies bedeutet, dass schon ganz am Anfang Kosten abgeschätzt werden müssen. Der Informationsstand über das Projekt und insbesondere über die baulichen Parameter des Projektes werden in dieser Phase typischerweise nur sehr grob vorgegeben. Eventuell ist noch nicht einmal die genaue Lage des Grundstückes bekannt. Erst in den folgenden Phasen der Planung werden zusätzliche Informationen geschaffen, wie etwa die Kubatur des Gebäudes oder, erste Informationen bezüglich der Geometrie und der Ausstattung. Erst im weiteren Verlauf des Projektes, wenn die Ausführung konkret geplant wird, entstehen wesentlich konkretere Vorstellungen über das geplante Bauobjekt. Während der Ausführung besteht der Zustand, dass eine Reihe von Kosten bereits angefallen sind, andere Arbeiten aber noch ausgeführt werden müssen. Damit wird sich die

A. Malkwitz et al., *Kostenermittlung und -kalkulation im Bauprojekt*, https://doi.org/10.1007/978-3-658-38927-7_1

Genauigkeit der Kostenschätzung erst im Laufe des Projektes kontinuierlich verbessern, welche gerade am Beginn eines Projektes naturgemäß mit großen Schwankungsbreiten versehen ist. Dies gilt insbesondere für alle Phasen und Bereiche, in denen der Projekteigentümer noch keine Entscheidungen über seine Wünsche bezüglich des realisierenden Bauobjektes getroffen hat. Denn wenn sich andere Bauumfänge ergeben, ändern sich natürlich auch die Kosten teilweise erheblich.

Aufgrund dieser typischen Projektentwicklung wird klar, dass unterschiedliche Kostenermittlungsmethoden entlang des Projektfortschrittes notwendig werden, um jeweils die angemessene Ermittlung der Kosten zu ermöglichen. Das Ziel der Kostenermittlung ist, von der ersten Idee einer Bauaufgabe bis zum Abschluss des Bauprojektes, die Kosten mit jeweils angemessenem Aufwand und angemessener Genauigkeit abzuschätzen. Die Genauigkeit orientiert sich vor allem an der Notwendigkeit der Entscheidungen, die im Projekt zu treffen sind. Also zum Beispiel ob das Projekt weiterverfolgt werden soll oder ob die Planung angepasst werden muss, zum Beispiel, um Kosten zu senken.

1.2   Begriffe und Definitionen

Nachfolgend werden einige grundlegende Begriffe im Zusammenhang mit der Projektkostenermittlung kurz erläutert.

Kosten ist der bewertete, betrieblich notwendige Güter- und Dienstleistungsverbrauch. Betrieblich notwendig bedeutet, dass nur diejenigen Verbräuche Kosten sind, die tatsächlich betrieblich notwendig sind, nicht betrieblich notwendige Verbräuche zum Beispiel Spenden sind keine Kosten. Bewertet bedeutet, dass Kosten in Werteinheiten, zum Beispiel in Euro, erfasst werden. Die Kosten sind betriebsintern von den Begriffen Aufwand, Ausgaben und Auszahlungen abzugrenzen.

Projektkostenermittlung ist die Ermittlung der Kosten eines Projektes.

Leistung oder Bauleistung bezeichnet die im Rahmen eines Projektes bewerteten, erstellten Güter. Bewertet bedeutet wiederrum, dass die Leistungen in Werteinheiten zum Beispiel Euro erfasst werden. Zu der Leistung zählt die gesamte Bauleistung, das heißt inklusive der allgemeinen Geschäftskosten und der Gewinnanteile der liefernden Unternehmen. Relevant für die Bewertung ist der in Rechnung gestellt Preis. Die Leistung ist betriebsintern von den Begriffen Ertrag, Einnahme und Einzahlung abzugrenzen.

Leistungsbeschreibung ist ein Dokument, in dem die durch einen Unternehmer auszuführende Bauleistung beschrieben wird. Dies kann einmal ein Leistungsprogramm sein, in dem lediglich die Anforderungen an das Bauwerk beschrieben werden oder ein Leistungsverzeichnis, in dem die Bauleistung detailliert beschrieben werden.

Kalkulation ist ein Begriff des betrieblichen Rechnungswesens und bezeichnet die Bauauftragsrechnung beziehungsweise die Ermittlung eines Angebotspreises für einen Auftrag.

Auftrags-, Vertrags-, Arbeits-, Nachkalkulation sind Teilgebiete der Kalkulation und beziehen sich auf verschiedene kalkulatorische Aufgaben vor und während der Projektabwicklung aus Sicht eines Leistungserbringers.

Fixe und variable Kosten sind unterschiedliche Kostencharakteristika je nach dem Kostenanfall bezogen auf eine zugrunde gelegte Grundgröße, zum Beispiel die Zeit oder den Beschäftigungsgrad. Dabei sind Fixkosten unabhängig von der Grundgröße, zum Beispiel der Zeit. Variable Kosten sind demgegenüber abhängig von der Grundgröße. So ist zum Bespiel der Auf- und Abbau eines Kranes pro Projekt nur einmal erforderlich, bei einer Verlängerung der Bauzeit fallen dafür keine zusätzlichen Kosten an, sie sind also fix. Die Miete für den Kran erfolgt jedoch proportional nach der gemieteten Zeitspanne, dies sind dann variable Kosten.

Primärkosten sind Kosten für direkte Produktionsfaktoren (Löhne, Stoffe, etc.) und werden einer Kostenstelle oder einem Kostenträger zugeordnet.

Sekundärkosten entstehen durch innerbetriebliche Leistungsverrechnung von einer Kostenstelle auf eine andere Kostenstelle (oder Kostenträger), zum Beispiel in Form von Verrechnungsätzen oder Umlagen (möglichst verursachungsgerecht)

Kostenarten sind die Arten der Kostenetstehung verschiedenen Bereiche wofür Kosten anfallen, zum Beispiel Lohnkosten, Gehaltskosten, Materialkosten etc.

Kostenstellen sind die Orte der Kostenentstehung (zum Beispiel Arbeitsvorbereitung, Kalkulation, Lager, Werkstatt). Die Kostenstelle fungiert auch als Sammelstelle für die innerbetriebliche Weiterverrechnung.

Kostenträger beziehungsweise Kostenverursacher bezeichnet den „Auslöser" für die Kostenentstehung. Im Bauwesen ist üblicherweise das (Bau)Projekt der Kostenträger und dort die einzelnen Leistungspositionen des Leistungsverzeichnisses. Allgemeiner ausgedrückt kann man auch davon sprechen, dass die erstellten Produkte Kostenträger sind.

Einzelkosten sind die Kosten, die einem Kostenträger direkt zurechenbar sind, zum Beispiel Kosten des Herstellprozesses. Insofern sind Einzelkosten auch gleichzeitig Primärkosten.

Gemeinkosten sind die Kosten, die einem Kostenträger nicht direkt zuzuordnen sind. Es handelt sich um Kosten, welche an anderer Stelle anfallen und innerbetrieblich verrechnet werden. Bei Bauprojekten werden häufig Baustellengemeinkosten und Allgemeine Geschäftskosten unterschieden.

1.3 Grundstruktur der Projektkostenermittlung

Die Methodik der Projektkostenermittlung muss sich dem Stand des Projektes und der vorhandenen Informationen anpassen. Die Projektkostenermittlung ist damit nicht eine einmalige Aufgabe, sondern eine kontinuierliche beziehungsweise sich immer wiederholende Aufgabe entlang des gesamten Projektentwicklungsprozesses.

Insbesondere in den ersten Stufen eines Projektes, in dem noch keine oder nur geringe Informationen zum konkreten Bauprojekt vorliegen, wird die grundsätzliche Methodik verwandt über Vergleichsprojekte oder Vergleichsprojektdatenbanken und daraus abgeleiteten Parametern Kosten für das zu erreichende Bauwerk abzuschätzen.

Liegen später konkrete Planungen vor, wird eher die Methodik verwendet, konkret die auszuführenden Arbeiten in Bezug auf Aufwand zu ermitteln.

In dieser Systematik wird der auftragnehmerseitigen Kalkulation dann eine besondere Bedeutung zukommen, wenn die Ausführungsplanung vorliegt und die Anfragen an die Unternehmer erfolgen können. Die konkreten Angebote der ausführenden Unternehmer werden eingebunden, die jeweils in eigener Kalkulation die Preise ermittelt haben. Alternativ können die Arbeiten auch durch eigene Kostenermittlungen kalkuliert werden, wenn diese Erfahrung vorliegt.

Diese Kalkulationen werden nach besonderen Methoden vorgenommen. Insofern werden also sowohl auf der Auftraggeberseite, als auch bei den beauftragten Planern und/oder ausführenden Unternehmern Projektkosten ermittelt.

Sobald das Bauprojekt in die Nutzungsphase übergeht, können dann auch die Kosten während des Betriebes erfasst werden.

Die Aufgabe der projektbegleitenden Kostenermittlung wurde in Deutschland in einer Norm gefasst. Mit DIN 276 wurde eine Norm geschaffen, die eine holistische Systematik für die Kostenermittlung von Bauprojekten darstellt. Diese ist angelehnt an die Honorarordnung von Architekten und Ingenieure (HOAI). Die HOAI teilt ein Bauprojekt in 9 Phasen ein (Phase 1 – Grundlagenermittlung bis Phase 9 – Projektabschluss und Dokumentation), nach denen sich auch die Kostenermittlung der DIN 276 richtet.

In der Praxis hat sich teilweise noch eine zusätzliche Leistungsphase entwickelt, die vorgeschaltet manchmal auch als Phase 0 bezeichnet wird. In dieser Phase wird eine vorgelagerte Bedarfsplanung durchgeführt (siehe DIN 18205 beziehungsweise die sich nach § 650p BGB vorgesehene „Aufstellung einer Planungsgrundlage zur Ermittlung der Planungsziele des Auftraggebers").

In allen Phasen der Projektabwicklung werden dabei Projektkostenermittlungen vorgenommen. Dabei werden die Projektkostenermittlungen in der Genauigkeit immer weiter verbessert, da ja auch der Informationsstand immer weiter zunimmt. In der DIN 276 wird dabei die Erwartung formuliert, dass die Kostenabweichungen in den ersten Projektphasen nicht höher als 40 % liegen sollen. Schon an dieser Erwartung kann erkannt werden, wie unsicher typischerweise aufgrund der geringen vorliegenden Informationen am Beginn eines Bauprojektes und der Vielfalt beziehungsweise der geringeren Standardisierung von Bauprojekten die Projektkostenermittlung ist. Erst nach Eingang der Unternehmerkalkulationen und der Fertigstellung der Planungsunterlagen kann eine Kostenermittlung mit deutlich höherer Verlässlichkeit erarbeitet werden. Aber selbst dann ist es nicht ungewöhnlich, dass durch gestörte Bauabläufe oder auch Umplanungen der Auftraggeber sich noch signifikante Projektkostenveränderungen und leider meist Erhöhungen ergeben.

1.4 Grundlagen der auftragnehmerseitigen Kalkulation

Im Rahmen der Kostenermittlungsprozesse werden Bauleistungen auf Basis von Leistungsbeschreibungen kalkuliert. Daher ist im Prozess der Kostenermittlung die Ermittlung der Preise für einzelne Teilleistungen oder auch Gewerke und damit die Kalkulation dieser Gewerke von entscheidender Bedeutung.

Als Teilgebiet der Kostenermittlung ist die Kalkulation, auch Bauauftragsrechnung genannt, im Unternehmen ein Teil des betrieblichen Rechnungswesens. Unter dem Begriff betriebliches Rechnungswesen werden alle Prozesse eines Unternehmens subsumiert, die sich mit der Erfassung, Kontrolle, Dokumentation und Steuerung der Leistungs- und Finanzprozesse in einem Unternehmen befassen.

Das betriebliche Rechnungswesen, dargestellt in Abb. 1.1, wird hierbei üblicherweise in die Bereiche

- Externes Rechnungswesen
- Internes Rechnungswesen

unterteilt.

Das externe Rechnungswesen befasst sich im Wesentlichen mit dem Zahlenwerk, welches aufgrund handels- und/oder steuerrechtlicher Vorgaben durch die Unternehmen für Externe, zum Beispiel die Steuerbehörden, erstellt werden muss. Dies umfasst vor allem die Jahresabschlüsse mit der Gewinn- und Verlustrechnung. Der Umfang des externen Rechnungswesens hängt hierbei vor allem von der Rechtsform der Unternehmen ab. Während Personengesellschaften, zum Beispiel eine Gesellschaft bürgerlichen Rechts (GbR) in der Regel nur eine einfache Einnahmenüberschussrechnung erstellen muss, sind bei Kapitalgesellschaften, zum Beispiel einer Gesellschaft mit beschränkter Haftung (GmbH) oder einer Aktiengesellschaft (AG), neben der Gewinn- und Verlustrechnung auch Bilanzen zu erstellen.

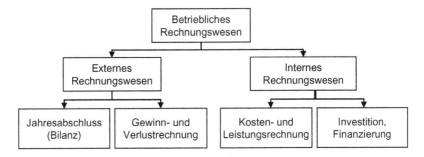

Abb. 1.1 Struktur betriebliches Rechnungswesen

Zum internen Rechnungswesen zählt man hingegen alle Prozesse, die sich mit der Kosten- und Leistungsrechnung des Unternehmens selbst befassen. Sie dienen internen Zwecken der Dokumentation, Planung und Steuerung der Finanzprozesse im Unternehmen.

Speziell für die Unternehmen der Bauwirtschaft haben der Hauptverband der deutschen Bauindustrie gemeinsam mit dem Zentralverband des deutschen Baugewerbes bereits seit 1978 das Grundlagenwerk „KLR Bau-Kosten und Leistungs- und Ergebnisrechnung der Bauunternehmen" (KLR-Bau) entwickelt, um ein einheitliches Begriffsverständnis zu entwickeln sowie durch Verzahnung von Kalkulation und Ergebnisrechnung eine Verbesserung des betrieblichen Rechnungswesens in der Bauwirtschaft zu erreichen. Die KLR-Bau untergliedert hierbei das interne Rechnungswesen wiederum in die Bereiche Bauauftragsrechnung sowie Baubetriebsrechnung.

Hierbei ist zudem zu unterscheiden, ob es sich um eine sogenannte Vorkalkulation handelt, also eine Kalkulation, die vor der Ausführung Leistungen erstellt oder um die Nachkalkulation einer Leistung, also eine Erfassung beziehungsweise Dokumentation der tatsächlich aufgewendeten Leistungs- und Aufwandswerte und der tatsächlichen Sachkosten.

Die Bauauftragsrechnung dient der Kostenermittlung für Bauleistungen vor, während und nach der Erstellung. Die verschiedenen Kalkulationsarten, wie die Vorkalkulation (Angebots, Auftrags und Nachtragskalkulation), die Arbeitskalkulation und die Nachkalkulation, werden in Abb. 1.2 gezeigt.

Die Angebotskalkulation stellt in zeitlicher Hinsicht des Projektablaufs diejenige Kalkulation dar, auf deren Basis der Unternehmer sein Angebot auf eine Ausschreibung und/oder Anfrage eines potenziellen Auftraggebers stützt, beziehungsweise dieses aus der Angebotskalkulation ableitet.

Für die Erstellung der Angebotskalkulation schätzt der Bieter die Kosten für die Herstellung eines Bauwerks auf der Grundlage der von ihm hierfür bewerteten Aufwands und Leistungswerte sowie der benötigten Sachkosten; hierzu zählen vor allem Materialkosten, Gerätekosten, aber auch Kosten Dritter, sogenannte Fremdleistungskosten.

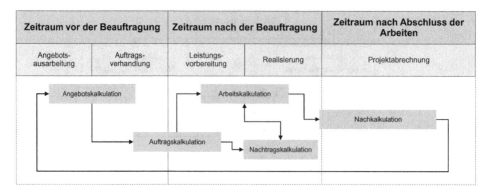

Abb. 1.2 Übersicht Kalkulationsarten

In diese Kostenbewertung beziehungsweise Kostenermittlung müssen die aus der Ausschreibung bekannten Rahmenbedingungen, wie Bauzeit, tägliche Arbeitszeiten, Vorgabe von Abläufen etc. einfließen. Da die Betrachtungen „nach vorne" gerichtet durchgeführt werden, handelt es sich bei der Angebotskalkulation um eine Art Kostenprognose im Sinne der zu erwartenden „Soll-Kosten". Hieraus werden dann die Angebotspreise an den Auftraggeber unter Berücksichtigung der Marktsituation, der eigenen Auslastung etc. abgeleitet. Aufgrund der Komplexität von Bauprojekten wird über die angegebenen Angebote meist verhandelt (Ausnahme: Verfahren nach VOB/A). Dadurch ergibt sich häufig die Erfordernis Angebote anzupassen und zu überarbeiten. Einigt man sich schließlich und wird ein Auftrag erteilt, sollte daher die ursprüngliche Angebotskalkulation überarbeitet werden, es entsteht die Auftrags- oder Vertragskalkulation, die die Inhalte des vereinbarten Vertrages seiner technischen Bedingungen und vereinbarten Preise umfasst. In der Auftragskalkulation werden also die Ergebnisse aus technischen und wirtschaftlichen Verhandlungen eingepflegt. Durch die Gegenüberstellung der Herstellkosten mit den Vertragspreisen kann eine Prognose der voraussichtlichen Deckungsbeiträge und des Baustellenergebnisses ermittelt werden, welche bei permanenter Fortschreibung während der Bauabwicklung fortgeschrieben werden kann. Die Arbeitskalkulation liefert außerdem verschiedene Analysen zur tatsächlichen Baustellenabwicklung, wie zum Beispiel Stunden-, Soll-Ist-Vergleiche, Kosten-Soll-Ist-Vergleiche, Bauablauf-Soll-Ist-Vergleiche oder Leistungsermittlung zum Stichtag.

Nach der Auftragserteilung tritt die ausführende Bauunternehmung in die Arbeitsvorbereitung ein. Auch daraus können sich wiederum Anpassungen der Kosten ergeben. Dies bedeutet in der Praxis, dass zunächst die wesentlichen Bauverfahren, der prinzipielle Bauablauf, die Baustelleneinrichtung geplant werden. Im Anschluss werden die Hauptbaustoffe sowie die wesentlichen Nachunternehmerleistungen eingekauft. Es wird üblicherweise versucht werden, Kostenoptimierungsmöglichkeiten zu erkennen und planerisch zu realisieren. Diese Anpassungen werden nun aufbauend auf der Auftrags- oder Vertragskalkulation eingearbeitet. Es entsteht damit eine Weiterentwicklung der Kalkulation, diese wird als Arbeitskalkulation bezeichnet. Vor allem vor dem Hintergrund, dass das Bauwerk mit maximaler Wirtschaftlichkeit erstellt werden soll, kann die tatsächliche Ausführung der Leistung in technischer Hinsicht von der in der Angebots- beziehungsweise Vertragskalkulation angenommenen Vorgehensweise abweichen. Die ursprünglich gewählten Ansätze werden nun sukzessive aufgrund detaillierter und geänderter Planungen und nach erfolgten Vergaben oder Bestellungen auch durch die tatsächlichen realisierten Kosten angepasst, zum Beispiel durch im Einkauf tatsächlich erzielten Preise für Materialien, Nachunternehmer etc. Da erst im Laufe des weiteren Projektfortschritts die tatsächlichen Kosten für den Unternehmer sukzessive bekannt werden, ist eine regelmäßige Fortschreibung der Arbeitskalkulation geboten, weil hierbei immer genauer die realen Projektkosten für den Unternehmer prognostiziert werden und damit erst eine gute Steuerung des Projektes ermöglicht wird. Somit ist die Erstellung und Pflege beziehungsweise Fortschreibung der Arbeitskalkulation ein iterativer Prozess, der dem Unternehmer projektbegleitend ein Controlling über die Wirtschaftlichkeit des Projekts, sprich die Einhaltung der den Vertragspreisen zugrunde liegenden Kosteneinschätzungen, ermöglicht.

Üblicherweise können Anpassungen und Änderungen des vertraglichen Inhaltes während der Abwicklung von Bauprojekten nicht vermieden werden. Diese Anpassungen oder Änderungen können dann zusätzliche Preisanpassungen oder zusätzliche Forderungen der auszuführenden Unternehmer auslösen. Daher werden diese zusätzlichen Forderungen der Unternehmer in sogenannten Nachtragskalkulationen separat kalkuliert. Von Ihrer grundsätzlichen Systematik wird die Nachtragskalkulation den sogenannten Vorkalkulationen zugerechnet, auch weil die Vergütung für eine geänderte und/oder zusätzliche Leistung vor deren Ausführung vereinbart werden sollte. Diese werden, wie die ursprüngliche Leitung auch, angeboten und üblicherweise nach Verhandlung auch vereinbart. Es erfolgen danach zusätzliche Beauftragungen durch den Auftraggeber. Auch diese Kosten müssen in der Projektkostenermittlung mit aufgenommen werden.

Sind alle Arbeiten abgeschlossen bietet es sich an, eine sogenannte Nachkalkulation durchzuführen, das heißt die tatsächlich realisierten Bauleistungen und die angefallenen Kosten zu ermitteln, um zu vergleichen welche Abweichungen zu den ursprünglichen Kalkulationen besteht und wo für Folgeprojekte Kostenansätze angepasst werden müssen.

1.5   Gesamtlogik der Projektkostenermittlung

Insgesamt ergibt sich die folgende Logik für die Projektkostenermittlungen im typischen Ablauf eines Bauprojektes. Dies wird in Abb. 1.3 dargestellt. Dabei wird erkennbar, dass die üblicherweise auf Auftraggeberseite vorgenommene Gesamtprojektkostenermittlung mit den Angebotspreisen, beziehungsweise den Kalkulationen, der leistenden und liefernden Unternehmer verzahnt ist.

Ein für die Steuerung von Projekten entscheidender Faktor ist der Grad der Beeinflussbarkeit von Projektkosten. In den frühen Planungsphasen können Projektkosten noch sehr stark beeinflusst werden, zum Beispiel durch genaue Planung der tatsächlichen Bedarfe. In den nachfolgenden Planungsphasen sinkt die Möglichkeit die Projektkosten zu beeinflussen. Ist die Ausführungsplanung einmal erstellt, können zwar noch durch Preisverhandlungen mit den Lieferanten und ausführenden Unternehmen Preisanpassungen realisiert werden, aber diese Kosteneinflußmöglichkeiten sind deutlich geringer als durch Planungsoptimierung während der Planungsphasen. Danach ist üblicherweise die Kostenbeeinflussung insbesondere auf der Auftragnehmerseite nur noch gering. Hingegen können insbesondere während der Ausführungsphase erhebliche Kostensteigerungen provoziert werden. Häufig entstehen erhebliche Kostensteigerungen durch Anpassung der Planung durch den Auftraggeber, zum Beispiel, weil sich Bedarfe ändern oder doch andere Bedarfe realisiert werden sollen oder etwa, weil Planungen noch einmal angepasst oder verändert detailliert werden. Aber auch Störungen im Ablauf können Kostensteigerungen in teilweise erheblichem Umfang auslösen.

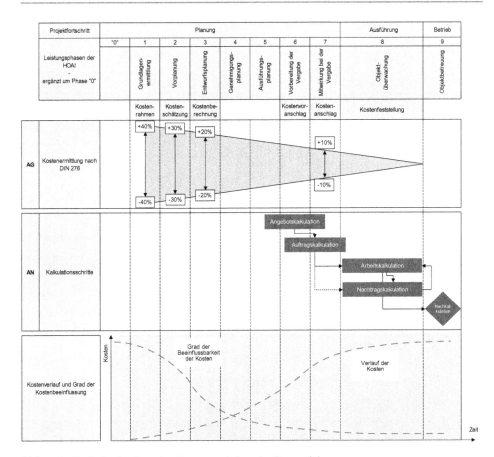

Abb. 1.3 Typische Struktur der Kostenermittlung im Bauprojekt

Damit ergibt sich die Erfahrung, die sich in dem Grundsatz „Erst planen, dann Bauen" wiederfindet, als beste Möglichkeit Projektkosten sicher zu planen und zu realisieren. Auch wenn aufgrund des zeitlichen Realisierungshorizontes oft von diesem Grundsatz abgewichen wird, man spricht dann oft von der sogenannten „projektbegleitenden Planung".

Projektkostenermittlung 2

2.1 Kennzahlen der DIN 277

Die Kostenerfassung erfolgt je nach Stand eines Projektes und der vorhandenen Informationen in unterschiedlicher Detailtiefe und daher auch mit unterschiedlicher Methodik. Da insbesondere in den ersten Phasen eines Projektes in der Regel noch keine Ausführungsplanung vorliegt, können noch keine Massen ermittelt werden, die die Basis für eine spezifische Kalkulation der Kosten zugrunde gelegt werden könnten oder es möglich machen würde, konkrete Angebote einzuholen. Daher erfolgt die Kostenermittlung in diesen Phasen typischerweise anhand standardmäßiger Erfahrungswerte auf Basis grundlegender Bauwerksparameter, wie etwa die Grundflächen oder die Rauminhalte eines Gebäudes.

Um dies insbesondere für den Hochbau zu standardisieren und typische Bauwerksparameter zugrunde zu legen, sind diese in der Norm DIN 277 normiert worden. Die danach berechneten Raum- und Flächeninhalte dienen als Grundlage für die Bestimmung der Bauwerkskosten nach DIN 276.

Die DIN 277 – Grundflächen und Rauminhalte im Bauwesen ist das grundlegende Regelwerk für die Ermittlung von Grundflächen und Rauminhalten im Hochbau [DIN 277], in der zurzeit aktuellen Ausgabe vom August 2021.

Der Kennzahlen, die in DIN 277 definiert wurden, strukturieren sich in drei Bereiche: Grundflächen des Bauwerks, Rauminhalte des Bauwerks und Grundflächen des Grundstücks. Sowohl die allgemeinen Begriffsdefinitionen als auch die enthaltenen Berechnungsgrundlagen gliedern sich nach dieser Einteilung.

Im ersten Teil werden die Kennzahlen der Gebäudegrundflächen definiert. Die gesamte Grundfläche eines Bauwerkes wird mit der Kennzahl Brutto-Grundfläche (BGF) eingeführt [vgl. DIN 277, S. 10]. Diese Bruttogrundfläche wird dann weiter unterteilt in die Teilflächen Nettoraumfläche (NRF) und Konstruktionsgrundfläche (KGF). Dabei be-

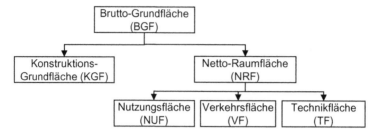

Abb. 2.1 Kennzahlenstruktur Grundflächen gem. DIN 277

schreibt die Konstruktionsgrundfläche diejenigen Grundflächenanteile, die für die aufge-
hende Konstruktion, also die Wände etc., genutzt werden. Die Nettoraumfläche umfasst
dann die sich ergebenen nutzbaren Flächen. Abb. 2.1 zeigt, wie diese Nettoraumfläche
weiter unterteilt wird, nach der Nutzung der Flächen in die Nutzungsfläche (NUF), Ver-
kehrsfläche (VF) und die Technikfläche (TF) (Abb. 2.2).

Neben dieser Aufteilung der Flächen können die Nutzungsflächen nach der Art der
Nutzung weiter differenziert werden. In der DIN 277 werden dabei 7 verschiedene Nut-
zungsraten definiert. Diese werden mit NUF für Nutzflächen abgekürzt und von 1 bis 7
durchnummeriert (siehe Abb. 2.3). Dabei werden Flächen für Wohnen/Aufenthalt differenziert von Flächen für Büro, Produktion, Lager, Bildung, etc. [Vgl. Din 277, S. 6 ff.].

Für die Ermittlung der Kosten in frühen Projektphasen können diese grundsätzlichen
Differenzierungen der Nutzungsflächen sehr hilfreich sein, da die verschiedenen Nutzun-
gen typischerweise ganz unterschiedliche spezifische Kosten nach sich ziehen.

Neben den Grundflächen werden auch Kennzahlen für Rauminhalte definiert. Die Ge-
samtheit der Rauminhalte eines Bauwerks wird als Brutto-Rauminhalt (BRI) bezeichnet.
Dieser wird analog zur Gliederung der Grundflächen eines Bauwerks weiter in die beiden
Hauptgruppen Konstruktions-Rauminhalt (KRI) und Netto-Rauminhalt (NRI) unterteilt,
welches aus Abb. 2.4 ersichtlich wird.

Grundflächen des Bauwerks		
Bezeichnung	**Kürzel**	**Definition nach DIN 277**
Brutto-Grundfläche	BGF	Gesamtfläche aller Grundrissebenen des Bauwerks
Konstruktions-Grundfläche	KGF	Teilfläche der Brutto-Grundfläche (BGF), die sämtliche Grundflächen der aufgehenden Baukonstruktionen des Bauwerks umfasst
Netto-Raumfläche	NRF	Teilfläche der Brutto-Grundfläche (BGF), die sämtliche Grundflächen der nutzbaren Räume aller Grundrissebenen des Bauwerks umfasst
Nutzungsfläche	NUF	Teilfläche der Netto-Raumfläche (NRF), die der wesentlichen Zweckbestimmung des Bauwerks dient
Technikfläche	TF	Teilfläche der Netto-Raumfläche (NRF) für die technischen Anlagen zur Versorgung und Entsorgung des Bauwerks
Verkehrsfläche	VF	Teilfläche der Netto-Raumfläche (NRF) für die horizontale und vertikale Verkehrserschließung des Bauwerks

Abb. 2.2 Grundflächen des Bauwerks

Bezeichnung	Kürzel	Beispiele und Anmerkungen
Wohnen und Aufenthalt	NUF 1	Wohn-, Schlaf-, Aufenthalts- und Pausenräume, Küchen in Wohnungen, etc.
Büroarbeit	NUF 2	Büro-, Besprechungs-, Schalter-, Aufsichtsräume, etc.
Produktion, Hand- und Maschinenarbeit, Forschung und Entwicklung	NUF 3	Werkhallen und -stätten, Labors, Räume für Tierhaltung und Pflanzenzucht, gewerbliche Küchen, Sonderarbeitsräume
Lagern, Verteilen und Verkaufen	NUF 4	Lager- und Vorratsräume, Archive, Kühlräume, Annahme- und Ausgaberäume, Verkaufsräume, etc.
Bildung, Unterricht und Kultur	NUF 5	Unterrichts-, Seminar-, Bibliotheks-, Sport-, Zuschauer-, Bühnen- und Ausstellungsräume, etc.
Heilen und Pflegen	NUF 6	Räume für allgemeine und spezielle Untersuchung und Behandlung, Operationsräume, etc.
Sonstige Nutzungen	NUF 7	Abstellräume, Fahrzeugabstellflächen, technische Anlagen, Sanitär- und Umkleideräume, etc.

Abb. 2.3 Unterteilung der Nutzflächen in unterschiedlichen Nutzungsarten

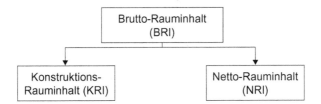

Abb. 2.4 Kennzahlenstruktur Rauminhalt gem. DIN 277

Eine weitere Unterteilung über die erste Gliederungsebene hinaus, wie sie bei den Grundflächen des Bauwerks möglich ist, ist bei den Rauminhalten eines Gebäudes nicht vorgesehen. Abb. 2.5 gibt einen vollständigen Überblick über die Gliederungsstufen der Rauminhalte sowie deren Definitionen.

Rauminhalte des Bauwerks			
Bezeichnung		**Kürzel**	**Definition nach DIN 277**
Brutto-Rauminhalt		BRI	Gesamtvolumen des Bauwerks
	Konstruktions-Rauminhalt	KRI	Teilvolumen des Brutto-Rauminhalts (BRI), das von den Baukonstruktionen des Bauwerks eingenommen wird
	Netto-Rauminhalt	NRI	Teilvolumen des Brutto-Rauminhalts (BRI), das sämtliche nutzbaren Räume aller Grundrissebenen des Bauwerks umfasst

Abb. 2.5 Definition Kennzahlen Rauminhalte des Bauwerks gem. DIN 277

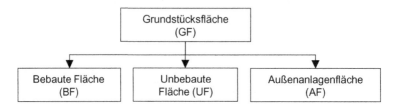

Abb. 2.6 Kennzahlenstruktur Grundstücksfläche gem. DIN 27

In einem weiteren Bereich werden die Flächen des gesamten Grundstücks als Kennzahlen definiert. Diese umfassen nun nicht mehr ausschließlich das Bauwerk, sondern das gesamte Grundstück und sind vor allem auch für die Genehmigung im Rahmen der vorgegebenen Bebaubarkeit eines Grundstücks relevant. Die gesamte Fläche des Grundstücks wird als Grundstücksfläche bezeichnet (GF). Die Grundstücksfläche wird in die Bebaute Fläche (BF), die Unbebaute Fläche (UF) und die Außenanlagenfläche (AF) untergegliedert, gezeigt in Abb. 2.6.

Wie schon bei der Gliederung der Rauminhalte des Bauwerks, ist eine weitere Unterteilung über die erste Gliederungsebene hinaus, für die Grundflächen des Grundstücks nicht vorgesehen. Abschließend stellt Abb. 2.7 die Elemente der Gliederung der Grundstücksfläche und deren Definitionen dar.

2.2 Methoden der Projektkalkulation

Da die Realisierung von Bauprojekten vielfältigen technischen und sonstigen Risiken unterliegt, sowie meist eine hohe Individualität besitzt, resultiert daraus eine hohe Komplexität der Kostenplanung. Primäre Ziele der Kostenplanung sind daher die Kostensicherheit, die Kostentransparenz und die Sicherstellung der Wirtschaftlichkeit. Die Kostenplanung hat maßgebenden Einfluss auf relevante Projektentscheidungen wie etwa die Finanzierung und Realisierung, den Start der Vor- und Entwurfsplanung und schließlich die Vergabe der Leistungen.

Schon bei Beginn eines Projektes ist das erwartete Kostenvolumen ein wesentliches Kriterium für die Entscheidung, das Bauprojekt zu realisieren. Ist diese Entscheidung gefallen, müssen regelmäßig schon in sehr frühen Projektphasen Projektbudgets aufgestellt werden, um etwa die Finanzierung zu vereinbaren. Gerade bei der Finanzierungsvereinbarung kommt die Problematik der Kostenplanung ganz besonders zum Vorschein. Auf der einen Seite muss für die Finanzierung das Projektbudget zu Grunde gelegt werden, so dass darauf die Struktur und Höhe der Finanzierung, Eigenkapitalanteile sowie etwaige Sicherheiten geplant werden können. Auf der anderen Seite ist aber bei dem dann typischerweise vorlegenden Stand des Projektes fast keinerlei technische Besonderheit oder gar die Planung bekannt. Die Beteiligten stehen also vor der nahezu unlösbaren Aufgabe einen Kostenrahmen anzugeben, obwohl nur sehr wenig Informationen zum Bauwerk vorliegen.

Grundflächen des Grundstücks		
Bezeichnung	Kürzel	Definition nach DIN 277
Grundstücksfläche	GF	Fläche, die durch die Grundstücksgrenzen gebildet wird und die im Liegenschaftskataster sowie im Grundbuch ausgewiesen ist
Bebaute Fläche	BF	Teilfläche der Grundstücksfläche (GF), die durch ein Bauwerk oberhalb der Geländeoberfläche überbaut oder überdeckt oder unterhalb der Geländeoberfläche unterbaut ist
Unbebaute Fläche	UF	Teilfläche der Grundstücksfläche (GF), die nicht durch ein Bauwerk überbaut, überdeckt oder unterbaut ist
Außenanlagenfläche	AF	Teilfläche der Grundstücksfläche (GF), die sich außerhalb eines Bauwerks bzw. bei unter-bauter Grundstücksfläche über einem Bauwerk befindet

Abb. 2.7 Definition Kennzahlen Grundflächen des Grundstücks gem. DIN 277

Dieses jetzt abgeschätzte Projektbudget kann später oft nur schwer erweitert werden, da dann zum Beispiel evtl. die Finanzierung angepasst werden muss. Sehr häufig sind aber in Bauvorhaben gerade bei großen über viele Jahre zu realisierenden Projekten erhebliche Kostenerweiterungen zu beobachten.

Erst bei weiterer Ausarbeitung der Planung bis hin zur Ausführungsplanung nimmt die Information bzgl. des Projektes und seiner Kosten zu. Nun können die Kosten besser und genauer abgeschätzt werden und geprüft werden, ob der ursprüngliche Kostenrahmen realistisch gewesen war.

Für die Vergabe der einzelnen Leistungen zur Ausführung werden anschließend Budgets für die Arbeiten abgeleitet und die Kontrolle der Kosteneinhaltung vorgenommen. Nach Projektabschluss erfolgt der Nachweis der tatsächlichen Kosten auf Grundlage der in der Kostenermittlung festgelegten Werte.

Damit wird klar, dass es ein gesamthaftes System zur Kostenplanung und Kostensteuerung in einem Bauprojekt geben muss, welches aus unterschiedlichen Methoden, jeweils angepasst an den Informationsstand des Projektes, am Anfang sehr gering, dann immer umfangreicher werdend, besteht.

Es gibt dabei verschiedene Herangehensweisen und Systematiken. International wird oft am Anfang eines Projektes eine Feasibility Study – eine Machbarkeitsstudie erarbeitet. In einer Machbarkeitsstudie wird zunächst bewertet, ob das Projekt überhaupt realisierbar ist, das heißt technisch und von der Genehmigungsseite Chancen auf Erfolg hat. Daneben wird auch bewertet, ob das Projekt im Sinne einer Kosten-/Nutzenbewertung wirtschaftlich sinnvoll ist. Dabei wird üblicherweise auch eine allererste Kostenabschätzung ermittelt. Aber es werden auch ganz andere Gründe, die für eine Befürwortung oder Ablehnung eines Projektes bestehen, ermittelt.

Neben der Feasibility Study ist international oft auch die sogenannte Due Diligence ein fester Bestandteil der Projektentscheidung oder Projektvorbereitung. In einer Due Diligence sollen Projektrisiken erkannt und bewertet werden. Dabei sollen insbesondere oftmals sogenannte „Red Flags" identifiziert werden, also Themen oder Umstände, die das Potenzial haben, die Realisierung eines Projektes zu verhindern. Daneben sollen auch andere Risiken identifiziert werden, die zwar nicht das Potenzial haben das Projekt zu verhindern, aber zusätzliche Beachtung und Bewertung finden müssen und evtl. mit zusätzlichen Kosten verbunden sind. Due Diligence und Machbarkeitsstudie überschneiden sich vom Betrachtungsbereich. Die Machbarkeitsstudie ist auf die technische und wirtschaftliche Möglichkeit ein Projekt zu realisieren ausgelegt, während eine Due Diligence grundsätzlich breiter angelegt ist und insbesondere risikoorientiert Projekte bewertet.

Oft wird bei der Ermittlung eines Projektbudgets auch versucht, die Risiken mit einem Kostenansatz für Unvorhergesehenes abzudecken. Dabei wird auf die rechnerisch ermittelten Projektansätze ein pauschaler zusätzlicher Kostenblock für nicht bekannte, aber aufgrund der zu erwartenden Risiken anzunehmenden Kosten angesetzt. Dies können am Beginn eines Projektes etwa 15 % oder auch mehr sein. Die Erfahrung ist allerdings, dass, wenn zusätzliche Risiken in einem Projekt auftreten, diese Budgets sehr schnell verbraucht sein können, auf der anderen Seite höhere Ansätze für unvorhergesehene Risiken am Projektbeginn nicht sinnvoll erscheinen, da dann die gesamte Projektkostenermittlung beliebig erscheinen könnte.

In Deutschland wurde zur Schaffung eines standardisierten Systems für die Kostenplanung und Kostenermittlung vom Deutschen Institut für Normung die DIN 276 – Kosten im Bauwesen in ihrer zurzeit aktuellen Version vom Dezember 2018 eingeführt [DIN 276, S. 1]. Da diese Norm für den deutschen Bereich breite Verwendung findet, wird im folgenden Kapitel dieses System der Kostenplanung und Kostenermittlung dargestellt. Dieses System kennt die Begriffe der Machbarkeitsstudie, der Due Diligence oder auch den Ansatz für Unvorhergesehenes allerdings nicht.

Es bleibt aber dabei, dass gerade in den frühen Projektphasen die Kostenbeurteilung eines Bauprojektes bei sehr geringem Informationsstand ein Spagat ist. Dazu gehört dann auch die praktische Erfahrung, dass eine einmal genannte Zahl für das Projektbudget von den Projektbeteiligten nie mehr vergessen wird, selbst wenn das Projekt viele Jahre zur Realisierung benötigt und in dieser Zeit die auszuführenden Arbeiten und Leistungen sich signifikant ändern. Auch der Effekt der Inflation darf bei langlaufenden Projekten nicht vernachlässigt werden.

Daher bleibt nur die Möglichkeit, sehr früh so viel Informationen zu erarbeiten, wie nur irgend möglich. Das hört sich trivial an, ist es aber nicht, da dies eine Frage des akzeptierten Aufwands ist. Denn diese Kosten wären bei Abbruch des Projektes verloren. So sinnvoll also eine intensive erste Kostenermittlung oder auch Due Diligence oder Machbarkeitsstudie ist, so eindeutig hängt diese von der Philosophie des Auftraggebers ab und seinem Willen, Budget dafür bereit zu stellen. Was auf der anderen Seite aber nicht bedeutet, dass es dann keine nicht erkannten Risiken mehr gäbe, aber eben ein niedrigeres Risikoprofil.

2.3 Kostenermittlungssystematik nach DIN 276

Die in der DIN 276 [DIN 276-2018-12] beschriebene Systematik sieht die Kostenplanung und Kostenermittlung als kontinuierliche Aufgaben entlang des gesamten Projektablaufes. Diese beginnen direkt bei Beginn eines Projektes, also der Entwicklung der Projektidee bis zum Projektabschluss. Damit steht ein genormtes einheitliches System für die Kostenplanung und Kostenermittlung zur Verfügung. Dies stellt auch sicher, dass bei der Kostenplanung und Kostenermittlung einheitlich vorgegangen wird und die Projektteilnehmer auf diese Ermittlung vertrauen können und diese Ermittlungsmethodik transparent und eindeutig definiert ist.

Die in der DIN 276 beschriebene „einheitliche Vorgehensweise in der Kostenplanung und -ermittlung" kann dabei nicht nur für den Neubau, sondern auch für Umbau und Modernisierungsprojekte angewendet werden. Außerdem ist diese Methodik anwendbar für die verschiedensten Bauprojekte von Hochbauten über Ingenieurbauten bis zu Infrastrukturprojekten und Freiflächen anwendbar.

Die DIN 276 unterscheidet verschiedene, klar definierte Stufen der Kostenplanung und Kostenermittlung. Jede Stufe ist einer Projektphase zugeordnet. Dabei bilden einige Stufen die Basis für spezifische projekttypische Entscheidungen. Damit können Projektbeteiligte mit einer solchen Ermittlung rechnen und sie wissen damit auch was sie erwarten können (und was nicht). Umfasst ist in dieser Methodik auch die reine Kostenermittlung am Projektende mit dem Nachweis der tatsächlich angefallenen Kosten.

Dabei wurden als Projektphasen die in der Honorarordnung für Architekten und Ingenieure (HOAI) definierten Leistungsphasen verwendet. Dies stellt sicher, dass ein klarer Bezug zum Projektablauf hergestellt wird. Die in DIN 276 so definierten sechs Stufen der Kostenermittlung (siehe Abb. 2.8) werden wie folgt bezeichnet: Kostenrahmen, Kostenschätzung, Kostenberechnung, Kostenvoranschlag, Kostenanschlag und Kostenfeststellung [DIN 276, S. 5]. In der ersten Projektphase, der Grundlagenermittlung, wird der Kostenrahmen ermittelt, dieser wird im weiteren Verlauf parallel zur Vorplanung zur Kostenschätzung konkretisiert. Auf Basis der folgenden Entwurfsplanung, die im Rahmen der Leistungsphase 3 der HOAI erarbeitet wird, wird die Kostenberechnung erarbeitet. Nach Genehmigungs- und Ausführungsplanung sowie der Vorbereitung der Vergabe, wird der

Abb. 2.8 Stufen der Kostenermittlung

Kostenvoranschlag ermittelt und zur Vergabe dann die Kostenanschläge erarbeitet. Die abschließende Kostenfeststellung erfolgt nach der Abnahme.

Jede Stufe der Kostenermittlung weist einen konkreten Zweck auf und dient als Grundlage für eine zu treffende Projektentscheidung.

Grundsätzlich werden in der DIN 276 drei Gliederungsebenen für die Kostengruppen unterschieden, wobei jede Gliederungsebene eine Detaillierung der vorherigen Ebene darstellt. Die erste dieser Gliederungsebenen weist somit die geringste Detailtiefe auf und stellt eine übergeordnete Aufteilung in grundlegende Kostengruppen dar. Diese Grundstruktur bildet im Weiteren die Basis für eine feinere Untergliederung, welche in der zweiten und dritten Gliederungsebene erfolgt.

In der ersten Gliederungsebene werden gemäß DIN 276 insgesamt acht Kostengruppen definiert. Diese werden jeweils mit einer dreistelligen Zahl von 100 bis 800 nummeriert, wobei die Hunderterstelle die Zugehörigkeit einer Kostenstelle zur Kostengruppe der ersten Gliederungsebene angibt. In die Zehner- und Einerstelle der ersten Kostengruppe wird stets eine null eingetragen, da diese Stellen erst in der zweiten und dritten Ebene genauer unterschieden werden. Alle Kostengruppen aufgeteilt in verschiedene Gliederungsebenen sind in Abb. 2.9 dargestellt.

Die acht Kostengruppen der ersten Ebene bilden zusammen die Kosten des gesamten Projektes ab. Zu beachten ist, dass auch die Finanzierung zu den Projektkosten zählt, diese wird in der Kostengruppe 800 berücksichtigt.

Neben der ersten Gliederungsebene sind in der DIN 276 zwei weitere Untergliederungen und damit Detaillierungen der Kostengruppen definiert – die zweite und dritte Gliederungsebene. Einen Überblick zeigt Abb. 2.10. Die Nummerierung der zweiten und dritten Gliederungseben erfolgt analog zur ersten Gliederungsebene. Die Kostengruppen der zweiten Ebene werden über die Zehnerstelle und die der dritten Ebene über die Einerstelle festgelegt. Dabei gilt es zu beachten, dass die Nummerierung immer ausgehend von der vorangegangenen Gliederungseben erfolgt. Wird also eine Kostengruppe der ersten Gliederungsebene weiter in Kostengruppen der zweiten Ebene unterteilt, bleibt die Hunderterstelle auf Grundlage der Einteilung im Rahmen der ersten Kostengruppe bestehen. Gleiches gilt, wenn eine Kostengruppe der zweiten Gliederungsebene weiter in Kostengruppen der dritten Ebene untergliedert wird, in diesem Falle bleiben sowohl die Hunderter- als auch die Zehnerstelle auf Grundlage der Einteilung im Rahmen der ersten und zweiten Kostengruppe bestehen.

Kostengruppen in erster Gliederungsebene		
KG	Bezeichnung der KG nach DIN 276	Hinweise
100	Grundstück	Kosten für die vorgesehenen Fläche des Bauprojektes, hierzu zählen die mit dem Erwerb und dem Eigentum des Grundstücks verbundenen Nebenkosten sowie die Kosten für das Aufheben von Rechten und Belastungen die auf dem Grundstück liegen
200	Vorbereitende Maßnahmen	Maßnahmen um die Baumaßnahme auf dem Grundstück durchführen zu können
300	Bauwerk - Baukonstruktionen	Bauleistungen und Lieferungen zur Herstellung des Bauwerks von Hochbauten, Ingenieurbauten und Infrastrukturanlagen (ohne technischen Anlagen)
400	Bauwerk – Technische Anlagen	Bauleistungen und Lieferungen zur Herstellung der technischen Anlagen des Bauwerks von Hochbauten, Ingenieurbauten und Infrastrukturanlagen
500	Außenanlagen und Freiflächen	Bauleistungen und Lieferungen zur Herstellung der Außenanlage des Bauwerks sowie von Freiflächen die selbständig und unabhängig der Bauwerke sind
600	Ausstattung und Kunstwerke	Bewegliche ohne besondere Maßnahmen zu befestigende Sachen, die zur Ingebrauchnahme, zur allgemeinen Benutzung oder zur künstlerischen Gestaltung des Bauwerks sowie der Außenanlagen dienen
700	Baunebenkosten	Leistungen, die neben den Bauleistungen und Lieferungen für das Bauprojekt erforderlich sind
800	Finanzierung	Kosten die im Zusammenhang mit der Finanzierung des Bauprojekts bis zum Beginn der Nutzung anfallen

Abb. 2.9 Kostengruppen nach DIN 276 in der ersten Gliederungsebene

Um die Logik dieser Systematik darzustellen, ist in diesem Beispiel die Kostenstruktur für die Innenwände dargestellt. Diese Kosten sind in der ersten Gliederungsebene grundsätzlich der Kostengruppe 300 – Bauwerk/Baukonstruktion zugeordnet. Diese Kostengruppe teilt sich in der zweiten Gliederungsebene weiter in 9 Untergruppen der zweiten Gliederungsebene auf. Diese sind in DIN 276 vorgegeben, in der die unter dieser Kostengruppe zu erfassenden Arbeiten genauer beschrieben sind. Darin enthalten ist die Kostengruppe 340 für die Kosten der Innenwände und vertikalen Baukonstruktionen innen und als Teil davon schließlich die Kostengruppe 341 für die tragenden Innenwände.

Diese Art der Beschreibung aller Kostengruppen ist für alle Kostengruppen in der Abb. 2.11 Kostengliederung in DIN 276 enthalten. Damit können alle Kosten den Kostengruppen zugeordnet werden.

Projekt-kosten

- 100 – Grundstück
- 200 – Vorbereitende Maßnahmen
- **300 – Bauwerk-Baukonstruktion**
- 400 – Bauwerk-Technische Anlagen
- 500 –
- 600 –
- 700 –
- 800 –

- 310 – Baugrube Erbau
- 320 – Gründung, Unterbau
- **330 – Außenwände /Vertikale Baukonstruktion außen**
- 340 – Innenwände/ Vertikale Baukonstruktion innen
- 350 – Decken/Horizon-tale Baukonstruktion
- 360 – Dächer
- 370 – Infrastruktur-anlagen
- 380 – Baukonstruktion – Einbauten
- 390 – Sonstige Maßnahmen für Baukonstruktion…

- **341 – Tragende Außenwände**
- 342 – Nichttragende Innenwände
- 343 – Innenstützen
- 344 – Innenwandöffnungen
- 345 – Innenwandbekleidungen
- 346 – Elementierte Innenwandkonstruktionen
- 347 – Lichtschutz zur KG 340
- 344 – Sonstiges zur KG 640

Abb. 2.10 Beispiel Kostengruppe 300 und 340 nach DIN 276

Kostengruppen 340 – Innenwände und vertikale Baukonstruktionen innen		
Kostengruppe (KG)		Hinweise
341	Tragenden Innenwände	Tragende Innenwände und flächige Konstruktionen, die für die Standfestigkeit des Bauwerks erforderlich sind, einschließlich horizontaler Abdichtungen sowie Schlitzen und Durchführungen
342	Nichttragende Innenwände	Nichttragende Innenwände und flächige Konstruktionen, die für die Standfestigkeit des Bauwerks nicht erforderlich sind (z. B. Brüstungen, Ausfachungen) einschließlich horizontaler Abdichtungen sowie Schlitzen, Durchführungen und füllender Teile (z. B. Dämmungen)
343	Innenstützen	Stützen, Säulen, Pylone und Pfeiler innerhalb des Bauwerks
344	Innenwandöffnungen	Innenliegende Fenster, Schaufenster, Türen, Tore und sonstige Öffnungen einschließlich Fensterbänken, Umrahmungen, Beschlägen, Antrieben, Lüftungselementen und sonstiger Einbauteile
345	Innenwandbekleidung	Bekleidungen an Wänden und Stützen einschließlich Putz-, Dichtungs-, Dämm- und Schutzschichten; dazu gehören auch fest mit den Innenwänden verbundene Begrünungssysteme einschließlich Fertig-stellungs- und Entwicklungspflege
346	Elementierte Innenwandkonstruktion	Vorgefertigte Wände und vertikale Baukonstruktionen, die neben ihrer Kernkonstruktion auch Türen und Fenster oder Innenwandbekleidungen enthalten können; Falt- und Schiebewände, Sanitärtrennwände, Verschläge
347	Lichtschutz zur KG 430	Konstruktionen für Sonnen-, Sicht- und Blendschutz, Verdunkelung (z. B. Rollläden, Markisen und Jalousien) einschließlich Antrieben wie Rohrmotoren oder Gurtwicklern
349	Sonstiges zur KG 340	Gitter, Stoßabweiser, Handläufe, Berührungsschutz

Abb. 2.11 Beispiel Kostengruppe 340 gem. DIN 276 für die zweite und dritte Gliederungseben

2.4 Durchführung der Kostenermittlung

Die Ziele der Kostenermittlung sind vielfältig und dienen der Überwachung und Kontrolle der Kosten während des gesamten Projektverlaufs. Bei vollständiger Durchführung ermöglicht die Kostenermittlung nach DIN 276 eine kontinuerliche Übersicht über alle prognostizierten und bereits entstandenen Kosten. Dadurch können Kostenüberschreitungen frühzeitig erkannt und dem jeweils betroffenen Bereich zugeordnet werden, sodass eventuell noch Gegenmaßnahmen zur Verhinderung weiterer Kostenüberschreitungen ergriffen werden können. Es wird eine hohe Kostentransparenz möglich und sowohl der projektinterne Vergleich zwischen verschiedenen Kostenermittlungsstufen und der Kostenprognose als auch der projektübergreifende Vergleich mit bereits abgeschlossen Referenzprojekten zum jeweiligen Zeitpunkt ermöglicht.

In Abhängigkeit der jeweiligen Kostenermittlungsstufe (z. B. Kostenrahmen) erfolgt die Kostenermittlung in unterschiedlichen Gliederungsebenen der einzelnen Kostengruppen. Die Kostenermittlungsstufen unterscheiden sich demnach im Wesentlichen durch die zugrunde gelegte Kostengliederung, ihren Differenzierungsgrad und die gewählten Bezugsmengen beziehungsweise die darauf abgestimmten Kostenkennwerte.

Die DIN 276 liefert dabei jeweils Vorgaben zum Aufbau der einzelnen Stufen der Kostenermittlung sowie den benötigten Eingangsdaten. Entsprechend wird mit fortschreitenden Projektverlauf für die jeweilige Stufe der Kostenermittlung der Detaillierungsgrad der benötigten Projektinformationen größer. Dadurch erfolgt eine Anpassung der Genauigkeit der Kostenermittlung an die zunehmend präziser werdende Projektplanung, sodass die Kostenermittlung, die zum jeweiligen Zeitpunkt höchstmögliche Genauigkeit aufweist.

In Abb. 2.12 sind für alle Kostenermittlungsstufen die in der DIN 276 enthaltenen Vorgaben hinsichtlich der Ziele, der Gliederungseben, des Zeitpunktes und der Häufigkeit der Ermittlung aufgeführt.

Leistungs-phase	Kostenermittlungs-stufe	Ziel	Gliederungsebene der Kostengruppen	Ermittlung während eines Projektablaufs
LP 1	Kostenrahmen	Entscheidung über die Bedarfsplanung	1. Gliederungsebene nach Kostengruppen	Einmalig zu einem bestimmten Zeitpunkt
LP 2	Kostenschätzung	Entscheidung über die Vorplanung	2. Gliederungsebene nach Kostengruppen	Einmalig zu einem bestimmten Zeitpunkt
LP 3	Kostenberechnung	Entscheidung über die Entwurfsplanung	3. Gliederungsebene nach Kostengruppen	Einmalig zu einem bestimmten Zeitpunkt
LP 6	Kostenvoranschlag	Entscheidung über die Ausführungs-planung und Vorbereitung der Vergabe	3. Gliederungsebene nach Kostengruppen und technischen Merkmalen + Festlegung und Ordnung nach Vergabeeinheiten	Einmalig zu einem bestimmten Zeitpunkt oder im Projektablauf wiederholt und in mehreren Schritten
LP 7	Kostenanschlag	Entscheidungs-grundlage für die Vergabe	Kosten müssen nach den im Kostenvoranschlag festgelegten Vergabeeinheiten	Im Projektablauf wiederholt und in mehreren Schritten

Abb. 2.12 Übersicht Kostenermittlungsstufen in den jeweiligen Gliederungsebenen der Kostengruppen nach DIN 276 [DIN 276, S. 8–11]

Leistungs-phase	Kostenermittlungs-stufe	Zugrundeliegende Unterlagen
LP 1	Kostenrahmen	- ggf. Angaben zum Standort - Quantitative und qualitative Bedarfsplanung - ggf. Berechnung der mengen von Bezugseinheiten nach IDN 276 und 277 - Erläuterungen zu organisatorischen und terminlichen Abwicklung
LP 2	Kostenschätzung	- Angaben zum Baugrundstück, zur Erschließung - Planungsunterlagen (Vorplanung, zeichnerische Darstellungen) - Bereits entstandene Kosten zum Zeitpunkt der Erstellung der Kostenberechnung - Erläuterungen zu organisatorischen und terminlichen Abwicklung
LP 3	Kostenberechnung	- Planungsunterlagen (Entwurfsplanung) - Menge von Bezugseinheiten der jeweiligen Kostengruppen nach DIN 276 und Din 277 - Erläuterungen zu organisatorischen und terminlichen Abwicklung - Bereits entstandene Kosten zum Zeitpunkt der Erstellung der Kostenberechnung
LP 6	Kostenvoranschlag	- Planungsunterlagen (Ausführungsplanung, Detailplanung und Konstruktionszeichnungen) - Leistungsbeschreibung - Weitere Berechnungen (Standsicherheit, Wärmeschutz etc. ...) - Erläuterungen zu organisatorischen und terminlichen Abwicklung - Mengenermittlung von Teilleistungen - Bereits entstandene Kosten sowie vorliegende Angebote und Aufträge
LP 7	Kostenanschlag	- Planungsunterlagen (Ausführungsplanung, Detailplanung und Konstruktionszeichnungen, Montagezeichnung, Aufmaß und Abrechnungszeichnung) - Angebote der Ausführenden Unternehmen inkl. Leistungsbeschreibung - Bereits erteilte Aufträge - Rechnungen der Ausführenden Unternehmen

Abb. 2.13 Übersicht Kostenermittlung in den jeweiligen Gliederungsebenen inkl. Kostenabweichungen

Zur Berechnung sind jeweils nach der DIN 276 unterschiedliche Unterlagen erforderlich. Diese sind in der Abb. 2.13 ersichtlich.

2.4.1 Kostenrahmen

Nach der Entwicklung eines Projektes wird üblicherweise schnell eine erste Beurteilung hinsichtlich der Kosten und des Budgets erforderlich, sei es, um die grundsätzlichen Vorstellungen des Bauherrn mit den tatsächlichen Gegebenheiten abzugleichen oder die grundsätzlichen Realisierungschancen des Projekts z. B. auf Grundlage seiner Wirtschaftlichkeit und der Finanzierung zu beurteilen. Dafür muss ein erstes Projektbudget in sehr früher Phase, konkret in der Leistungsphase 1, aufgestellt werden. Die DIN 276 sieht dafür als erste und somit am wenigsten detaillierte Stufe der Kostenermittlung den sogenannten Kostenrahmen vor.

Nach DIN 276 dient der Kostenrahmen „der Entscheidung über die Bedarfsplanung, grundsätzlichen Wirtschaftlichkeits- und Finanzierungsüberlegungen sowie der Festlegung einer Kostenvorgabe" [DIN 276:2018-12, S. 9]. Er soll letztlich die Obergrenze des (genehmigten) Projektbudgets darstellen und stellt somit das Gegenstück zum Zeitrahmen, welcher die Obergrenze des genehmigten Zeitbudgets bildet, dar. Für den Auftraggeber ist der Kostenrahmen der „geplante Grenzwert" seiner Kosten, also das maximale Budget, dass er bereit ist zu investieren. Aufgrund des noch geringen Detaillierungsgrades der Planung und zahlreichen verbleibenden Unabwägbarkeiten sollte jedoch eine entsprechende Schwankungsbreite der Kosten berücksichtigt werden.

Die Ermittlung des Kostenrahmens erfolgt auf Grundlage der qualitativen und quantitativen Bedarfsplanung. Die Informationsgrundlage bilden gemäß DIN 276 unter anderem folgende Angaben:

- Angaben zum Standort
- quantitative und qualitative Bedarfsangaben aus der Bedarfsplanung
- Mengenberechnung von Bezugseinheiten der Kostengruppen gemäß DIN 276 und DIN 277
- erläuternde Angaben

Eine Gliederung der ermittelten Gesamtkosten nach Kostengruppen erfolgt lediglich in der ersten Kostengliederungsebene. Dies bedeutet, dass der Kostenrahmen auf Basis der grundsätzlichen Kubatur beziehungsweise des Flächenbedarfs eines Bauwerks in Anlehnung an die DIN 277 erstellt wird. Von den Kostengruppen der ersten Gliederungsebene muss der Kostenrahmen innerhalb der Gesamtkosten mindestens die Bauwerkskosten, also die Kostengruppen 300/Baukonstruktion und 400/Technische Anlagen, gesondert ausweisen.

Die Ermittlung des Kostenrahmens erweist sich in der Praxis im Gegensatz zur Theorie jedoch häufig als sehr ungenau. Dies wird durch eine genauere Betrachtung der Informationsgrundlage deutlich:

- Die geforderten Angaben zum Standort sind nicht immer schon abschließend bekannt, eventuell sind in der Leistungsphase 1 noch verschiedene Optionen in der engeren Auswahl.
- Die quantitativen und qualitativen Bedarfsangaben aus der Bedarfsplanung werden häufig verallgemeinert über Ausstattungsstandards angegeben. Diese Standards müssen dann über eine grobe Schätzung gesamthaft z. B. in den Kostenansätzen pro m² umbauter Fläche berücksichtigt werden. Zudem sollten bereits in der Leistungsphase 1 technische Besonderheiten des Projekts bekannt sein und angegeben werden. Da diese jedoch, z. B. im Falle von eventuellen Vornutzungen des Grundstücks, Altlasten oder der Erschließung, vom Standort abhängig sind, ist eine hinreichend genaue Erfassung teils ebenfalls nicht nötig. Daher verbleiben im Rahmen der Bedarfsplanung häufig unvermeidbare Unklarheiten, welche die Genauigkeit des Kostenrahmens negativ beeinflussen können.
- Die Mengenberechnung von Bezugseinheiten der Kostengruppen gemäß DIN 276 und DIN 277 ist aus denselben Gründen nur eingeschränkt möglich.
- In den erläuternden Angaben könnte an dieser Stelle eine sogenannte Due Dilligence durchgeführt werden, welche die grundsätzlichen Risiken erfasst.

Zusätzlich vergehen gerade bei großen Projekten oft mehrere Jahre zwischen der Erstellung des Kostenrahmens und der tatsächlichen Ausführung der Arbeiten, sodass eine Berücksichtigung der Inflation beziehungsweise eine Abstellung des Kostenrahmens auf den Zeitpunkt der Ermittlung erfolgen muss.

Aufgrund der Unsicherheiten ist eine entsprechend großzügige Schwankungsbreite der im Rahmen des Kostenrahmens ermittelten Kosten zu berücksichtigen. Diese Schwan-

kungsbreite der geschätzten Kosten wird in der DIN 276 mitberücksichtigt: „In Kostenermittlungen sollten vorhersehbare Kostenrisiken nach ihrer Art, ihrem Umfang und ihrer
Eintrittswahrscheinlichkeit benannt werden. Es sollten geeignete Maßnahmen zur Redu-
zierung, Vermeidung, Überwälzung und Steuerung von Kostenrisiken aufgezeigt werden"
[Definition Kostenrisiken nach DIN 276]. Ein verbindlicher prozentualer Maximalwert
der Kostenabweichung wird in der DIN 276 jedoch nicht festgelegt, in Literatur und
Rechtsprechung sind Toleranzen zwischen 30 und über 50 % zu finden.

Als Folge dieser Probleme wird der Kostenrahmen häufig aufgrund von unzureichender
Kostenermittlung oder mangelhafter Projektsteuerung überschritten [B.-J. Madauss (2017):
Projektmanagement, 7. Auflage, S. 611–612]. Dennoch ist die Erstellung eines Kostenrahmens zur Entscheidung über die Durchführung eines Projekts von Bedeutung, da ansonsten
erst nach der Grundlagenermittlung in der Leistungsphase 2 (Vorplanung) und somit nach der
Entscheidung über die Projektdurchführung eine erste Aufstellung der Kosten erfolgen würde.
Der Kostenrahmen sollte daher von allen Projektbeteiligten weniger als bindende Festlegung
der Kosten, sondern mehr als eine überschlägige Festlegung des Budgets wahrgenommen
werden, dessen Aussagekraft über den gesamten Projektverlauf betrachtet begrenzt ist.

In Abb. 2.14 wird die Ermittlung des Kostenrahmens an einem Beispiel aus dem Wohnungsbau erläutert.

2.4.2 Kostenschätzung

Ist die anhand des Kostenrahmens durchgeführte Entscheidungsfindung zugunsten des Projektes ausgefallen, erfolgt eine Fortführung und Konkretisierung der Projektplanung, die
Leistungsphase 2, auch Vorplanung genannt. Im Rahmen der Vorplanung stehen nun konkretere Planungsvorgaben und Daten zur Verfügung. Häufig liegen bereits erste Planunterlagen
vor und maßgebende Entscheidungen bezüglich des Grundstücks inklusive der geplanten
Erschließung wurden getroffen, die Beteiligten haben also üblicherweise eine im Vergleich
zur Grundlagenermittlung deutlich verbesserte Vorstellung bezüglich des Projektes.

Auf dieser Grundlage ist die Erstellung einer neuen, konkretisierten Kostenbeurteilung
möglich. Diese Stufe der Kostenermittlung nach DIN 276 wird als Kostenschätzung bezeichnet. Die wesentlichen Unterschiede zum bereits erstellten Kostenrahmen sind die
zugrunde gelegte Kostengliederung und der höhere Differenzierungsgrad, welcher durch
die erhöhte Detailtiefe der Planunterlagen ermöglicht wird.

Per Definition der HOAI ist die Kostenschätzung die „überschlägige Ermittlung der Kosten auf Grundlage der Vorplanung" und stellt „die vorläufige Grundlage für Finanzierungsüberlegungen" [HOAI, § 2 (10)] dar. Die DIN 276 enthält als Zielvorgabe, dass die Kostenschätzung „der Entscheidung über die Vorplanung" [DIN 276, S. 9] dient. Es wird ersichtlich,
dass die Kostenschätzung für die Projektplanung erstmalig eine detaillierte, wenn Aufstellung der Kosten bezogen auf den einzelnen Leistungsbereichen des Projektes erfolgt.

Laut Definition der DIN 276 erfolgt die Ermittlung der Kostenschätzung „auf der
Grundlage der Vorplanung" [DIN 276, S. 5] erstellt. Daher wird die Kostenschätzung auch

Projekt A-Stadt Parkresidenz A-Strasse	40 ETW in exklusiver Austattung sowie 45 Tiefgaragenplätze			
Projektbasiswerte	Grundtsücksgröße Wohnfläche in m² Anzahl WE Einheiten TG Stellplätze		4100 3400 40 45	
Kostenrahmen				
Kostenart	**Wert**		**Kosten netto €**	
100 Grundstück	Bodenrichtwert	320€/m²	1.312.000 €	
				1.312.000 €
200 Vorbereitende Maßnahmen				
Freimachung/Abriß			50.000 €	
				50.000 €
300 Bauwerk - Baukonstruktionen				
Herstellkosten GU	3400	2000 €/m²	6.800.000 €	
				6.800.000 €
400 Bauwerk – Technische Anlagen				
Heizung			150.000 €	
Elektro, Wasser, Kommunikaton	3400	500 €/m²	1.700.000 €	
Aufzüge	4 Stk	10000	40.000 €	
				1.890.000 €
500 Außenanlagen und Freiflächen				
Außenanlagen	2000	40€/m²	80.000 €	
Kfz Stellplätze	10 Stück	1.200€/m²	12.000 €	
				92.000 €
600 Ausstattung und Kunstwerke				
				0 €
700 Baunebenkosten				
Architektur			175.000 €	
Statik			85.000 €	
Fachingenieur TGA			95.000 €	
Fachingenieur SiGeko			12.000 €	
Fachingenieur Landschaftsarchitekt			15.000 €	
Baugenehmigung			5.000 €	
Genehmigungen			5.000 €	
Vertriebskosten		2,50%	300.000 €	
Vermessung/Baugrund			5.000 €	
				697.000 €
800 Finanzierung				
	5.000.000 €	24 Monate	500.000 €	
				500.000 €
Gesamtkosten				**11.341.000 €**

Abb. 2.14 Beispiel eines Kostenrahmens

in der HOAI der Leistungsphase 2 – Vorplanung zugeordnet [HOAI, Anlage 10–15]. Da die Kostenschätzung nach DIN 276 eine Kostenermittlung ist, die „in Bezug auf den jeweiligen Planungsschritt einmalig durchgeführt wird" [DIN 276, S. 8], ist der Zeitpunkt ihrer Erstellung somit fest der Leistungsphase 2 zugeordnet.

Die Informationsgrundlage besteht nach DIN 276 aus folgenden Informationensgrund-lagen [DIN 276, S. 9]:

- Angaben zu Baugrundstück und Erschließung
- Ergebnisse der Vorplanung
- Mengenberechnungen von Bezugseinheiten der Kostengruppen gemäß DIN 276 und 277
- erläuternde Angaben
- bereits entstandenen Kosten

Insbesondere bei der Angabe der Informationsgrundlage wird der höhere Detaillierungs-grad der Kostenschätzung gegenüber dem Kostenrahmen deutlich. Statt allgemeine Anga-ben zum Standort fordert die Kostenschätzung konkretere Informationen zu Baugrund-stück und Erschließung, außerdem werden die festgelegten Planungsergebnisse der Vorplanung statt Bedarfsangaben aus der Bedarfsplanung verwendet. Zudem werden im Rahmen der Kostenschätzung wie auch in allen folgenden Stufen der Kostenermittlung bereits entstandene Kosten erfasst und berücksichtigt.

Gemäß DIN 276 hat die Ermittlung der Gesamtkosten im Rahmen der Kostenschät-zung nach Kostengruppen in der zweiten Kostengliederungsebene zu erfolgen [DIN 276, S. 9], folglich eine Gliederungsebene genauer als noch beim Kostenrahmen. In der alten DIN 276 war für die Kostenschätzung noch eine Kostengliederung erster Stufe vorgese-hen, also eine Stufe weniger detailliert als in der neuen Ausgabe.

Die Genauigkeit der Kostenschätzung wird trotz einer Aufgliederung nach zweiter Kostengliederungsstufe weiterhin aufgrund der frühen Leistungsphase und der insofern wenig finalisierten Planungsgrundlage immer noch überschaubar sein. Übliche Toleranz-bereiche hinsichtlich der Genauigkeit der Kostenschätzung aus Rechtsprechung und Lite-ratur, jedoch noch bezogen auf die Kostenschätzung nach DIN 276, liegen bei ca. 30 %.

Abbildung Abb. 2.15 erläutert an einem Beispiel aus dem Wohnungsbau die Kosten-schätzung.

2.4.3 Kostenberechnung

In der weiteren Projektplanung wird die Planung weiter detailliert. Nach der Logik der HOAI wird auf Basis der Vorplanung üblicherweise in Projekten die Entwurf- und Genehmigungs-planung aufgesetzt. Diese detailliert den Vorentwurf soweit, dass die Unterlagen für die Ertei-lung der Baugenehmigung eingereicht werden können (HOAI Leistungsphasen 3 und 4).

Ist die Entwurfs- und Genehmigungsplanung erstellt, liegt erneut ein deutlich verbes-serter Planungsstand vor. Auf dieser Planung kann nun erneut eine verbesserte Kostenpla-nung erstellt werden. Dies ist nun möglich, da durch die detaillierte Planung mehr Infor-mationen vorliegen. Die nun auszuarbeitende detailliertere Kostenaufstellung wird gem. DIN 276 Kostenberechnung genannt. Nachdem im Rahmen der Kostenschätzung eine erste zuverlässige und auf den Daten der Vorplanung aufbauende Beurteilung der zu er-wartenden Kosten erfolgt ist, wird diese nun im Rahmen der Kostenberechnung detailliert.

Projekt A-Stadt Parkresidenz A-Strasse		40 ETW in exklusiver Austattung sowie 45 Tiefgaragenplätze	
Projektbasiswerte		Grundtsücksgröße	4100
		Wohnfläche in m²	3400
		Anzahl WE Einheiten	40
		TG Stellplätze	45

Kostenrahmen

Kosten netto €

KG Kostenart	Wert			
100 Grundstück				
110 Grundstückswert	Bodenrichtwert	320€/m²	1.312.000 €	
120 Grundstücksnebenkosten		12%	157.440 €	
130 Rechte Dritter			0 €	
				1.469.440 €
200 Vorbereitende Maßnahmen				
210 Freimachung/Abriß			25.000 €	
220 Öffentliche Erschließung			25.000 €	
230 Nichtöffentliche Erschließung			0 €	
240 Ausgleichsmassnahmne			0 €	
250 Übergangsmassnahmen			15.000 €	
				65.000 €
300 Bauwerk - Baukonstruktionen				
310 Baugrube			200.000 €	
320 Gründung, Unterbau			300.000 €	
330 Außenwände			2.000.000 €	
340 Innenwände			2.000.000 €	
350 Decken			1.000.000 €	
360 Dächer			1.000.000 €	
370 Infrastrukturanlagen			0 €	
380 Baukonstruktive Einbauten			0 €	
390 Sonstige Massnahemn			300.000 €	
				6.800.000 €
400 Bauwerk – Technische Anlagen				
410 Abwasser-, Wasser-, Gasanlagen	3400	175 €/m²	595.000 €	
420 Wärmeversorgungsanlagen			175.000 €	
430 Raumlufttechnische Anlagen	3400	50 €/m²	170.000 €	
440 Elektrsche Anlagen	3400	150 €/m²	510.000 €	
450 Komunikation-, Sicherheit-, infor.technsche Anlagen	3400	100 €/m²	340.000 €	
460 Förderanlagen	4 Stk	10.000 €	40.000 €	
470 Spez. Anlagen			0 €	
480 Gebäudeautomation			0 €	
490 Sonstige Massnahemn für techn. Anlagen			0 €	
				1.830.000 €

Kostenrahmen

Kosten netto €

KG Kostenart	Wert			
500 Außenanlagen und Freiflächen				
Außenanlagen	2000	40€/m²	80.000 €	
Kfz Stellplätze	10 Stück	1.200€/m²	12.000 €	
				92.000 €
600 Ausstattung und Kunstwerke				
				0 €

Abb. 2.15 Beispiel einer Kostenschätzung

700 **Baunebenkosten**			
710 Bauherrenaufgaben			50.000 €
720 Vorberetung der Objektplanung			15.000 €
730 Objektplanung			160.000 €
740 Fachplanung			195.000 €
750 Künstlerische leistungen			0 €
760 Allg. Baunebenkosten			50.000 €
790 Sonstige Baunebenkosten			0 €
			420.000 €
800 Finanzierung			
	5.000.000 €	24 Monate	500.000 €
			500.000 €
Gesamtkosten			**11.176.440 €**

Abb. 2.15 (Fortsetzung)

Die Kostenberechnung dient gemäß DIN 276 der Entscheidung über die Entwurfsplanung. Die Kostenberechnung zeigt dabei auf, wo sich signifikante Veränderungen zu der vorangegangenen Kostenschätzung ergeben, haben entweder weil die Kostenschätzung ungenau war oder sich die Planung nochmals verändert hat. Die Kostenberechnung dient damit auch der zusätzlichen Absicherung der bereits ermittelten Budges mittels der Kostenschätzung.

Die DIN 276 sieht für die Kostenberechnung eine Ermittlung der Kosten auf Grundlage der Entwurfsplanung vor [DIN 276:2018-12, S. 5], dementsprechend ist sie in der HOAI der Leistungsphase 3 – Entwurfsplanung zugeordnet [HOAI, Anlage 10–15]. Die Kostenberechnung erfolgt auf Basis der vorgelegten Entwurfsplanung idealerweise einmalig im Projektverlauf [DIN 276:2018-12, S. 8] ermittelt.

Zur Erstellung der Kostenrechnung werden nach DIN 276 insbeondere die folgenden Informationen zugrunde gelegt: [DIN 276:2018-12, S. 9–10]:

- Planunterlagen (durchgearbeitete Entwurfszeichnung und eventuell bereits vorliegenden Details)
- Mengenberechnungen von Bezugseinheiten der Kostengruppen gemäß DIN 276 und 277
- Erläuternde Angaben, die aus den Zeichnungen nicht ersichtlich sind
- bereits entstandenen Kosten

Die Verwendung der Mengenberechnungen von Bezugseinheiten der Kostengruppen gemäß DIN 276 und 277 und von erläuternden Angaben entspricht den Vorgaben von Kostenrahmen und Kostenschätzung.

Neu ist bei der Erstellung der Kostenberechnung, dass nun auch detailliertere Planunterlagen in Form von Entwurfszeichnungen und Detailplänen vorliegen, welche eine deutlich verbesserte Ermittlung der Kosten ermöglicht. Maßgebende Einflüsse auf die Kosten wie z. B. zu verwendenden Materialien und Ausrüstungsstandards sind nun schon genauer geplant, auch wenn es naturgemäß noch zu Veränderungen kommen kann. Parallel zu der weiteren Vertiefung und Detaillierung der Planung wird analog dazu auch die Kostenplanung weiter ausgestaltet. Im Rahmen der DIN 276 ist vorgesehen, dass die Kostenberechnung in derselben Logik und Struktur der einzelnen Kostenelemente erarbeitet wird, wie die vorangegangene Kostenschätzung. Da die DIN 276 mit zunehmendem Projektfortschritt auch einen höheren Detaillierungsgrad der Kostenermittlung vorsieht, zeichnet sich die Kostenberechnung diesem Prinzip folgend durch eine gegenüber der Kostenschätzung fortschreitende Gliederungstiefe aus. Nun ist daher vorgesehen, dass die Kosten bis zur dritten Ebene der Gliederung nach DIN 276 erarbeitet werden. Unter anderem aus einer häufig fehlenden Detailtiefe der Entwurfsplanung können sich bei der Ermittlung der Kostenberechnung Schwierigkeiten ergeben, wenn Angaben noch nicht ausgeplant wurden.

Ein zunehmender Anteil der Kostenaufstellung einer Kostenberechnung kann die Berücksichtigung von Kosten, die zum Zeitpunkt der Erstellung bereits entstanden sind, beispielsweise Kosten für die Erschließung des Grundstücks oder die Grundstückskosten selbst darstellen. Diese bereits angefallenen Kosten sind auch Teil der Kostenberechnung.

Aufgrund des zunehmenden Informationsniveaus und der dadurch bedingten genaueren Kostenermittlung wird der Toleranzrahmen hinsichtlich der Kostengenauigkeit der Kostenberechnung gegenüber der vorhergehenden Kostenschätzung eindeutiger. Dieser wird in Literatur und Rechtsprechung zwischen 10 und 25 Prozent angegeben.

2.4.4 Kostenvoranschlag

Nach Genehmigung des Projektes erfolgt die Ausführungsplanung. Die Ausführungsplanung enthält alle Angaben, die für die Ausführung der Leistung erforderlich sind. Mithilfe der Ausführungsplanung kann auch der Ausschreibungs- und Vergabeprozess gestartet werden. Da wiederum eine deutlich erweiterte Informationsbasis über das Projekt vorliegt, kann nun erneut eine weitere Detaillierung der Kostenplanung vorgenommen werden. Diese nächste Stufe der Kostenplanung wird gemäß DIN 276 Kostenvoranschlag genannt.

Dabei ist es jetzt notwendig, neben der Gliederungslogik der DIN 276 für die Kostenplanung eine neue Gliederungslogik aufzunehmen. Denn nun werden sich die Kostenaufstellungen nicht mehr nur aus eigenen Kalkulationen ergeben, die Basis der bisherigen Kostenaufstellungen waren, sondern die Kosten werden sich in zunehmendem Maße aus den Angeboten und erteilten Aufträgen an Lieferanten und Unternehmer ergeben. Diese Angebote sind aber nicht unbedingt genau entsprechend der Gliederungslogik der DIN 276 strukturiert. Zwar soll eine Gliederung der Gesamtkosten nach Kostengruppen in der dritten Ebene erfolgen, zusätzlich ist aber eine weitere Unterteilung „nach technischen Merkmalen oder herstellungsmäßigen Gesichtspunkten" und damit eine Gliederung der Kosten „nach den für das

Bauprojekt vorgesehenen Vergabeeinheiten" durchzuführen. Dies ist auch notwendig, um die Kostenaufstellung im weiteren Verlauf des Projektes kontinuierlich aktualisieren zu können.

Der Kostenvoranschlag soll primär „den Entscheidungen über die Ausführungsplanung und die Vorbereitung für die Vergabe" [DIN 276:2018-12, S. 10] dienen, zusätzlich wird er wiederum als Instrument für die Kostenkontrolle verwendet. Hinsichtlich der Vergabe können im Rahmen des Kostenvoranschlags ermittelte Soll-Kosten als Zielvorgabe dienen, anhand derer Angebote beurteilt werden und mögliche Kostenüberschreitungen erkennbar werden.

Im Gegensatz zu den bisherigen Stufen der Kostenermittlung kann der Kostenvoranschlag sowohl einmalig zu einem bestimmten Zeitpunkt als auch wiederholt in mehreren Schritten im Projektverlauf erarbeitet werden. Die wiederholte Durchführung stellt gegebenenfalls die Aktualität und Genauigkeit des Kostenvoranschlags sicher, da bedingt durch die deutlich höhere Dynamik der kostenwirksamen Prozesse in der fortgeschrittenen Leistungsphase 6 ansonsten während der Erstellung neu entstandene oder exakt festgelegte Kosten nicht mehr berücksichtigt werden würden, der Kostenvoranschlag wäre ansonsten nicht mehr aktuell.

Zur Erstellung des Kostenvoranschlags werden nach DIN 276 insbesondere folgende Informationen zugrunde gelegt:

- Planunterlagen (Ausführungs-, Detail- und Konstruktionszeichnungen)
- Leistungsbeschreibungen (z. B. Leistungsprogramm oder Leistungsverzeichnisse)
- Mengenberechnungen von Bezugseinheiten der Kostengruppen gemäß DIN 276 und 277
- bereits entstandene Kosten und Kosten auf Basis von eventuell bereits vorliegenden Angeboten und Aufträgen

Die Datengrundlage ist stützt sich vermehrt auf konkret bekannte oder sogar schon entstandene Kosten. Generell kann die Kostensicherheit im Projektverlauf durch den Kostenvoranschlag dadurch deutlich erhöht werden. Der Toleranzrahmen für den Kostenvoranschlag ist aufgrund seiner erst kurzen Berücksichtigung in der DIN 276 noch nicht abschließend geklärt. Anhand der in Abb. 2.14 zusammengestellten Referenzwerte ist mit einer Kostengenauigkeit zwischen 10 und 15 % zu rechnen. Dieser Wert liegt der Logik einer zunehmenden Kostengenauigkeit mit fortschreitendem Projektverlauf folgend zwischen den Toleranzen der Kostenberechnung und des Kostenanschlags.

2.4.5 Kostenanschlag

Auf den Kostenvoranschlag folgend wird parallel zur Leistungsphase 7 – Mitwirkung bei der Vergabe der Kostenanschlag erstellt. Der Kostenanschlag stellt eine Zusammenstellung von Angeboten ausführender Firmen, Honorar- und Gebührenberechnungen und anderer für das Baugrundstück, die Erschließung und vorausgehende Planung bereits entstandene Kosten sowie bereits erbrachte Teilleistungen, welche noch nicht abgerechnet wurden, dar [DIN 276].

Gemäß DIN 276 dient der Kostenanschlag „den Entscheidungen über die Vergaben und die Ausführung" und baut somit auf dem Kostenvoranschlag, welcher „den Entscheidungen über die Ausführungsplanung und die Vorbereitung für die Vergabe" dient, auf. Außerdem wird der Kostenanschlag als Vergleichsgrundlage für die spätere Kostenfeststellung herangezogen.

Der Kostenanschlag ist die einzige Kostenermittlungsstufe, welche nach den Vorgaben der DIN 276 in jedem Fall „wiederholt und in mehreren Schritten durchgeführt wird", eine lediglich einmalige Erstellung im Projektverlauf ist nicht vorgesehen. Dies wäre auch nicht zweckmäßig, da sich die Vergabeprozesse und die während der Ausführung erstellten Nachtragsangebote sowie deren Beauftragung während der gesamten Projekte üblicherweise hinziehen, so dass ein am Projektbeginn einmalig erstellter Kostenanschlag bereits nach recht kurzer Zeit bei vielen Projekten nicht mehr aktuell wäre.

Die Kosten müssen im Kostenanschlag nach „den für das Bauprojekt im Kostenvoranschlag festgelegten Vergabeeinheiten zusammengestellt und geordnet werden". Diese Art der Kostengliederung wurde bereits im Kostenvoranschlag als Ergänzung zur dreistufigen Kostengliederung vorgenommen. Eine Gliederung nach den Kostengliederungsstufen der DIN 276 hingegen, wie sie im vorangegangene Kostenvoranschlag nach 3. Gliederungsebene vorgeschrieben ist, ist für den Kostenanschlag nicht mehr vorgesehen.

Zur Erstellung des Kostenanschlags werden die Kosten nach dem im jeweiligen Teilschritt vorhandenen Kostenstand, bestehend aus Angebot, Auftrag oder Abrechnung, zusammengestellt. Dabei werden nach DIN 276 unter anderem folgende Informationen verwendet:

- Planungsunterlagen (Ausführungsplanung, Detailplanung und Konstruktionszeichnungen, Montagezeichnung, Aufmaß und Abrechnungszeichnung)
- Angebote der Ausführenden Unternehmen inkl. Leistungsbeschreibung
- Kosten aus bereits erteilten Aufträge
- Rechnungen der ausführenden Unternehmen
- bereits entstandene Kosten

Im Vergleich zur Kostenberechnung sollte im Kostenanschlag die maximale Summenabweichung nicht mehr als 10 % betragen. Aufgrund der vielfältigen Änderungen und Anpassungsbedarfe während der Projektabwicklung ist es aber oft so, dass der zu Projektbeginn erstellte Kostenanschlag sehr häufig um deutlich mehr als 10 % zu den am Ende des Projektes tatsächlich angefallenen Kosten abweichen kann. Dies bedeutet aber nicht, dass die Kostenberechnung in diesem Maße auch ungenau oder nicht richtig gewesen wäre, sondern in aller Regel ergeben sich während der Projektabwicklung weitere Planungsänderungen, Störungen des Bauablaufs, Detaillierung in der Planung und weitere kostenbeeinflussende Sachverhalte.

2.4.6 Kostenfeststellung

Nach Abschluss des Projektes ist die Ermittlung der tatsächlich angefallenen Kosten vorgesehen. Dies ist sinnvoll, dient diese Ermittlung doch der Prüfung, wie gut und passend die vorangegangenen Kostenermittlungen gelungen sind. Dadurch können dann auch Abweichungen analysiert werden und es kann festgestellt werden, welche Ansätze der Kostenplanung angepasst werden sollten. Damit kann idealerweise die Kostenplanung des nächsten Projektes verbessert werden. Die Kostenfeststellung dient damit gemäß DIN 276 dem Nachweis der entstandenen Kosten sowie gegebenenfalls Vergleichen und Dokumentationen.

Die Kostenfeststellung sollte insbesondere auf den Schlussrechnungen der Unternehmer und Lieferanten beruhen. In der Kostenfeststellung werden insbesondere folgende Informationen zugrunde gelegt:

- geprüfte Abrechnungsbelege, z. B. Schlussrechnungen;
- Planungsunterlagen, z. B. Abrechnungszeichnungen und ähnliches

In der Kostenfeststellung sollten die Gesamtkosten nach Kostengruppen bis zur dritten Ebene der Kostengliederung beziehungsweise nach der für das Bauprojekt festgelegten Struktur des Kostenanschlags unterteilt dargestellt werden, damit Vergleiche mit den aufgestellten Kosten im Rahmen der Kostenberechnung, Kostenschätzung usw. möglich werden.

Es ist kein Geheimnis, dass die Kostenfeststellung sehr häufig nicht oder nicht sehr sorgfältig durchgeführt wird, da sich in der Regel bereits neue Projekte ankündigen oder bereits in der Ausführung sind. Bei hoher Arbeitsbelastung aller Beteiligten wird die Kostenfeststellung dann oft nur summarisch vorgenommen und keine eigentliche Nachkalkulation aufgestellt. Damit kann allerdings auch keine Aussage getroffen werden, wie gut die Kostenaufstellungen während des Projektes die tatsächlich angefallenen Kosten abbilden konnten und wo Verbesserungspotenziale identifiziert werden können. Allerdings ist es oft etwas unpraktisch die angefallenen Kosten, die als Schlussrechnungen von Lieferanten und Unternehmern vorliegen, in die dreistufige Gliederungssystematik der DIN 276 zurück zu gliedern.

2.5   Datenbanken zu Kostenkennwerten

Für die Kalkulation eines Bauprojektes und somit auch die Kostenermittlung werden eine umfangreiche Datenbasis, insbesondere aber Kostenkennwerte für die Durchführung von Teilleistungen oder auch die Erstellung von Bauprojekten oder Teilen davon benötigt. Da die Kostenermittlung in frühen Leistungsphasen und somit noch lange vor der Einholung konkreter Angebote von Lieferanten, Nachunternehmer, usw. erfolgt, werden Anhaltswerte benötigt, um eine Kalkulation der voraussichtlichen Projektkosten durchführen zu können. Diese Kostenkennwerte sollten möglichst exakt an die realen Gegebenheiten des Projekts angepasst werden können. Preistreibende Einflüsse, wie z. B. die Ausführungsqualität oder die verwendeten Materialien, müssen ebenso Berücksichtigung finden wie lokale Einflüsse, beispielsweise das örtliche Lohnniveau oder die Grundstückskosten.

Dabei ist zunächst zu klären woher die notwenigen Eingangsdaten kommen. Von besonderer Wichtigkeit sind Kostenangaben zum Grundstück, zur Erschließung, zur Errichtung des Bauwerks, der Freiflächen und deren Ausstattung sowie zu den Baunebenkosten.

Obwohl die Herkunft der entsprechenden Kostenkennwerte im Detail jeweils projektspezifisch erfolgen werden muss, können dennoch einige grundlegende Abgrenzungen getroffen werden:

- Kostenangaben zum Grundstück werden in der Regel beim Auftraggeber eingeholt, da
  dieser für den Erwerb beziehungsweise die Bereitstellung des Grundstücks verantwortlich ist. Folglich sind Angaben hinsichtlich Grunderwerbskosten sowie weitere das
  Grundstück betreffende Investitionen direkt beim Auftraggeber einzuholen.
- Kostenangaben zur Erschließung sind bei der für das Baugrundstück zuständigen Stadt
  und Gemeinde einzuholen. Die zuständigen Ämter sind zum einen über die aktuelle
  Erschließungssituation informiert und können des Weiteren abschätzen, welcher Aufwand zur Erschließung des Grundstücks erforderlich werden wird.
- Kostenangaben zur Errichtung des Bauwerks, der Freiflächen und deren Ausstattung
  werden auf Basis von Veeichsprojekten abgeschätzt, daher sind Vergleichsprojekte zu
  identifizieren.

Zum einen können eigene, firmeninterne Referenzkennwerte von in der Vergangenheit
durchgeführten und vergleichbaren Bauprojekten herangezogen werden. Diese Kennwerte
weisen eine hohe Nachvollziehbarkeit auf und können auch firmeninterne Besonderheiten
berücksichtigen, außerdem sind die exakte Herkunft und Zusammensetzung der Gesamtkosten bekannt. Voraussetzung ist eine ausreichende Vergleichbarkeit der Referenzpro-
jekte mit dem aktuellen Projekt, weshalb sich dieses Vorgehen vor allem für Firmen mit
standardisierten oder stets ähnlichen Bauprojekten anbietet.

Zum anderen können Kostenkennwerte extern über Baukostensammlungen, Hersteller-
abfragen oder aus AVA-Programmen mit hinterlegten Baukostendaten abgerufen werden.
Die entsprechenden Kennwerte basieren auf einer großen Datenbasis zahlreicher Projekte.
Häufig ist zudem über zahlreiche Parameter die Anpassung der Kennwerte an die pro-
jektspezifischen Gegebenheiten, z. B. an das örtliche Lohnniveau über Regionalfaktoren,
möglich. Daher kommt den Projektdatenbanken eine besondere Bedeutung zu.

Im Folgenden wird eine kurze Übersicht über Kostendatenbanken zu gewerkespezifi-
schen Einzelwerten gegeben, welche jedoch keinen Anspruch auf Vollständigkeit erhebt.

Plümecke, et al. Preisermittlung für Bauarbeiten, Verlagsgesellschaft Rudolf Müller

Als Buch oder E-Book erhältlich behandelt „Preisermittlung für Bauarbeiten" zunächst
Grundlagen zu den Themen Preisermittlung, Vergabe und Kalkulation behandelt sowie technische Eigenschaften genormter Baustoffe und anhand Beispiele die Material- und Stoff-
preiskalkulation erläutert. Die umfangreiche Kostendatenbank enthält Leistungsbeschreibungen inklusive Zeit-, Materialmengen- und Geräteansätze für alle geläufigen Gewerke. Im
Anhang sind zudem AfA-Sätze, Baukontenrahmen, Teile des Vergabehandbuches und Maß-
und Gewichtseinheiten zusammengestellt.

BKI Baukosten

Die als Buch erhältliche Kostendatenbank „BKI Baukosten" ist in zwei Reihen für Neubau und Altbau aufgeteilt und enthält statistische Kostenkennwerte für Gebäude, Positionen und Bauelemente (nur für Neubau). Die Gebäude-Kennwerte umfassen u. a. Baukosten-Durchschnittswerte für BRI, BGF und NUF, die Kostenkennwerte für Bauelemente und Positionen orientieren sich an den Kostengruppen der DIN 276. Die gesamte Datenbank baut auf Referenzobjekten auf, neben Regionalfaktoren zur lokalen Preisanpassung sind zahlreiche weitere Informationen, z. B. Bauzeitenangaben oder aktuelle Baupreise.

SIRADOS Baudaten

Die Firma WEKA MEDIA GmbH & Co. KG bietet unter dem Namen SIRADOS Softwarelösungen und Printmedien für die Kostenplanung an. Neben der Software „Kostenplanung" für die Durchführung der Kostenermittlung nach DIN 276 und Datenpakete für Ausschreibungstexte und Baudaten werden Handbücher für Kalkulation inklusive Angebotstexte sowie für Baupreise unter Angabe von Kurztexten, Preisspannen und Zeitwerten angeboten. Außerdem sind Zeitwerttabellen Ortsfaktoren und Loseblattwerke für die Ausschreibung erhältlich.

Schmitz, et al. (2020): Baukosten 2020/2021

Das zweibändige Buch Baukosten 2020/2021 gliedert sich in die beiden Teile Neubau und Altbau, jedoch jeweils auf Wohngebäude beschränkt, und enthält Kostenkennwerte für Kostenplanung und Kostenkontrolle. Beide Bände umfassen zunächst Erläuterungen zu den Methoden der Kostenschätzung und der Kostenberechnung, im Weiteren werden Baukosten-Vergleichswerte pro Quadratmeter und Gebäudetyp sowie ein Bauteilkostenkatalog, unterteilt in die Kostengruppen 100 bis 500 (Baugrundstück, Herrichten und Erschließen, Bauwerk – Baukonstruktion, Bauwerk – Technische Anlagen und Außenanlagen), angegeben.

Baupreislexikon.de

Baupreislexikon.de ist ein von f.data angebotenes Online-Tool für die Kostenermittlung von Bauleistungen und Bauelementen sowie zur Erstellung von Leistungsverzeichnissen. Die Datenbank wird monatlich aktualisiert und enthält neben regionalen Baupreisen einen umfassenden Bauteilkatalog, welcher nach Gewerken sortierte und über verschiedenen Parameter individuell anpassbare Bauteile, deren Leistungsbeschreibung und Preis-Leistungsstruktur enthält.

Gewerkekalkulation

3

3.1 Grundlagen und Methoden der Gewerkekalkulation

Die Gewerkekalkulation dient der Ermittlung des Angebotspreises des Unternehmers. Bei einem Bauprojekt sind dies vor allem die Leistungserbringer, also zum Beispiel der Generalunternehmer, Generalübernehmer oder der Erbringer von Teilleistungen oder auch die Materiallieferanten.

Grundsätzlich ist der Unternehmer frei in seiner Preisfindung. Eine Kalkulation der Arbeiten muss daher nicht zwingend vorgenommen werden. Im marktwirtschaftlichen Wettbewerb ergeben sich Preise grundsätzlich auf Basis von Angebot und Nachfrage. Dabei sind beide voneinander abhängig. Das heißt, üblicherweise sinkt die Nachfrage, wenn die Preise steigen, beziehungsweise, das Angebot steigt, wenn die Preise steigen. Fraglich ist, wie im konkreten Fall ein Bauunternehmer diese Angebotsnachfragesituation ermitteln kann, um seinen Preis zu setzen. Denn ein sogenannter transparenter Markt, das heißt, die für alle Marktteilnehmer genaue Information welche Bauleistungen zu welchem Preis tatsächlich nachgefragt oder angeboten wird, existiert nicht. Daher gibt es unterschiedliche Preisermittlungsprinzipien.

Generell kann der Unternehmer seine Kosten ermitteln und darauf aufbauend überlegen, zu welchem Preis er bereit ist, seine Leistung anzubieten. Dies wird als kostenorientierte Preisermittlung bezeichnet.

Es ist ebenfalls möglich, seinen Preis nachfrageorientiert festzulegen. Hierbei ist der Umfang der Nachfrage für die eigene Preisgestaltung, bestimmend. Ist die Nachfrage sehr hoch und die eigenen Kapazitäten bereits hoch ausgelastet, wird der Unternehmer einen höheren Preis verlangen.

Schließlich gibt es auch noch eine konkurrenzorientierte Preisermittlung. Hierbei wird der eigene Preis auf einer reinen Wettbewerbsbetrachtung aufgebaut. So gibt es Bauunter-

A. Malkwitz et al., *Kostenermittlung und -kalkulation im Bauprojekt*, https://doi.org/10.1007/978-3-658-38927-7_3

nehmer, die zunächst durch eine Marktbetrachtung ermitteln, wo in etwa Wettbewerbs-preise liegen könnten, sich dann überlegen mit welcher Priorisierung ein Auftrag gewonnen werden soll und dann den eigenen Preis auf Basis der Wettbewerbsbetrachtung festlegen. Da die Preise von Bauleistungen in aller Regel nicht vollständig bekannt sind, ist eine reine konkurrenzorientierte Preisermittlung sehr unsicher. Außerdem ist dieser Ansatz üblicherweise ein sehr riskanter Ansatz, kann aber auch aufbauend auf einer kostenmäßigen Gewerkekalkulation als Überlegung durchaus sinnvoll sein.

Abschließend gibt es noch die nutzenorientierte Preisbestimmung, bei der zunächst der erzielte Nutzen der eigenen Leistung für den Kunden ermittelt wird und dann der Preis auf Basis dieses Nutzens festgelegt wird. Dies ist in vielen Branchen üblich und wird durchaus auch auf Bauleistungen angewandt. So könnte zum Beispiel bei einem Kraftwerksbau betrachtet werden, welchen Umsatz und welche Deckungsbeiträge, beziehungsweise Gewinne, dieses Kraftwerk später für den Investor abwerfen wird. Im Anschluss wird eine übliche Kapitalverzinsung überlegt und darauf aufbauend, ein für den Auftraggeber, attraktiver Preis für die Erstellung dieses Kraftwerks abgeleitet. Grundsätzlich können diese Überlegungen auch aufbauend auf einer kostenbasierten Gewerkekalkulation durchgeführt werden, um den möglichen Gewinnansatz einzuschätzen oder einzuschätzen, ob der eigene Angebotspreis für den Auftraggeber überhaupt attraktiv sein kann. Eine alleinige Kalkulation des eigenen Angebotspreises auf Basis einer Nutzenbetrachtung ist üblicherweise bei Bauprojekten jedoch zu riskant. Ausnahmen können bei typisierten Bauten so zum Beispiel bei Standardwohnbauten bestehen.

Bei Bauprojekten besteht außerdem die Besonderheit, dass für jedes Projekt ein eigener, spezifischer Preis für die Bauleistung zu ermitteln ist. Während in vielen Branchen Produkte einmal bepreist und dann am Markt vielen Kunden angeboten werden, muss bei Bauprojekten jede Bauleistung immer wieder neu für jedes Projekt spezifisch angeboten werden. Daher hat sich eine kostenorientierte Kalkulation als sehr sinnvoll erwiesen, insbesondere um zunächst eine erste Vorstellung vom Aufwand zu gewinnen. Dabei werden im Rahmen der Gewerkekalkulation alle Kosten kalkuliert. Dies umfasst die direkten Kosten der Leistungen wie auch Gemeinkosten der Baustelle oder die allgemeinen Kosten des Unternehmens sowie der eingeplante Gewinn. Durch die kostenmäßige Ermittlung einer Bauleistung werden damit die Leistungsbestandteile auch vom zeitlichen Aufwand und den einzuplanenden Ressourcen erfasst. Dadurch kann der Bauablauf geplant werden und zum Beispiel die vom Auftraggeber gewünschten Fertigstellungstermine eingeschätzt werden, beziehungsweise der Bauablauf so geplant werden, dass diese nachvollziehbar erreicht werden können. Auf Basis dieser kostenorientierten Angebotspreisermittlung kann dann auch eine Nutzenbetrachtung – oder auch eine Wettbewerbsbetrachtung erfolgen, um durch Festlegung unterschiedlicher Gewinnzuschläge den eigenen Angebotspreis zu entscheiden.

Um eine Bauleistung kalkulieren zu können, ist eine umfassende Datenbasis erforderlich. Daher muss ein Auftraggeber die anzufragende Bauleistung zu beschreiben.

Daher liegt den Ausschreibungsunterlagen meist ein vom Auftraggeber erstelltes Leistungsverzeichnis bei. Die Anbieter sind aufgefordert, dieses spezifische Leistungsverzeichnis zu bepreisen, das heißt, einen Einheitspreis für jede einzelne Position des

Leistungsverzeichnisses anzubieten. Um diese Informationen bereitstellen zu können, insbesondere für jede Position einen spezifischen Einheitspreis ermitteln zu können, haben sich spezifische Methoden für die Kalkulation von Bauaufträgen herausgebildet.

Da es im Laufe der Erstellung von Bauleistungen häufig zu Änderungen und Störungen kommt, besteht häufig der Bedarf, die ursprünglich kalkulierte Leistung fortzuschreiben. Außerdem wird üblicherweise ein Baustellencontrolling aufgesetzt und am Ende die tatsächlich angefallenen Kosten mit den ursprünglich kalkulierten Kosten verglichen. Die Gewerkekalkulation oder Angebotskalkulation ist damit Teil einer umfassenderen Kalkulationssystematik. Aufbauend auf der Angebotskalkulation wird nach entsprechenden Nachverhandlungen und der Auftragserteilung, eine Vertragskalkulation abgeleitet. Diese beinhaltet alle technischen Vereinbarungen, die sich eventuell gegenüber dem ursprünglichen Angebot geändert haben, wie auch die kommerziellen Vereinbarungen wie beispielsweise Nachlässe, Skontovereinbarungen oder auch spezifische Preisnachlässe. Diese Vertragskalkulation wird dann als Basis für das Baustellencontrolling genutzt. Das Baustellencontrolling verwendet die Kalkulationssystematik als Arbeitskalkulation (manchmal, insbesondere im Anlagenbau auch mitlaufende Kalkulation genannt) indem die Vertragskalkulation bei Änderungen zum Beispiel des Bauentwurfs oder Störungen des Bauablaufs oder anderen relevanten Veränderungen fortgeschrieben wird kommt es zur Notwendigkeit von Vergütungsanpassungen oder anderen Ansprüchen wie zum Beispiel Schadensersatz oder Entschädigungsansprüchen, so werden auf dieser Basis sogenannte Nachtragskalkulationen erstellt. Nach Realisierung der Bauleistung kann dann die Nachkalkulation erfolgen, das heißt, die tatsächlich realisierten Kosten werden systematisch erfasst und es kann verglichen werden, wo Abweichungen von dem ursprünglichen Angebot zur Vertragskalkulation vorliegen. Die gesamte Kalkulationssystematik von der Angebotsphase bis zur Gewährleistung ist in Abb. 3.1 dargestellt.

Damit ist die Gewerkekalkulation keine singuläre Aufgabe zur Erstellung eines Angebotes, sondern der Startpunkt für die kostenmäßige Überwachung und das Kostencontrolling bei der Abwicklung von Bauleistungen bis hin zur Kontrolle wie gut und genau die ursprüngliche Angebotskalkulation die tatsächlichen Verhältnisse erfasst hat. Daraus ergibt sich eine umfassende Kalkulationssystematik für das Angebot und die Abwicklung von Bauleistungen.

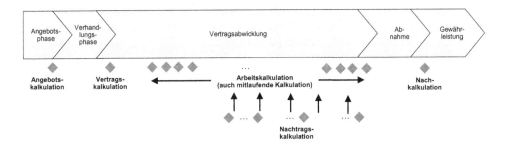

Abb. 3.1 Kalkulationssystematik

Im Rahmen der Gewerkekalkulation gibt es dabei einige Grundprobleme: Einmal müssen im Rahmen von Einheitspreiskalkulationen, das heißt ein abzurechnender Preis pro Position eines Leistungsverzeichnisses, sowohl Einzelkosten, das sind die direkten Kosten, die dieser Position direkt zurechenbar sind, wie auch Gemeinkostenanteile zusammengefasst werden. Dies bedeutet, dass es ein Zurechnungsproblem gibt von Gemeinkosten der Baustelle, das sind Kosten, die für die gesamte Baustelle zum Beispiel für Baustelleneinrichtung oder bauleitendes Personal anfallen, die auf einzelne Positionen umgelegt werden müssen. Kommt es nachher zu Abweichungen, beispielsweise bei den auszuführenden Mengen, kann dies dazu führen, dass die Zurechnung der Kosten nicht mehr stimmig ist. Daher kommt es auf ein gutes Verständnis an, wie Gemeinkosten der Baustelle umgelegt werden und wie sich Änderungen während der Bauausführung auswirken. Genauso werden allgemeine Geschäftskosten des Unternehmens, also Kosten die nicht projektspezifisch anfallen, normalerweise prozentual umgelegt. Erhöht oder verringert sich die Bauleistung eines Projektes kann auch dies zu Abweichung bei allgemeinen Geschäftskosten führen, beziehungsweise zu einer Über- oder Unterdeckung der geplanten allgemeinen Geschäftskosten führen.

Systematisch gibt es bei der Gewerkekalkulation auch das Problem des Gewinnzuschlages. Gewinn muss ein Unternehmen erzielen, um das im Unternehmen gebundene Kapital marktgerecht zu verzinsen. Neben dem Gewinnzuschlag ist allerdings in der heute üblichen Gewerkekalkulation bereits ein Zinsansatz für das gebundene Kapital in den Baugeräten enthalten. Diese Kostenposition wird üblicherweise in den Gerätekosten kalkuliert. Auch in der Baugeräteliste ist diese Position im Rahmen des Ansatzes von Abschreibungen enthalten. Ein anderes Problem bei der Gewerkekalkulation ist die Fixkostenproblematik.

3.1.1 Fixe und variable Kosten

Ein grundsätzliches Kalkulationsproblem ist die sogenannte Deckung der fixen Kosten. Dabei werden die Kosten eingeteilt und unterschieden je nach dem Kostenanfall bezogen auf eine zugrunde gelegte Grundgröße, zum Beispiel die Zeit oder dem Beschäftigungsgrad.

Dabei sind Fixkosten unabhängig von der Grundgröße, zum Beispiel dem zeitlichen Ablauf. Variable Kosten sind demgegenüber abhängig von der Grundgröße. So ist zum Beispiel der Auf- und Abbau eines Kranes pro Projekt nur einmal erforderlich, bei einer Verlängerung der Bauzeit fallen dafür keine zusätzlichen Kosten an, deshalb sind diese fix.

Kosten, beispielsweise für die Miete des Unternehmensbüros oder auch für die Geschäftsführung sind fixe Kosten, da diese unabhängig von der Leistungserbringung auf der Baustelle immer anfallen. Sind Fixkosten nur bei einer bestimmten Veränderung der Produktionsmenge unveränderlich und müssen nach Erreichen der Kapazitätsgrenze angepasst werden, so spricht man von sprungfixen Kosten. Dies kann auf der Baustelle zum Beispiel die Krankapazität sein. Das heißt, erst wenn die Kapazitätsgrenze des Krans erreicht ist, muss ein zusätzlicher Kran auf der Baustelle installiert werden. Bei Produktionsmengenveränderungen unterhalb der Kapazitätsgrenze ist dies nicht notwendig und die Krankosten wären fix beziehungsweise konstant.

Variable Kosten sind Kosten, die proportional zur gewählten Grundgröße zum Beispiel der Leistungserbringung anfallen. So sind zum Beispiel Materialkosten variable Kosten, da bei einer Veränderung der Leistungsmenge sich auch der Materialeinsatz und damit die Materialkosten verändern. Die Variabilität von Kosten kann dabei unterschiedlich sein. Häufig lassen sich sogenannte proportionale Kostenverläufe beobachten. Dies sind Kosten, die sich in gleichem Maße wie die Leistungserbringung verändern, z. B. der Materialverbrauch. Auf der anderen Seite gibt es degressive Kostenverläufe. Das sind variable Kosten, die sich in geringerem Umfang als die Leistungserbringung verändern, zum Beispiel, wenn Mengenrabatte bei zusätzlichen Materialeinkäufen realisiert werden können. Es gibt Im Gegensatz dazu auch regressive Kostenverläufe, die mit steigender Beschäftigung sogar abnehmen.

Üblicherweise wird im Rahmen der Gewerkekalkulation nicht zwischen fixen und variablen Kosten unterschieden. In anderen Branchen wird häufig eine Kalkulation auf Basis von Deckungsbeiträgen erarbeitet, das heißt, dass die Kosten in fixe und variable Kosten aufgeteilt werden. Im Rahmen der bautypischen Gewerkekalkulation geschieht dies üblicherweise nicht.

Eine Deckung der Kosten meint in diesem Zusammenhang, inwiefern die Gemeinkosten des Unternehmens gedeckt werden. Obwohl die fixen Kosten in der Gewerkekalkulation typischerweise nicht ermittelt werden, ist für Bauunternehmen die Fixkostenproblematik immer eine strategisch entscheidende Fragestellung. So waren lange Jahre Bauunternehmen gezwungen mit teilweise erheblichen Preiszugeständnissen neue Aufträge zu erhalten, um die Fixkosten, zum Beispiel die Personalkosten des eigenen Personals, zu decken. Die Gewerkekalkulation gibt zunächst keinen Hinweis darauf, inwiefern die fixen Kosten des Unternehmens durch den Bauauftrag gedeckt werden. Die strategische Frage, inwiefern ein Angebotspreis zur Deckung der fixen Kosten beiträgt, kann somit nicht direkt beantwortet werden.

Üblicherweise sind bei Bauleistungen ein Großteil der Einzelkosten der Teilleistungen variable Kosten. Dazu zählen Materialkosten, Nachunternehmerleistungen und Gerätemieten. In den Einzelkosten der Teilleistungen können aber auch Fixkostenanteile enthalten sein, zum Beispiel Kosten für eigene Geräte. Ein Sonderproblem sind dabei die Lohnkosten des eigenen Personals. Diese Kosten haben Fixkostencharakter, da die Lohnkosten nicht direkt abhängig von der Produktionsmenge sind, sondern nur zeitverzögert durch das Unternehmen verändert werden können. Ausnahmen können bei Akkordlöhnen, die abhängig von der Ausbringungsmenge ausgezahlt werden, vorliegen. Allerdings steigen bei Mengenveränderungen natürlich die Lohnkosten proportional mit der Leistungserbringung. Unternehmensbezogen sind die Lohnkosten jedoch konstant, die Kapazitätsauslastung schwankt jedoch.

Die Baustellengemeinkosten haben üblicherweise sowohl fixe Kostenbestandteile wie auch variable Kostenbestandteile. So sind etwa Gehaltskosten der Bauleitung Fixkosten, Baustellenversicherungen oft variable Kosten.

Kalkulation

	Lohn	Stoff	Gerät	NU	Fixkosten	Variable Kosten	Gewinn
EKdT							
1000 m³ Mauerwerk							
Lohn: 4 h/m³ mit 40€ ML inkl. Polier	160.000,00 €				160.000,00 €		
Material: Mauersteine, Mörtel 250 €/m³		250.000,00 €				250.000,00 €	
Gerät Kran, Versetzgerät (eigen)							
Abschreibung: 10.000/a, 6 Mon.			5.000,00 €		5.000,00 €		
Rep.			500,00 €			500,00 €	
V Kran			750,00 €				750,00 €
					416.250,00 €		
BGK							
Bauleiter 10%, 6.500€/Mon., 6 Mon.					3.900,00 €	3.900,00 €	
PKW Bauleiter, 10%, Leasing 700€/Mon.					420,00 €	420,00 €	
Betriebsstoffe, wartung, reapratur PKW					138,00 €		138,00 €
Baustelleneinrichtung: Container, Kleingeräte					4.000,00 €	4.000,00 €	
Strom					2.000,00 €		2.000,00 €
					10.458,00 €		
					426.708,00 €		
Zuschläge							
BGK			10.458,00 €	14%			
AGK	8,50%	9,83%	41.930,84 €	54%	41.930,84 €	41.930,84 €	
G	5,00%	5,78%	24.665,20 €	32%	24.665,20 €		24.665,20 €
			77.054,05 €	100%			
					493.304,05 €	215.250,84 €	252.638,00 €	25.415,20 €
					43,6%	51,2%	5,2%

Abb. 3.2 Beispiel Mauerwerk fixe und variable Kosten

Die allgemeinen Geschäftskosten des Unternehmens sind überwiegend als Fixkosten zu betrachten, wobei auch hier bestimmte Anteile variabel sein können.

Zur Darstellung dieses Sachverhalts soll ein Beispiel in Abb. 3.2 dienen. In diesem Beispiel ist ein kleines Projekt dargestellt, bei dem ausschließlich eine Position, die Erstellung von Mauerwerk, geleistet wird. Die Arbeit erfolgt mit eigenen gewerblichen Mitarbeitenden und eigenem Kran, ein Bauleiter wird mit 10 % seiner Zeit für die Bauleitung eingesetzt. Es werden zusätzlich 8,5 % für allgemeine Geschäftskosten und 5 % für Gewinn kalkuliert. Als Bauzeit sind bei einer Kolonnenstärke von 4 Mitarbeitenden inklusive Polier 6 Monate veranschlagt. Es ergeben sich die in der Abbildung angegebenen Kosten.

Im Ergebnis zeigen sich an diesem Beispiel durchaus hohe Fixkosten im Baubetrieb mit eigenem Personal. Dies ist der Grund, weshalb klassische Bauunternehmen, die mit eigenem Personal arbeiten, auf die Gewinnung neuer Aufträge bei Unterauslastung angewiesen sind.

In einem weiteren kleinen Beispiel in Abb. 3.3 wird das Thema der sprungfixen Kosten illustriert. Bei einer Baustelle sollen die fixen Kosten des Hochbaukrans ermittelt werden. Dabei wird davon ausgegangen, dass für etwa 20 gewerbliche Mitarbeitende ein Hochbaukran gestellt werden muss. Die Krankosten sind also abhängig von der Anzahl der gewerblichen Mitarbeitenden und damit der produzierten Menge. Steigt die Produktionsmenge über die Kapazitätsgrenze der geplanten Kranausstattung an, muss ein zusätzlicher Kran eingesetzt werden. Die Kosten für den Kran sind also in einer gewissen Bandbreite fix und springen bei der Nutzung eines zusätzlichen Kranes.

Für das Kalkulationsbeispiel werden dabei die folgenden Ansätze genutzt. Für 20 gewerbliche Mitarbeitende wird ein Hochbaukran geplant, es wird mit 8 Stunden Arbeitszeit pro Tag gerechnet, Es wurde mit einem Mittellohn von 40 € pro Stunde gerechnet und einem Lohnkostenanteil von 40 % an der Bauleistung. Damit ergibt sich für 20 Mitarbeitende eine Bauleistung von 16.000 € pro Tag. Die Krankosten sollen 500 € pro Tag

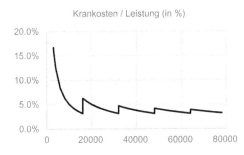
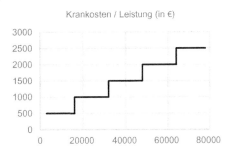

Abb. 3.3 Beispiel Sprungfixe Krankosten

betragen. Damit ergeben sich die in der Abbildung dargestellten Kosten für die Ausstattung der Baustelle mit den Hochbaukränen, abhängig von der zu erbringenden Bauleistung der Baustelle.

Mit dieser Analyse können nun Folgebewertungen vorgenommen werden. So kann zum Beispiel eine optimale Betriebsgröße der Baustelle ermittelt werden. Dabei können etwa die Krankosten in Prozent der ausgeführten Bauleistung umgerechnet werden.

Daraus wird ersichtlich, dass naturgemäß immer bei voller Belastung der Hochbaukräne kostenoptimale Verhältnisse erreicht werden. Je nach Anzahl der Hochbaukräne führt das zu verschieden kostenoptimalen Fertigungsgrößen auf der Baustelle. Diese Informationen können dazu dienen, die Ausstattung und die Leistungserbringung der Baustelle auf einen optimalen Fertigungspunkt auszurichten.

3.1.2 Deckungsbeitragsrechnung

Kalkulationen sollen neben der Ermittlung eines Angebotspreises auch aussagefähige Informationen über die Preisqualität bereitstellen. Eine entscheidende Information ist dabei, inwiefern ein Auftrag zur Deckung der fixen Kosten beitragen kann. Man bezeichnet diese Berechnung auch als Deckungsbeitragsrechnung oder genauer als Fixkosten-Deckungsbeitragsberechnung. Dabei werden grundsätzlich von den Erlösen eines Projektes zunächst nur die variablen Kosten in Abzug gebracht. Der sich ergebende Betrag, steht zur Deckung der fixen Kosten zur Verfügung. In einer Verfeinerung ist es auch möglich die fixen Kosten weiter zu unterteilen, etwa in fixe Kosten der Baustelle und fixe Kosten des Unternehmens. Anschließend können verschiedene Deckungsbeiträge ermittelt werden.

Die Deckung der fixen Kosten wird durch die üblichen Kalkulationssysteme, die auf einer Vollkostenrechnung aufbauen, nicht erkennbar. Außerdem ist zu beachten, dass es vertraglich erforderlich ist, Einheitspreise pro Position zu ermitteln, die auch alle Fixkosten enthalten. Daher müssen für den Angebotspreis Fixkosten auf einzelne Leistungen umgelegt werden. Dies wird auch als Fixkostenproportionalisierung bezeichnet. Ausnahmen bestehen lediglich für reine Pauschalverträge ohne Einheitspreise des Leistungsverzeichnisses. Dies ist inhaltlich problematisch, da die Abrechnung der Fixkosten über Einheitspreise nicht verursachungsgerecht ist.

Wird exakt die ursprünglich geplante und der Kalkulation zugrunde liegende Menge auch tatsächlich ausgeführt, ist dies unproblematisch, da die ursprüngliche Proportionalisierung der Fixkosten richtig war. Verändern sich aber während der Leistungserbringung die Produktionsmengen oder kommt es zu Änderungen des Bauentwurfs oder auch zu Störungen des Bauablaufs, kann dies zu einer Über- oder Unterdeckung der Fixkosten führen. Für den Auftragnehmer besteht dann das Problem, dass die auf die Produktionsmenge umgelegten Fixkosten nicht mehr sachgerecht sind, da die Fixkosten ja definitionsgemäß unabhängig von der Produktionsmenge sind. Ergeben sich zusätzliche Produktionsmengen, kommt es dabei zu einer Überdeckung der Fixkosten, es sei denn, dass im Rahmen von sprungfixen Kosten zusätzliche Fixkosten entstehen. Im umgekehrten Fall entstehen bei geringeren Produktionsmengen Unterdeckungen der Fixkosten. Da bei Bauunternehmen Gemeinkosten also Baustellengemeinkosten und allgemeine Geschäftskosten oft zu einem hohen Anteil Fixkostencharakter haben, kommt diese Problematik vor allem auch bei der Kalkulation dieser Kosten zum Tragen.

An einem einfachen Beispiel in Abb. 3.4 soll die Ermittlung von Fixkosten-Deckungsbeiträgen für ein einfaches Projekt dargestellt werden. Dafür wird das bereits in Abb. 3.2 eingeführte Beispiel einer Mauerwerkserstellung genutzt.

Es zeigt sich an diesem Beispiel, dass ein Fixkostenanteil von ungefähr 40 % gedeckt werden muss. In diesem Beispiel teilen sich die Fixkosten auf in Fixkosten der Erzeugung für eigenes Personal und Gerät, sowie Fixkosten des Unternehmens.

Beispiel: Deckungsbeitragsermittlung

		Kalkulation					Anteile für Variable Kosten	
	Lohn	Stoff	Gerät	NU	Summe	Fixkosten		Gewinn
EKdT								
1000 m³ Mauerwerk								
Lohn: 4 h/m³ mit 40€ ML	160.000,00 €					160.000,00 €		
Mauersteine, Mörtel 150 €/m³		250.000,00 €					250.000,00 €	
Gerät Kran, Versetzgerät (eigen)								
Abschreibung: 10.000/a, 6 Mon.			5.000,00 €			5.000,00 €		
Reparatur+Wartung			500,00 €				500,00 €	
Verzinsung Kran			750,00 €					750,00 €
					416.250,00 €			
BGK								
Bauleiter 10%, 6.500€/Mon., 6 Mon.					3.900,00 €	3.900,00 €		
PKW Bauleiter, 10%, Leasing 700€/Mon.					420,00 €	420,00 €		
Betriebsstoffe, wartung, reapratur PKW					138,00 €		138,00 €	
Baustelleneinrichtung: Container, Kleingeräte					4.000,00 €	4.000,00 €		
Strom					2.000,00 €		2.000,00 €	
					10.458,00 €			
					426.708,00 €			
AGK	% Angebotssumme	8,50%				41.930,84 €	41.930,84 €	
G	% Angebotssumme	5,00%				24.665,20 €		24.665,20 €
Angebotssumme					**493.304,05 €**	**215.250,84 €**	**252.638,00 €**	**25.415,20 €**
Ermittlung Deckungsbeiträge								
Erlös netto					493.304,05 €			
Variable Fertigungskosten					252.638,00 €			
DB I					240.666,05 €			
Erzeugnisfixkosten					173.320,00 €			
DB II					67.346,05 €			
Unternehmensfixkosten					41.930,84 €			
Erfolg					25.415,20 €			

Abb. 3.4 Beispiel Ermittlung der Fixkostendeckungsbeiträge

3.1.3 Einzel- und Gemeinkosten

Neben der Deckung der Fixkosten wird häufig bei Bauunternehmen auch von der Deckung der Gemeinkosten gesprochen. Insbesondere in der Bauwirtschaft ist die Deckung der Gemeinkosten traditionell eine wesentliche Information, um Angebotspreise zu bewerten beziehungsweise festzulegen.

Als Einzelkosten werden dabei diejenigen Kosten definiert, die einer Leistung direkt zugerechnet werden können. Bei Bauprojekten typischerweise diejenigen Kosten, die einer einzelnen Position zugeordnet werden können (zum Beispiel Materialkosten, Nachunternehmerkosten, Lohnkosten, …). Als Gemeinkosten werden demgegenüber diejenigen Kosten definiert, die gerade nicht einer einzelnen Teilleistung zugerechnet werden können. Dies sind zunächst etwa alle Einrichtungen der Baustelleneinrichtung, wobei es sich eingebürgert hat für die Kosten der Baustelleneinrichtung inklusive Aufbau, Vorhaltung und Abbau eine eigene Position im Leistungsverzeichnis vorzusehen. Daher verbleiben meist als Gemeinkosten die Baustellengemeinkosten und die allgemeinen Geschäftskosten. Als Baustellengemeinkosten werden diejenigen Kosten bezeichnet, die konkret einem Bauvorhaben beziehungsweise einem Bauprojekt zugerechnet werden können, aber eben nicht einer spezifischen Position des Leistungsverzeichnisses. Typischerweise sind das Kosten für Bauleitung und Aufsichtspersonal, Versicherungen, Arbeitsvorbereitung und ähnliche Leistungen. Als allgemeine Geschäftskosten werden Kosten bezeichnet, die nicht einem konkreten Bauprojekt oder Auftrag zugeordnet werden können, sondern für das Unternehmen insgesamt anfallen. In der Regel sind das Kosten des Unternehmens, wie zum Beispiel für die Finanzabteilung, Kalkulation, Personal, Marketing und ähnliches. Bei diesen Gemeinkosten wird bei größeren Unternehmen oft auch zwischen Gemeinkosten der Niederlassung, Gemeinkosten eines Bereichs oder einer Hauptniederlassung und den Gemeinkosten der Hauptverwaltung unterschieden.

Wie bei den Fixkosten auch, ist es bei der Kalkulation für einen Bauauftrag problematisch, diese Gemeinkosten jeder Position sachgerecht zuzuordnen. Denn es besteht die Notwendigkeit, ein vorgegebenes Leistungsverzeichnis mit Einheitspreisen, das heißt mit Preisen für jede Teilleistung anzubieten. Da mit Hilfe dieser Einheitspreise abgerechnet wird, kommt es am Ende darauf an, ob die ursprünglich angenommenen Massen auch tatsächlich realisiert werden können. Wie bei den Fixkosten auch, kommt es bei Abweichungen von den ursprünglich geplanten Massen oder Bauentwurfsänderungen oder sonstigen Störungen des Bauablaufs zu Über- oder Unterdeckungen der Gemeinkosten. Dies muss dann während der Abwicklung des Vertrages eventuell durch Preisänderungen angepasst werden.

Um während der Kalkulation sicherzustellen, dass die anteiligen Gemeinkosten durch die Preisermittlung für den Bauauftrag erwirtschaftet werden, ist es wichtig, die Höhe der Gemeinkosten zu kennen und vorab zu ermitteln. Damit kann dann eine Preisuntergrenze definiert werden, bei der gerade noch die Gemeinkosten erwirtschaftet werden.

Dabei hat sich eine stufenweise Ermittlung der Deckung der Gemeinkosten bewährt. So kann zunächst der gesamte Betrag ermittelt werden, der für die Deckung der Gemeinkosten zur Verfügung steht. Anschließend können davon die Baustellengemeinkosten abgezogen werden, es ergibt sich der Betrag, der zur Deckung der Allgemeinen Geschäftskosten zur Verfügung steht. Eventuell könnten nun die Allgemeinen Geschäftskosten nochmals unterteilt werden in die Allgemeinen Geschäftskosten einer Niederlassung und die Allgemeinen Geschäftskosten der Hauptverwaltung oder ähnliches. Nach Berücksichtigung der gesamten Allgemeinen Geschäftskosten ergibt sich der verbliebene Betrag als Erfolg des Projektes.

An einem einfachen Beispiel soll die Deckung der Gemeinkosten illustriert werden. Dafür wird in Abb. 3.5 das bereits angeführte Beispiel einer Mauerwerkserstellung genutzt.

Beispiel: Deckungsbeitragsermittlung

	Lohn	Stoff	Gerät	NU	Summe	Fixkosten	Anteile für Variable Kosten	Gewinn
				Kalkulation				
EKdT								
1000 m³ Mauerwerk								
Lohn: 4 h/m³ mit 40€ ML	160.000,00 €					160.000,00 €		
Mauersteine, Mörtel 150 €/m³		250.000,00 €					250.000,00 €	
Gerät Kran, Versetzgerät (eigen)								
Abschreibung: 10.000/a, 6 Mon.			5.000,00 €			5.000,00 €		
Reparatur+Wartung			500,00 €				500,00 €	
Verzinsung Kran			750,00 €					750,00 €
					416.250,00 €			
BGK								
Bauleiter 10%, 6.500€/Mon., 6 Mon.					3.900,00 €	3.900,00 €		
PKW Bauleiter, 10%, Leasing 700€/Mon.					420,00 €	420,00 €		
Betriebsstoffe, wartung, reapratur PKW					138,00 €		138,00 €	
Baustelleneinrichtung: Container, Kleingeräte					4.000,00 €	4.000,00 €		
Strom					2.000,00 €		2.000,00 €	
					10.458,00 €			
					426.708,00 €			
AGK	% Angebotssumme	8,50%			41.930,84 €	41.930,84 €		
G	% Angebotssumme	5,00%			24.665,20 €			24.665,20 €
Angebotssumme					493.304,05 €	215.250,84 €	252.638,00 €	25.415,20 €

Ermittlung Deckungsbeiträge	
Erlös netto	493.304,05 €
Einzelkosten der Teilleistungen	415.500,00 €
DB I = Beitrag zur Deckung der Gemeinkosten	77.804,05 €
Baustellengemeinkosten	10.458,00 €
DB I = Beitrag nach Deckung der BGK	67.346,05 €
Allgemeine Geschäftskosten	41.930,84 €
Erfolg	25.415,20 €

Abb. 3.5 Beispiel Gemeinkostendeckung

Wenn die Einzelkosten der Teilleistungen weitgehend variable Kosten wären und Baustellengemeinkosten sowie allgemeine Geschäftskosten weitgehend fixe Kosten, kommt diese Rechnung einer Deckungsbeitragsermittlung nahe. Dies könnte insbesondere bei Generalunternehmer- oder Generalübernehmergeschäftsmodellen mit weitgehender Vergabe aller Arbeiten der Fall sein. Anders sieht es jedoch bei Geschäftsmodellen aus, die eine hohe Eigenleistung vorsehen.

3.2 Divisionskalkulation

Ziel der Divisionskalkulation ist es, die Stückkosten eines Produktes zu ermitteln

Je nach Komplexität der Situation sind unterschiedliche Ausprägungen möglich. Der einfachste Fall ist die sogenannte einstufige Divisionskalkulation, insbesondere für die sogenannten *„Ein-Produkt-Unternehmen"*, in der die auftretenden Kosten nicht weiter differenziert werden. Allerdings ist auch möglich, diese Kosten differenzierter in einem mehrstufigen Verfahren durchzuführen oder aber auch mittels Äquivalenzziffern die Kosten auf mehrere, aber ähnliche, Produkte zuzuordnen. Des Weiteren können die Kosten auch über Kostentreiber noch differenzierter zugeordnet werden.

Die Divisionskalkulation ist grundsätzlich anwendbar „wenn eine homogene Leistung erstellt werden, die also völlig gleichartig sind." [Schierenbeck, S. 862] Demnach muss die Produktion ein *„Ein-Produktbetrieb"* sein, der in Massenfertigung gleichwertige Produkte herstellt oder aber die Produkte müssen sich so ähnlich sein, dass sie mit Hilfe einer Äquivalenzziffer in Abhängigkeit gebracht werden können. Es muss daher immer geprüft werden, inwiefern die Kostenzuordnung realistisch ist, beziehungsweise in einem akzeptablen Fehlerrahmen liegt.

In Abb. 3.6 sind die gängigen Arten der Divisionskalkulation zur Verdeutlichung dargestellt. In den nachfolgenden Kapiteln werden diese Arten anhand von Beispielen weiter ausgeführt und veranschaulicht.

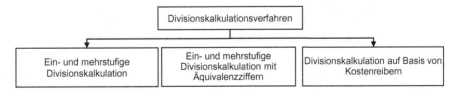

Abb. 3.6 Arten der Divisionskalkulation

3.2.1   Einstufige und mehrstufige Divisionskalkulation

Bei der einstufigen Divisionskalkulation werden die Selbstkosten ermittelt, indem die Gesamtkosten der produzierten Menge durch die produzierte Menge dividiert werden.

Um dieses Verfahren zu veranschaulichen, wird beispielhaft die Produktion einer Sorte
Betonsteine betrachtet. Die Gesamtkosten der Produktion sollen 35.000 € betragen, insgesamt soll die Produktionsstätte in der zu betrachtenden Periode 250.000 Betonsteine herstellen. In der einfachsten Form werden die Kosten auf die produzierte Menge umgelegt
und es ergeben sich damit Stückkosten in Höhe von 0,14 €/Stk. Betonstein, wie aus fol-
gender Rechnung in Formel 3.1 ersichtlich wird:

$$Stückkosten = \frac{Gesamtkosten}{Produzierte\ Menge} = \frac{35.000\,EUR}{250.000\,Stck.} = 0,14\frac{EUR}{Stk.} \tag{3.1}$$

Da diese Situation in dieser Einfachheit in der Praxis meist nicht gegeben ist, kann dieses
Verfahren in mehreren Stufen angewendet werden, die mehrstufige Divisionskalkulation. So
können zum Beispiel in einer zweistufigen Divisionskalkulation die Gesamtkosten in die direkten Herstellkosten (Herstellkosten, die innerhalb der Produktion anfallen) sowie die Ver-
triebs- und Verwaltungskosten gesplittet werden. Dies macht vor allem Sinn, wenn bei der
Herstellung von Betonsteinen die produzierte Menge ein relevanter Kostentreiber für die Produktion, aber nicht für die Verwaltung oder den Vertrieb ist. Eventuell weicht die produzierte
Menge auch von der verkauften Menge ab. Für den Vertrieb und unter Umständen auch die
Verwaltung ist vielleicht die verkaufte Menge ein relevanteres Kriterium für die Kostenzuordnung. Damit können die Kosten differenzierter den Produkten zugerechnet werden.

So könnten sich in unserem Beispiel die Gesamtkosten von 35.000 € in 22.500 €
direkte Herstellkosten und 12.500 € Vertriebs- und Verwaltungskosten aufteilen (s.
Formel 3.2). Von den 250.000 hergestellten Steinen könnten im betrachteten Zeitraum lediglich 175.000 Steine verkauft worden sein. Die Stückkosten würden sich
damit zu 0.16 €/Stk. ergeben.

$$Stückkosten = \frac{Herstellkosten}{Hergestellte\ Menge} + \frac{Verwaltungskosten}{verkaufte\ Menge}$$

$$Stückkosten = \frac{22.500\,EUR}{250.000\,Stk.} + \frac{12.500\,EUR}{175.0000\,Stk.} = 0,16\frac{EUR}{Stk.} \tag{3.2}$$

Es wird erkennbar, dass diese Kostenaufteilung und der Bezug auf die unterschiedlichen Mengenansätze zu anderen Stückkosten im Gegensatz zur einstufigen Divisionskalkulation führen können.

3.2.2   Divisionskalkulation mit Äquivalenzziffern

Während die einstufige und die mehrstufige Divisionskalkulation ausschließlich für
„Ein-Produkt"-Unternehmen sinnvoll angewendet werden kann, können diese Methoden

erweitert werden, um sie auch für Mehrproduktunternehmen anwendbar zu machen. Allerdings sind auch hier verschiedene Voraussetzungen notwendig. So müssen die verschiedenen Produkte sich sehr ähneln (also z. B. Produktion verschiedener Betonsteine, Fliesen, …) und insbesondere die gleichen Kostenparameter aufweisen, wie etwa aus ähnlichen oder gleichen Materialien sein, verschiedene Abfüllgrößen haben oder gleiche Prozesse in der Herstellung aufweisen.

Um die Gesamtkosten auf die einzelnen Produkte aufzuschlüsseln, werden für zentrale Kosteneinflußfaktoren Äquivalenzziffern gebildet. Diese Kosteneinflußfaktoren soll die Kostenzuordnung hinreichend genau ermöglichen. Die kann beispielsweise das Gewicht des Produktes oder das Volumen sein. Um die Äquivalenzziffer zu bilden, werden die verschiedenen Produkte zueinander ins Verhältnis gesetzt. Gedanklich werden damit alle Produkte auf das Produkt mit der Äquivalenzziffer 1 umgerechnet. Aus der Division der Gesamtkosten pro Jahr wird eine Verrechnungseinheit gebildet. Die Selbstkosten der jeweiligen Produkte können dann mit Hilfe der Äquivalenzziffer kalkuliert werden. Wie auch bei der Divisionskalkulation sind dabei einstufige und mehrstufige Verfahren anwendbar.

Abb. 3.7 erläutert beispielhaft die einstufige Äquivalenzziffernkalkulation. So soll eine Produktionsstätte Steinzeugfliesen in unterschiedlichen Formaten produzieren. Die Stückkosten für die unterschiedlichen Formate sollen nun abgeschätzt werden. In einer sehr einfachen (und nicht praxisnahen) Annahme soll das Unternehmen nur drei unterschiedliche Formate herstellen: 30 × 30 cm, 30 × 60 cm und 30 × 120 cm. Die Produktionskosten hierfür sollen 100.000 € betragen. Das Beispiel entspricht einer Sortenfertigung, das bedeutet, das Ausgangsmaterial ist immer gleich und die Produkte unterscheiden sich ausschließlich in ihrer Form, Größe und Volumen.

Im ersten Schritt der Äquivalenzziffernkalkulation wird die Äquivalenzziffer gebildet. Hierbei ist zu bewerten, welches das relevanteste Kriterium für die Kostenaufteilung des jeweiligen Produktes ist. Hier wurde das Volumen, beziehungsweise, da die verwendeten Materialien aller Produkte gleich sind, das Gewicht der Fliesen gewählt. Dies erscheint sinnvoll, da das Volumen der Fliesen direkt in Zusammenhang mit den verwendeten Materialien steht. Es ist außerdem vorstellbar, dass innerhalb des Produktionsprozesses auch die anderen Kosten nach Gewicht der verwendeten Materialien aufgeteilt werden können. Dies ist aber in jedem Einzelfall kritisch zu bewerten, ob dies wirklich sinnvoll ist, damit das Verfahren auch zu brauchbaren Ergebnissen kommt.

Die Rechnung erfolgt nun in der Weise, dass die Produkte zueinander ins Verhältnis gesetzt werden. Wenn also das Volumen der kleinsten Fliese (30 × 30 cm) 1 ist, dann ergeben sich für die anderen Produkte jeweils das 2- oder 4-Fache davon. Dies wird dann als

Einstufige Äquivalenzziffernkalkulation

Fliesenformat [cm]	Volumen [cm³]	Produktions [Stk.]	ÄZ [-]	Schlüsselzahl [-]	Stückselbstkoste [€/Stk.]	Gesamtselbstkosten [€]
30 × 30	900	40.000	1,00	40.000,00 €	0,31 €	12.500,00 €
30 × 60	1.800	50.000	2,00	100.000,00 €	0,62 €	31.250,00 €
30 × 120	3.600	45.000	4,00	180.000,00 €	1,24 €	56.250,00 €
		135.000		320.000,00 €		100.000,00 €

Abb. 3.7 Beispiel zur einstufigen Äquivalenzziffernkalkulation

Äquivalenzziffer bezeichnet. Anschließend wird die Produktionsmenge mit der Äquivalenzziffer multipliziert, woraus sich die Schlüsselzahl je Produkt ergibt. Die Stückselbstkosten ergeben sich aus der Division der Produktionskosten durch die Summe aller Schlüsselzahlen multipliziert mit der Äquivalenzziffer. Abschließend werden die Gesamtkosten aus den Stückselbstkosten und der Produktionsmenge ermittelt.

Bei einer mehrstufigen Divisionskalkulation mit Äquivalenzziffern können weitere Faktoren als Kostenparameter entsprechend berücksichtigt werden. So kann man sich vorstellen, dass evtl. die Gemeinkosten (wie beispielsweise Verwaltung, Vertrieb etc.) nicht sachgerecht genug nach dem Gewicht der Produkte auf die einzelnen Produkte umzulegen sind sondern nach einem anderen Parameter zugerechnet werden.

3.2.3   Divisionskalkulation über Kostentreiber

In einer weiteren Detaillierung dieses Verfahrens kann die Stückkostenkalkulation auch für jeden einzelnen Prozess eines Unternehmens nach dem jeweils relevantesten Kostentreiber vorgenommen werden. Kostentreiber sind vordefinierte Bezugsgrößen innerhalb eines betriebswirtschaftlichen Prozesses, der die Kostenveränderung des gewählten Prozesses beschreibt.

Hierbei wird für jeden einzelnen Prozess entlang der Unternehmenswertschöpfungskette ein wesentlicher Kostentreiber bestimmt. Zur Kalkulation der Stückkosten werden nach Bestimmung der Kostentreiber die dazugehörige Wertmenge und Schlüsselung für die verschiedenen Kostengruppen beziehungsweise die einzelnen Prozesse ermittelt. Anhand eines simplifizierten Beispiels für die Herstellung von Mauerwerkssteinen, sollen für eine Produktionsstätte die Stückkosten der wesentlichen Produktgruppen kalkuliert werden. Es werden in etwa 200.000 m^3 Produkt hergestellt. Es werden dabei verschiedene Formate, beispielsweise Steine, größere Großblöcke und noch größere Montageelemente hergestellt (Abb. 3.8).

Die Produktionskosten lassen sich gut in Abhängigkeit des Volumens der produzierten Produkte zuordnen. Grundsätzlich ist dies das gleiche Verfahren wie in der ein- beziehungsweise mehrstufigen Äquivalenzziffernkalkulation, nur das jetzt keine Äquivalenz- und Schlüsselziffern gebildet werden, sondern die Kosten direkt zugeordnet werden. Wie in Abb. 3.9 dargestellt ergeben sich die folgenden Stückkosten für die Produktionskosten.

Produktprogramm		
Steine	4.000.000 Stk	120000 m³
Großblöcke	800.000 Stk	60000 m³
Wandelemente	106.667 Stk	20000 m³
Kosten		
Produktion	200.000 m³	24.000.000 €
Verwaltung		4.500.000 €
Vertrieb		2.750.000 €
		31.250.000 €

Abb. 3.8 Beispiel Kalkulation mit Kostentreiber

Produktion
nach Volumen

Produktion	Stk	Volumen/Stk	A		Ki	SK/m³	SK/Stk	SK/m³
Steine	4.000.000	0,030	1	4.000.000	14.400.000		3,6	120,00
Großblöcke	800.000	0,075	2,5	2.000.000	7.200.000		9	120,00
Wandelemente	106.667	0,188	6,25	666.667	2.400.000		22,5	120,00
				6.666.667	24.000.000	3,6		

Abb. 3.9 Zuordnung Produktionskosten

Verwaltung
Nach Aufträgen

	Stk	Aufträge	Stk/Auftrag	A	Ki	€/Auftrag	SK/Stk	SK/m³
Steine	4.000.000	14.815	270	18,1	14.815		0,85	28,29
Großblöcke	800.000	4.000	200	4,9	4.000		1,15	15,28
Wandelemente	106.667	821	130	1,0	821		1,76	9,40
		19.635	600		19.635	229,18 €		

Abb. 3.10 Zuordnung Verwaltungskosten

Die Kosten der Verwaltung sind zunächst unabhängig vom Produktvolumen. In unserem Beispiel haben die Produkte unterschiedliche Zielgruppen und werden in unterschiedlichen Vertriebswegen vertrieben. Daraus ergeben sich unterschiedliche Abrufe beziehungsweise Auftragsgrößen. Da wesentliche Bereiche der Verwaltung diese Aufträge bearbeiten, sind die Kosten der Verwaltung vor allem von der Anzahl der zu bearbeitenden Aufträge abhängig. Natürlich gibt es auch Teile der Verwaltung, zum Beispiel die Personalverwaltung, bei denen sich der Aufwand nach anderen Kriterien noch besser zuordnen lässt, etwa die Anzahl der Mitarbeitenden. In welcher Granularität diese Stückkostenermittlung dann vorgenommen wird und welche Genauigkeit akzeptabel ist, muss jedes Unternehmen selbst entscheiden. In unserem Beispiel sei entschieden worden, dass die Verwaltungskosten sich sachgerecht genug nach der Anzahl der Aufträge zurechnen lassen. Die Prozesskosten für die Bearbeitung eines Auftrages sind im Unternehmen dabei in etwa immer gleich. So ist vorstellbar, dass die Steine eher in kleineren Aufträgen verkauft beziehungsweise abgerufen und abgerechnet werden. Dagegen werden die großen Montageelemente projektbezogen angefragt und angeboten, weshalb sich dann weniger, aber dafür größere Aufträge ergeben. Für die Großblöcke sollen sich mittlere Werte ergeben. Dadurch ergibt sich eine Aufteilung der Verwaltungskosten auf die einzelnen Produktgruppen, die ganz unterschiedlich sein kann, wie die Aufteilung der Produktionskosten. (S. Abb. 3.10)

Über die Kalkulation ergeben sich damit die Kosten des Vertriebes pro Produktgruppe. Da die Steine über den Baustoffhandel vertrieben werden, ergeben sich dort für das Unternehmen geringere Vertriebskosten, für die Montageelemente ergeben sich aufgrund der notwendigen Betreuung in Form von Ausschreibung, Angebote etc. deutlich höhere Vertriebskosten. Für die Großblöcke, welche sowohl im Baustoffhandel als auch projektbezogen verkauft werden, ergeben sich mittlere Vertriebskosten.

Abschließend lassen sich für das Beispiel in Abb. 3.11 die gesamten Stückkosten ermitteln. Die Stückkosten ergeben sich aus der Summierung der Stückkosten der jeweiligen Produktgruppe nach m³ beziehungsweise Stückzahl.

Natürlich ist auch die Kalkulation über Kostentreiber lediglich eine Schätzung der Stückkosten je Produkt. Je nach Detaillierungsgrad der Kostentreiber kann diese Kalkula-

Stückkosten pro m³ gesamt	Produktion	Verwaltung	Vertrieb	Kosten
Steine	120,00	28,29	6,88	155,17 €
Großblöcke	120,00	15,28	9,17	144,45 €
Wandelemente	120,00	9,40	68,75	198,15 €
Stückkosten pro Stk gesamt	Produktion	Verwaltung	Vertrieb	Kosten
Steine	3,60	0,85	0,21	4,66 €
Großblöcke	9,00	1,15	0,69	10,83 €
Wandelemente	22,50	1,76	12,89	37,15 €

Abb. 3.11 Beispiel Kalkulation mit Kostentreibern – Stückkosten

tion beliebig detailliert aufgestellt werden. In diesem vereinfachten Beispiel wurde dies sehr simplifiziert zur Veranschaulichung dargestellt. Üblicherweise werden die Unternehmen die Kosten je Produkt genauer ermitteln.

3.3   Zuschlagskalkulation – Umlagekalkulation

3.3.1   Allgemeine Struktur

Die Zuschlagskalkulation im Bauwesen geht auf eine in den 1940er-Jahren entwickelte Methodik von Opitz zurück. Sie wird auch häufig als Umlagekalkulation bezeichnet, da diejenigen Kosten, die nicht unmittelbar einer einzelnen Bauleistung (i. d. R. den Positionen) zugeordnet werden können, mittels eines Zuschlags auf eben diese direkt den Bauleistungen zuordenbaren Kosten „umgelegt" werden. Hinzu kommen Ansätze für Gewinn, die ebenfalls üblicherweise Bestandteil dieses Zuschlags sind.

Eine verursachungsgerechte Zuordnung von anfallenden Kosten auf die entsprechenden Leistungen steht dabei im Vordergrund der Betrachtung, wobei leistungsspezifische Kosten, welche üblicherweise als Einzelkosten der Teilleistungen bezeichnet werden und anteilig oder indirekt zurechenbare Kosten, wie etwa die sogenannten Baustellengemeinkosten (beziehungsweise auch als Gemeinkosten der Baustelle bezeichnet) und die sogenannten Allgemeinen Geschäftskosten unterschieden werden.

Wesentliche Basis für die Zuschlagskalkulation, ist dabei die Beschreibung der zu kalkulierenden Bauleistung. Denn dies ist die notwendige Basisinformation, um überhaupt mit der Kalkulation beginnen zu können. Da diese Leistungsbeschreibung essenziell ist, sind Standards für das Aufstellen der Leistungsbeschreibung entwickelt worden.

3.3.2   Leistungsbeschreibung

Jede Kalkulation basiert zunächst auf der Beschreibung derjenigen Leistung, für welche im Zuge der Kalkulation der Preis ermittelt werden soll.

Vor diesem Hintergrund stellt die Leistungsbeschreibung die wesentliche Grundlage für die Preisermittlung dar. Sie ist also das Herzstück der Preisermittlung, jedoch bestehen nur für Auftraggeber der „öffentlichen Hand" einige Vorgaben beziehungsweise Richtlinien für die Erstellung dieser Leistungsbeschreibung. Für private Auftraggeber herrscht grundsätzlich völlige Freiheit in der Art und Weise, wie eine Leistungsbeschreibung aufzustellen ist. Allerdings empfiehlt es sich auch für private Auftraggeber, die üblichen Standards wie beispielsweise das Standardleistungsbuch mit den Vorgaben der VOB/C zur Erstellung von Leistungsbeschreibungen zu verwenden, welche für den öffentlichen Bauherrn als Vorgabe existieren, zu berücksichtigen, da ja der Bieter gerade diese Leistungsbeschreibung zur Grundlage seiner Preisermittlung und somit seiner Kalkulation macht.

Grundsätzlich herrscht eine große Bandbreite in den Möglichkeiten, eine Leistungsbeschreibung aufzustellen, wobei sich hieraus unmittelbar Konsequenzen für die sogenannte Risikoübertragung in der Leistungserbringung an den Bieter ergeben. Grundsätzlich kann festgehalten werden, dass das sogenannte Kalkulationsrisiko für den Bieter immer kleiner wird, je höher der Detaillierungsgrad der Leistungsbeschreibung ist. Mit dem Begriff Kalkulationsrisiko ist hierbei gemeint, dass der Bieter aufgrund fehlender Detailangaben eine Leistung und/oder Leistungteile in der preislichen Bewertung übersieht und somit nicht in seine Kostenermittlung einbezieht, die dennoch nach dem Vertrag und/oder den Regeln der Technik zum Leistungsumfang gehören, auch wenn diese nicht explizit in der Leistungsbeschreibung aufgeführt sind.

So kann eine Leistungsbeschreibung einen Detailgrad aufweisen, der die Bauleistung ähnlich einer Bauanleitung äußerst detailliert darstellt und dem Bieter somit gleichzeitig eine Art von Kalkulationsanweisung mit an die Hand gibt. Auf der anderen Seite existieren aber auch Leistungsbeschreibungen, bei denen der Bieter selbst erhebliche planerische Vorleistungen und/oder auch Mengenermittlungen unternehmen muss, um überhaupt zu wissen, was er alles preislich im Zuge der Kalkulation bewerten muss.

Wie bereits erwähnt existieren jedoch nur für Auftraggeber der öffentlich Hand Vorgaben, die bei der Anfertigung einer Leistungsbeschreibung beachtet werden sollen und damit einhergehend dem Kalkulator Anhaltspunkte für seine Berechnungen geben. Hierzu werden im § 7 VOB/A die *„Leistungsbeschreibung mit Leistungsverzeichnis" sowie die „Leistungsbeschreibung mit Leistungsprogramm"* differenziert. Eine Leistungsbeschreibung mit Leistungsverzeichnis wird auch als sogenannte Detailbeschreibung bezeichnet, während man bei einer Leistungsbeschreibung mit Leistungsprogramm auch gerne von einer sogenannten Funktionalbeschreibung spricht. In der täglichen praktischen Anwendung finden sich zudem häufig auch Mischformen beider Varianten. Oder anders ausgedrückt, besteht natürlich auch die Möglichkeit, im Rahmen einer sogenannten funktionalen Leistungsbeschreibung sehr detailliert vorzugehen. So gibt es speziell im Schlüsselfertig-Bau funktionale Leistungsbeschreibungen, die einen sehr hohen Detaillierungsgrad aufweisen und bei denen nahezu jedes Detail angesprochen und geregelt wurde.

01.01   **Oberboden DIN 18300 abtragen**
           Oberboden DIN 18300 abtragen, Abtragdicke 35 cm, Aushub laden, fördern
           und entsorgen, Abrechnung nach Abtragprofilen, inkl Gebühren

01.02   **Boden für Verkehrsflächen**
           Boden für Verkehrsflächen, profilgerecht lösen, fördern und entsorgen,
           Abrechnung nach Abtragprofilen, inkl. aller Gebühren; Boden gem. Angaben
           Bodengutachten, Abtragtiefe über 0,1 bis 0,3 m

01.03   **Untergrund verdichten**
           Untergrund verdichten, für Verkehrsflächen, Verdichtungsgrad DPr 100 %,
           Verformungsmodul EV2 mind. 45 MN/m2, Boden gemäß Angaben
           Bodengutachten, Abrechnung nach bearbeiteter Fläche.

01.04   **Boden einbauen für Verkehrsflächen**
           Boden einbauen für Verkehrsflächen, als Tragschicht profilgerecht, mit vom
           AN zu lieferndem Boden, Kies-Sand-Gemisch 0/32, verdichten,
           Verdichtungsgrad DPr mind. 100 %, Verformungsmodul EV2 mind. 100
           MN/m2, Einbauhöhe über 0,3 bis 0,5 m, Mengenermittlung nach
           Auftragsprofilen.

01.05   **Gleitschicht**
           Gleitschicht, aus PE-Folie, zweilagig, Dicke je 0,3 mm, planeben und stramm
           gezogen ohne Grate und Falten verlegen, auf vorbeschriebener Tragschicht,
           Breite der Überlappung mind. 10 cm. Abgerechnet wird die sichtbare Fläche
           der oberen Lage.

Abb. 3.12 Leistungsbeschreibung als Detailbeschreibung

Der grundsätzliche Unterschied zwischen den beiden angesprochenen Techniken soll
jedoch zunächst an folgendem Beispiel in Abb. 3.12 aufgezeigt werden, bei dem die Erstellung einer befahrbaren Betonbodenplatte für eine Industriehalle

• in Variante 1 mit Leistungsverzeichnis

und

• in Variante 2 in rein funktionaler Form

beschrieben wird.

Variante 1: Leistungsbeschreibung als Detailbeschreibung für die mit Gabelstapler be-
fahrbare Betonbodenplatte in einer Industriehalle mittels einzelnen aufeinander aufbauen-
den Leistungsverzeichnistexten mit Positionen:

In der Variante 2 – also als funktionale Beschreibung – könnte die Leistungsbeschreibung mit Leistungsprogramm für die identische Betonbodenplatte wie folgt aussehen:

„Bodenplatte der Industriehalle für Befahrbarkeit mit leichtem Verkehr, zum Beispiel Gabel-
stapler, bis maximal 5 t Gesamtbelastung nach statischen Anforderungen"

Betrachtet man diese beiden Techniken der Leistungsbeschreibung, so wird unmittelbar
deutlich, dass sich der Kalkulator, welcher diese Leistung jeweils kostentechnisch im
Zuge der Angebotserstellung zu bewerten hat, bei Leistungsbeschreibung nach Variante 1
an dem Text der Positionen „entlang hangeln" kann, während er im Fall einer Leistungsbeschreibung nach Variante 2, ein hohes Maß an technischen Überlegungen und vor allem
technischem Fachwissen aufbringen muss, um eine mangelfreie Leistung unter Berücksichtigung aller hier einfließender Kosten zu bepreisen. Im Ergebnis wird mit einer
Leistungsbeschreibung gemäß Variante 2 ein höheres Leistungs- und damit auch Kosten-
risiko auf den Bieter übertragen. Es liegt auf der Hand, dass sich allein aus der Wahl einer
dieser Beschreibungstechnik für beide Vertragsparteien unterschiedliche Chancen und
Risiken in Hinblick auf Vergütung, Kostensicherheit und Nachtragsfähigkeit ergeben.

Dies ist zumindest für öffentliche Auftraggeber problematisch, da diese bei der Ausschreibung an die VOB/A gebunden sind. § 7 VOB/A fordert dabei, dass die Leistungsbeschreibung eindeutig und erschöpfend sein muss:

§ 7 Leistungsbeschreibung

(1) *1. Die Leistung ist eindeutig und so erschöpfend zu beschreiben, dass alle*
   Unternehmen die Beschreibung im gleichen Sinne verstehen müssen und ihre
   Preise sicher und ohne umfangreiche Vorarbeiten berechnen können.

   2. Um eine einwandfreie Preisermittlung zu ermöglichen, sind alle sie beeinflussenden
   Umstände festzustellen und in den Vergabeunterlagen anzugeben.

   3. Dem Auftragnehmer darf kein ungewöhnliches Wagnis aufgebürdet werden für
   Umstände und Ereignisse, auf die er keinen Einfluss hat und deren Einwirkung auf die
   Preise und Fristen er nicht im Voraus schätzen kann.

   4. ¹Bedarfspositionen sind grundsätzlich nicht in die Leistungsbeschreibung aufzunehmen.
   ²Angehängte Stundenlohnarbeiten dürfen nur in dem unbedingt erforderlichen Umfang
   in die Leistungsbeschreibung aufgenommen werden.

   5. Erforderlichenfalls sind auch der Zweck und die vorgesehene Beanspruchung der
   fertigen Leistung anzugeben.

   6. Die für die Ausführung der Leistung wesentlichen Verhältnisse der Baustelle,
   z. B. Boden- und Wasserverhältnisse, sind so zu beschreiben, dass das Unternehmen ihre
   Auswirkungen auf die bauliche Anlage und die Bauausführung hinreichend beurteilen kann.

   7. Die „Hinweise für das Aufstellen der Leistungsbeschreibung" in Abschnitt 0 der
   Allgemeinen Technischen Vertragsbedingungen für Bauleistungen, DIN 18299 ff., sind
   zu beachten.

(2) *In technischen Spezifikationen darf nicht auf eine bestimmte Produktion oder*
   Herkunft oder ein besonderes Verfahren, das die von einem bestimmten

Unternehmen bereitgestellten Produkte charakterisiert, oder auf Marken, Patente, Typen oder einen bestimmten Ursprung oder eine bestimmte Produktion verwiesen werden, es sei denn,

1. dies ist durch den Auftragsgegenstand gerechtfertigt oder

2. der Auftragsgegenstand kann nicht hinreichend genau und allgemein verständlich beschrieben werden; solche Verweise sind mit dem Zusatz „oder gleichwertig" zu versehen.

(3) Bei der Beschreibung der Leistung sind die verkehrsüblichen Bezeichnungen zu beachten.

Vor diesem Hintergrund können leicht Zweifel aufkommen, ob eine Leistungsbeschreibung mit Leistungsprogramm – speziell vor dem Hintergrund des damit verbundenen Vorermittlungsaufwands für die Kalkulation – diesen Anforderungen überhaupt gerecht werden kann.

Unabhängig von der weiteren Beschreibungsmethodik, ob eine Leistungsbeschreibung mit Leistungsverzeichnis oder mit Leistungsprogramm erfolgt, wird dieser häufig eine sogenannte Baubeschreibung vorangestellt, die für den Kalkulator grundlegend zu beachtenden Vorgaben für das Projekt und damit für die kalkulatorischen Ansätze beinhaltet.

In einer solchen Baubeschreibung wird zunächst in allgemeiner Form die Bauaufgabe beschrieben. Meist beginnt eine solche Baubeschreibung mit Angaben zum Ort, der Nachbarschaft etc., in der das neue Bauvorhaben errichtet werden soll. Daneben finden sich meist Informationen beziehungsweise Ausführungen zum Sinn und Zweck des Bauvorhabens und dessen späterer Nutzung an. Bei Infrastrukturprojekten wird in diesem Zusammenhang häufig auch die bestehende Situation dargelegt, also die äußeren Rahmenbedingungen der Baumaßnahme. So finden sich dort meist Angaben zur Verkehrssituation beziehungsweise Verkehrsanbindung der Baumaßnahme oder zu bestehenden und vorhandenen Leitungen (Strom, Gas, Wasser, Telekommunikation etc.), die gegebenenfalls umgelegt werden müssen, was unmittelbar Einfluss auf die Kosten des Projekts haben kann und vom Kalkulator mit zu berücksichtigen ist.

Allgemein ausgedrückt heißt dies nichts Anderes, als dass in der Baubeschreibung auch Bauumstände, die sich aus der Örtlichkeit des Bauvorhabens etc. ergeben können, erwähnt werden und somit in letzter Konsequenz diese auch entsprechend vom Bieter in seinem Preisgefüge zu berücksichtigen sind, sodass sich der Bieter später während der Bauabwicklung nicht mehr darauf berufen kann, hiervon nichts gewusst zu haben.

3.3.3 Leistungsverzeichnis

Die Beschreibung der Bauleistung mittels eines Leistungsverzeichnisses hat – in Verbindung mit den zugehörigen Ausführungsplänen – im Grunde den Charakter einer Bau- beziehungsweise Produktionsanweisung. Das Leistungsverzeichnis beschreibt somit in der Regel nicht das fertige Werk, sondern eher den Weg beziehungsweise im übertragenen

Sinn die „Bausteine beziehungsweise Module" (gemeint sind hier die Positionen), aus denen sich das spätere Werk zusammensetzt. Dies dient auch der sicheren Kalkulation, da der Bieter klare Angaben erhält, was er kostentechnisch zu berücksichtigen hat.

Die Beschreibung der Bauaufgabe mittels eines Leistungsverzeichnisses strukturiert die einzelnen für die Erstellung des Werks notwendigen Arbeiten in hierarchischer Form. Hierbei wird die Bauaufgabe meist zunächst in sogenannte Titel (Gewerke) untergliedert. Hierfür bietet sich eine Analogie zu den in der VOB/C angesprochenen Gewerkenormen an, um eine sinnvolle Gliederung zu erreichen. Die VOB/C (Ausgabe 2019) unterscheidet derzeit neben der für alle Gewerke geltenden DIN 18299 64 weitere Gewerkenormen wie zum Beispiel

- Erdarbeiten (DIN 18300)
- Mauerwerksarbeiten (DIN 18330)
- Beton- und Stahlbetonarbeiten (DIN 18331)
- Zimmerer – Und Holzbauarbeiten (DIN 18334)
- Stahlbauarbeiten (DIN 18335)
- etc.

Grundsätzlich können die zu beschreibenden Arbeiten aber auch in anderer geeigneter Form untergliedert werden.

Innerhalb der einzelnen Titel erfolgt dann eine weitere Untergliederung in (Teil-) Leistungen bzw. Positionen. Diese werden nach einem frei festlegbaren Codierungssystem, also einem mehrstufigen Nummerierungssystem, geordnet, wodurch sich die angesprochene Struktur des Leistungsverzeichnisses ergibt. Ferner ist für eine sinnvolle Strukturierung des Leistungsverzeichnisses darauf zu achten, dass nur solche Teilleistungen in Positionen zusammengefasst werden, die inhaltlich zusammenpassen und insoweit möglichst gleiche Materialien, gleiche Dimensionierungen haben und auch gleiche Leistungsbereiche umfassen.

Weiter finden sich auch im Teil C der VOB wichtige Hinweise, was alles in einer Leistungsbeschreibung enthalten sein muss. Exemplarisch sei an dieser Stelle auf den Abschnitt 0.2 „Angaben zur Ausführung" der DIN 18330 (Ausgabe 2019) verwiesen, aus dem hervorgeht, welche einzelnen Angaben der Ersteller einer Leistungsbeschreibung „je nach den Erfordernissen des Einzelfalls" berücksichtigen sollte.

Gerade für die Zwecke der Kalkulation sollten einer Leistungsposition im Grunde immer folgenden Angaben entnommen werden können:

- Was wird gebaut (Bauteil)?
- Womit wird gebaut (Baustoffe)?
- Welche Abmessung/Bauteilgröße wird gebaut?
- Welche speziellen Ausprägungen werden gewünscht?

Dies kann an dem in Abb. 3.13 dargestellten Positionsbeispiel leicht nachvollzogen werden:
Grundsätzlich kann zwischen einer einfachen Aneinanderreihung der verschiedenen Positionen oder einem System, bei dem Positionen mit weiteren Unterpositionen differenziert werden, unterschieden werden, wobei es im Grunde – mit Ausnahme der Vorga-

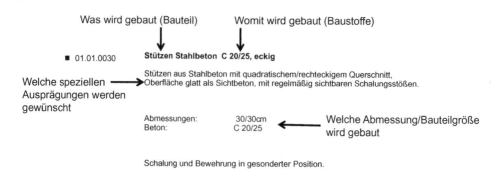

Abb. 3.13 Detailangaben einer LV- Position

ben der VOB/A, die für öffentliche Auftraggeber bindend sind – keinerlei einschränkende Vorgaben gibt.

Klassischerweise werden einzelne, in sich geschlossene Leistungspositionen erstellt, die alle notwendigen Angaben zur Erstellung des Werks enthalten, wie das Beispiel in Abb. 3.14 zeigt.

Daneben besteht die Möglichkeit, das Leistungsverzeichnis in Leit- und Unterpositionen zu untergliedern. Hierdurch wird der Leistungsinhalt einer Position in seine Bestandteile zerlegt, was die Kalkulation durch den Bieter erleichtert. Insgesamt ergibt sich somit eine noch detaillierte Beschreibung der Leistung im Sinne einer der Produktionsanweisung, was auch für den Kalkulator mehr Transparenz bringen kann. Darüber hinaus werden mehr Kostendetails beim Kalkulator abgefragt, sodass man die Bestandteile des Preises besser bewerten kann.

Abb. 3.15 zeigt ein Beispiel für diese Beschreibungstechnik.

\multicolumn{5}{c}{**Leistungsverzeichnis**}				
OZ	**Leistungsbeschreibung**	**Menge ME**	**Einheitspreis in EUR**	**Gesamtbetrag in EUR**
01.01	**Hauptdach**			
	Das ist der Langtext für einen Hinweistext.			
	Zum Editieren des Langtextes bitte das Eigenschaftsfenster			
	einblenden.			
	Unter dem Reiter Texte können Sie den Langtext eingeben			
	oder ändern.			
01.01.0010	**Unterspannbahn**			
	Dachfläche mit einer diffusionsoffenen Unterspannbahn,			
	Delta-Maxx Plus mit energiesparmembran eindecken	113,000 m²	....	....
01.01.0020	**Konterlattung**			
	Dachfläche parallel zu den Sparren einlatten mit			
	imprägnierten Dachlatten 24/48 mm			
01.01.0030	**Nageldichtband**			
	unter der Konterlattung einarbeiten	113,000 m²	....	....
01.01.0040	**Dachlattung**			
	Dachfläche mit scharfkantigen Latten 30/50 mm,			
	imprägniert nach DIN 68800, fluchtgerecht einlatten einschl.			
	Material. Der Lattenabstand ist gemäß den Empfehlungen			
	des Herstellers einzuhalten	113,000 m²	....	....

Abb. 3.14 Beispiel LV-Erstellung

01.01	**Stahlbetonstützen**		
01.01.0010	**Stahlbetonstützen C 20/25** Beton für Stahlbetonwände liefern und verarbeiten, evtl. Gerüste für die Verarbeitung des Betons sind mit in diese Position einzukalkulieren. Beton: C 20/25 Oberfläche: glatt; Sichtbeton Schalung und Bewehrung über gesonderte Position.	1,000 St	....
01.01.0020	**Stahlbeton liefern** Beton der Vorposition für Stahlbetonwände liefern	1,000 psch	....
01.01.0030	**Stahlbeton verarbeiten** Stahlbeton der Position 01.01.0040 verarbeiten	1,000 psch	....

Abb. 3.15 Beispiel Leit- und Unterpositionen

Neben dem Aufbau unterscheidet man auch die Art der Leistungsposition. Hier sind zu nennen:

- Grund-, Basis- beziehungsweise Normalpositionen
- Alternativpositionen
- Eventual- beziehungsweise Bedarfspositionen

Als Grund-, Basis- oder auch Normalpositionen werden all diejenigen Positionen bezeichnet, die auf der Basis des vorhandenen Planungsstands die gesamte Bauleistung vollständig und technisch einwandfrei beschreiben sollen. Es wird davon ausgegangen, dass sämtliche dieser Positionen zur Ausführung kommen.

Möchte sich der Ausschreibende die Entscheidung über die genaue Art einer grundsätzlich erforderlichen Leistung, beispielsweise die Malerarbeiten im Zuge eines Hausbaus, noch vorbehalten, so wird zusätzlich zu einer Grundposition eine sogenannte Alternativposition ausgeschrieben. So könnte zum Beispiel die Grundposition eine gestrichene Raufasertapete vorsehen und in einer Alternativposition hierzu eine hochwertige Glasfasertapete. Der Bauherr hat somit die Möglichkeit sich eine Entscheidung darüber, welche Variante wirklich gebaut wird, bis weit in die Bauausführung hinein offen zu halten und gleichzeitig bereits Sicherheit über die entstehenden Kosten zu haben. Andernfalls müsste der Bauherr die Änderung der Tapete als Planungsänderung beziehungsweise Änderung anordnen und es käme zum Nachtrag. Für den Kalkulator ergibt sich hieraus die Problematik, dass er quasi beide Positionen bezüglich der Deckungsbeiträge für Baustellengemeinkosten und Allgemeine Geschäftskosten so behandeln muss, dass unabhängig davon, welche Position tatsächlich zur Ausführung kommt, keine Kostenunterdeckung entsteht.

Darüber hinaus besteht für den Auftraggeber die Möglichkeit mittels sogenannter Wahl- oder Bedarfspositionen weitere Leistungen – auch solche, die für das eigentliche Werk nicht erforderlich sind – bereits während der Angebotsphase preislich abzufragen und sich die Ausführung ebenfalls zu dem dann ja bereits abgefragten Preis vorzubehalten.

Für den Kalkulierenden bedeutet dies, keine Deckungsbeiträge für Baustellengemein-kosten und/oder Allgemeine Geschäftskosten, die er im Zusammenhang mit der Gesamt-maßnahme kostentechnisch gedeckt sehen will, in diese Positionen „hineinzurechnen", da diese Positionen ggf. komplett nicht zur Ausführung kommen, was dann unmittelbar zu einem Verlust führen würde. Vielfach spricht man in diesem Zusammenhang von vorabge-fragten Nachträgen, weil die Entscheidung, ob die Leistung abgerufen wird oder nicht, völlig offen ist, der Bieter sich aber bereits frühzeitig an einen Preis binden lassen muss. Passt dem Bauherrn jedoch der angebotene Preis nicht, so bleibt es seine freie Entschei-dung, ob er die Leistung wirklich abruft oder ggf. nochmals etwas Anderes abfragt oder gar einen weiteren Unternehmer anfragt, da er ja bisher keinerlei Abnahmeverpflichtungen ein-gegangen ist. Es bleibt also ein Handlungsspielraum für den Bauherrn, während der Bieter sich festlegen muss. Diese komfortable Situation haben viele Bauherren für sich zu nutzen versucht, indem die Leitungsverzeichnisse mit Bedarfspositionen nahezu überflutet wurden.

Dies führt jedoch dazu, dass der Auftrag für den Bieter im wahrsten Sinne des Wortes unkalkulierbar wird, weil völlig offen ist, welche Leistungen wirklich zur Ausführung kommen und es so kaum möglich ist eine notwendige Gemeinkostendeckung sicher zu stellen. Aus diesem Grund besteht zumindest für den öffentlichen Auftraggeber die Vor-gabe, in seinen Ausschreibungen keine Bedarfspositionen vorzusehen. Einem privaten Auftraggeber bleibt dies aber offen.

Die Erstellung einer Leistungsbeschreibung mit Leistungsverzeichnis setzt im Grunde voraus, dass sich der Ausschreibende bereits im Vorfeld intensiv planerisch mit der Bau-aufgabe beschäftigt hat. Idealerweise sollte vor der Erstellung des Leistungsverzeichnis-ses eine komplett ausgearbeitete Ausführungsplanung vorliegen, die als Grundlage des Leistungsverzeichnisses dient.

Fehlen diese Voraussetzungen, kommt es häufig zu Fehlern in der Leistungsbeschrei-bung, die Anlass für spätere Nachtragsforderungen sind. So kommt es zum einem vor, dass wesentliche Leistungen komplett vergessen werden und somit regelrechte Lücken im Leistungsverzeichnis vorliegen, die unweigerlich zu zusätzlichen Leistungen führen, um das Werk insgesamt überhaupt erfolgreich abschließen zu können.

Zum anderen kommt es vor, dass Teilleistungsbereiche aufgrund unzureichender plane-rischer Voraussetzungen mittels „Komplettheitsformulierungen" wie zum Beispiel „Scha-lung ist einzurechnen" vereinfacht zusammengefasst werden, wodurch sogenannte Misch-positionen entstehen, die nicht selten bei späteren Änderungen zu großem Streit zwischen den Parteien führen können. Mischpositionen führen dazu, dass der Kalkulator Leistun-gen, die eigentlich nicht zusammenpassen, dennoch ineinander rechnen muss, also zum Beispiel muss dann Schalung, welche in der Einheit [m^2] ermittelt wird auf die Leitgröße [m^3] des Betonbauteils der Leistungsposition verrechnet werden. Ändert sich dann etwas in der Ausführung sind häufig keine exakten Abgrenzungen möglich, sodass große kalku-latorische Spielräume (Manipulationsmöglichkeiten) gegeben sind.

Wichtig für den Kalkulator ist im Zuge der Kalkulation auch, die sogenannten „Neben- und Besondere Leistungen" gemäß Abschnitt 4 der jeweiligen Gewerkenormen der VOB/C zu berücksichtigen. Während die dort jeweils angesprochenen Nebenleitungen auch ohne explizite Erwähnung in der Leistungsbeschreibung vom Preis der Leistung umfasst sind, gehören die sogenannten Besonderen Leistungen nur dann zum Leistungsumfang, wenn diese Bestandteil der Leistungsbeschreibung sind. Sollten derartige Leistungen im Zuge der späteren Ausführung notwendig werden, ohne dass hierfür bereits Leistungspositionen vorgesehen sind, so kann der Unternehmer hierfür später eine Zusatzvergütung verlangen.

Die Leistungsbeschreibung mit Leistungsverzeichnis beinhaltet auch die Mengenangaben zu all denjenigen Positionen, aus denen sich das Gesamtwerk zusammensetzt.

Die zugehörige Mengenermittlung stellt insoweit eine Planungsaufgabe des Ausschreibenden dar, was charakteristisch für Leistungsverzeichnisse im Gegensatz zur funktionalen Beschreibungstechnik ist, bei der meist die Mengenermittlung in den Verantwortungsbereich des Bieters gestellt wird. Der Mengenermittlung kommt in einem Leistungsverzeichnis eine besondere Bedeutung zu, da die im Leistungsverzeichnis angegeben Mengen die Kalkulationsgrundlage für den Bieter darstellt. Für die Kostensicherheit bei der späteren Abrechnung – zumindest beim Einheitspreisvertrag – ist es zudem wichtig, dass die vorab ermittelten Ausschreibungsmengen hinreichend zutreffend sind, da sich sonst unweigerlich starke Veränderungen gegenüber der Angebotssumme einstellen.

Der Ersteller einer Mengenermittlung steht daher meist in dem Zwiespalt, die Mengenermittlung so einfach und schnell wie möglich, aber so genau wie nötig durchzuführen.

Neben der „klassischen" – im Sinne von manuell durchgeführten – Mengenermittlung aus vorliegenden Zeichnungen und Berechnungen, stehen aber auch EDV-gestützte Hilfsmittel beziehungsweise Software-Tools zur Verfügung. Zudem bieten die bei Planungen in der Regel verwendeten CAD-Systeme vielfältige Möglichkeiten, Mengen direkt aus der Software herauszuziehen.

Ferner erfolgen Mengenermittlungen z. T. auch über sogenannte Kennwertverfahren. Hierbei werden Mengen aus langjährigen Erfahrungen abgeleitet, zum Beispiel Kabellängen pro Steckdose bei Elektroinstallationen.

Qualitätsdefinitionen können im Rahmen einer Leistungsbeschreibung mit Leistungsverzeichnis unterschiedlich ausgeprägt sein. So bietet die positionsweise Beschreibung von Leistungen grundsätzlich die Möglichkeit Ausführungsqualitäten der zu verwendenden Materialien ganz exakt, zum Beispiel mit Herstellerangaben und Typenbezeichnung oder aber nur sehr allgemein anzugeben. Beispielsweise könnte man für ein Waschbecken in einem Einfamilienhaus exakt einen bestimmten Herstellertyp ausschreiben oder nur sehr allgemein angeben, dass dieses Waschbecken eine bestimmte Größe und Farbe haben soll, die restlichen Details jedoch offenlassen und somit in den Verantwortungs- und Planungsbereich des Bieters legen.

3.3.4 Funktionalbeschreibung

Gegenüber der Leistungsbeschreibung mit Leistungsverzeichnis verzichtet die Beschreibungstechnik in Form einer Funktionalbeschreibung (Leistungsbeschreibung mit Leistungsprogramm) auf die Angabe von Teilleistungen. Vielmehr wird lediglich die fertige Funktion des Bauwerks beschreiben, welche vom Auftragnehmer umzusetzen ist. Leitgrößen einer solchen Beschreibung können sein:

- Nutzungsgröße eines Gebäudes, zum Beispiel Hörsaal für 150 Studierende nach dem Stand der Technik
- Raumprogramm, zum Beispiel Büro für mit zwei Arbeitsplätzen gem. Arbeitsstätten-richtlinie
- Zweck der Beanspruchung, zum Beispiel Teppichboden einer bestimmten Beanspru-chungsklasse
- etc.

Die Leistungsbeschreibung mit Leistungsprogramm soll – folgt man dem Grundgedanken der VOB/A hierzu – auch den Entwurf in den Wettbewerb der Bieter untereinanderstellen. Im Ergebnis erhofft man sich hieraus, eine optimale Symbiose zwischen technischer und wirtschaftlicher Ausgewogenheit. Hierzu heißt es in § 7c VOB/A zur Leistungsbeschrei-bung mit Leistungsprogramm:

„Wenn es nach Abwägen aller Umstände zweckmäßig ist, abweichend von Absatz 7b Absatz 1 zusammen mit der Bauausführung auch den Entwurf für die Leistung dem Wettbewerb zu unterstellen, um die technisch, wirtschaftlich und gestalterisch beste sowie funktionsgerechteste Lösung der Bauaufgabe zu ermitteln, kann die Leistung durch ein Leistungsprogramm dargestellt werden."

Wie ausgeprägt die Funktionalbeschreibung hierbei ist, ist jedoch völlig offen. So kön-nen Funktionalbeschreibungen so gestaltet werden, dass dem Bieter die Leistungspflicht übertragen wird, sämtliche Maßnahmen zu planen und auszuführen, die für eine technisch funktionsfähige Leistung erforderlich sind, wie das folgende Beispiel einer rein funktional beschriebenen „Wasserhaltung" zeigt:

„Anlage für Wasserhaltung zum Freihalten der Baugrube von Bodenwasser nach geologischen und hydraulischen Erfordernissen herstellen"

Auf der anderen Seite existieren Funktionalbeschreibungen mit dezidierten Funktions- und Beanspruchungsanforderungen, die erheblichen Umfang haben können.

Sinn und Zweck der Funktionalbeschreibung ist es eigentlich, den Planungsaufwand vom Ausschreibenden soweit auf den Bieter zu verlagern, dass zwar die „Zügel" zur Be-stimmung des Endprodukts in der Hand des Bauherrn bleiben, aber die planerischen Schwierigkeiten seitens des Bieters gelöst werden müssen, was somit entscheidend für die Kalkulation des Bieters ist. Hierzu ein simples Beispiel:

Wird zum Beispiel für ein Bürogebäude im Zuge der Funktionalbeschreibung nur mit einem Wort erwähnt, dass dieses eine Briefkastenanlage haben soll (wobei sich wahr-scheinlich schon die Frage stellt, ob ein funktionsfähiges Gebäude nicht immer eine sol-che haben müsste), ohne weitere Detailangaben hierzu zu machen, so wäre es aus Sicht des Bieters am sinnvollsten als Briefkasten einen Schlitz in der Eingangstür vorzusehen. Dem gegenüber hat der Bauherr mit seiner Formulierung *„inkl. Briefkastenanlage"* viel-leicht eine vor dem Gebäude freistehende Briefkastenanlage aus Edelstahl im Sinn ge-

habt – dies aber eben nicht weiter spezifiziert, sodass der Kalkulator zwangsläufig interpretieren muss, was minimal geschuldet sein dürfte.

3.3.4.1 Qualitätsdefinitionen

Grundsätzlich bietet auch die Funktionalbeschreibung einen großen Anwendungsbereich
für standardisierte Formulierungen, da allgemein gehaltene Funktionalangaben auf viele
Bauwerkstypen passen und insoweit leicht mehrfach verwendet werden können, wie nachfolgendes Beispiel zeigt:

> **Beispiel**
> *Fertigtreppen*
> *Die Treppenläufe sollen als Fertigteile hergestellt werden. Sie werden schalltech-
> nisch entkoppelt gelagert.*

Sicherlich spielt es für den Bauherrn kaum eine Rolle, auf welche Art und Weise dieses
Fertigteil hergestellt wird und auch die Optik wird ihm wahrscheinlich egal sein, da ohnehin die späteren Bodenbeläge dafür sorgen, dass das eigentliche Fertigteil kaum mehr
sichtbar sein wird. Doch genau hier liegt die Schnittstelle, an der der Bauherr beziehungsweise der spätere Nutzer in der Regel weitgehend Einfluss auf die Gestaltung nehmen will,
da er in der Regel derjenige ist, der im täglichen Gebrauch mit der Optik und der Funktion
leben muss.

Würden in einem Bürohochhaus für die Aufzüge keine konkreten Vorgaben für die zu
befördernden Personenzahlen gemacht, könnte dies für die spätere Nutzung erhebliche
negative Auswirkungen haben, wenn der beauftragte Unternehmer lediglich leistungs-
schwache Aufzüge einbauen würde, die kaum die Personenzahlen in den Stoßzeiten be-
wältigen könnten. So lange aber keine konkreten Angaben in der Leistungsbeschreibung
hierzu vorhanden sind, kommt es für den Kalkulator immer nur darauf an, die beschriebene Funktion „im Minimum" zu berücksichtigen, um ein möglichst kostengünstiges Angebot abgeben zu können.

In der Praxis hat sich daher im Bereich der Funktionalbeschreibungen auch eine Mischung aus rein funktionaler und detaillierter Beschreibung, die man als teilfunktional
bezeichnen kann, etabliert. Hierbei verzichtet der Ausschreibende in Bereichen, die für
seine Nutzung nicht weiter wichtig sind, auf eine konkrete Einflussnahme auf Qualitäten
etc., indem er hier rein funktional seine Anforderung formuliert.

In anderen Bereichen jedoch beschreibt er die Funktionen so detailliert, dass er sogar die
zu verwendenden Baustoffe, Produkte, etc. mit sämtlichen Herstellerangaben beschreibt.

Dabei wird häufig ein gestuftes Procedere in der Beschreibungstechnik angewendet.
Aufbauend auf einer eher allgemeinen Funktionsbeschreibung wird hinsichtlich der Qua-
litätsanforderungen entweder auf ein Referenzprodukt, welches als eine Art Messlatte
dient, verwiesen oder aber gar eine ganz konkrete und detaillierte Anforderung auf Pro-
duktebene über ein sogenanntes Raumbuch beschrieben. Nachfolgendes Beispiel soll dieses prinzipielle Vorgehen verdeutlichen:

Beispiel

Bodenbeläge

Allgemeine Vorbemerkungen:

Farbabweichungen der zu verlegenden Ware gegenüber der Bemusterung sind nach folgendem Maßstab zulässig: „Graumaßstab zur Bewertung der Änderung der Farbe" (nach ISO 105-Part A02, entspricht DIN 54001 und SNV 195805)

Teppich

Zur Ausführung kommt ein textiler antistatischer und stuhlrollengeeigneter Fußbodenbelag in Bahnenware. Die Verlegung erfolgt nach Herstellerangaben.

Richtqualität: Produkt XXX, dunkelgrau oder gleichwertig.

Die Teppichsockelleiste wird mit geketteter oberer Kante aus dem gleichen textilen Bodenbelag ausgeführt (Höhe ca. 6 cm). Bodentanks und Revisionsöffnungen werden mit dem Bodenbelag belegt.

Einbauort: gemäß Raumtypenbuch

Neben der Angabe einer sogenannte Richtqualität erfolgen weitere Detaillierungen im angesprochen Raumtypenbuch, welches zum Beispiel wie in Abb. 3.16 dargestellt aussehen könnte.

Wie auch bei der Leistungsbeschreibung mit Leistungsverzeichnis ist darauf zu achten, dass sich auch innerhalb einer funktionalen Leistungsbeschreibung keinerlei Widersprüche befinden, denn auch dies würde letztlich dazu führen, dass ein „unklares" Bausoll vereinbart wird, welches später mittels Nachtragsleistungen ergänzt werden muss.

Raum-Typ:1		Bez.: Standard-Büros
		Nutzungsraum: Büro
Bauteil		**Beschreibung**
Elektro-installation	Allgemeines	Beleuchtungsstärke 500 Lux gemäß FLB
	Leutkörper	Raster-Pendelleuchte gemäß FLB
Schalter/Dosen		Taster –1x Doppelsteckdose 230V im BR-Kanal je AP –1x Reinigungssteckdose unter Lichterschalter –1x Serientaster Beleuchtung (EIB) –1x Doppelsteckdose 230V EDV im BR-Kanal je AP –2x EDV RJ45 2-fach im BR-Kanal je AP –1x Taster Sonnenschutz (EIB)
	Sonstiges	BR-Kanal oder alternativ bei Variante Hohlraumboden Bodentanks rund (1 Tank je Arbeitsplatz)
Sanitär-installation	Allgemeines	– entfällt –
	Armaturen	– entfällt –
	Gegenstände	Waschbecken mit Standarmatur in den Büros der archivfachlichen Mitarbeiter/Mitarbeiterinnen mit KW-Anschluss
	Sonstiges	– entfällt –
Heizung		Plattenheizkörper Farbe weiß, Höhe angepasst an Brüstung, HK-Größe gemäß Berechnung; Thermostatventile seitlich (Standardausführung);
Lüftung		– entfällt –
Kühlung		Betonkerntemperierung
Brandschutz		Rauchmelder nach Erfordernis. Alarmierung BMA; Mehrkriterienmelder mit Alarmgeber
Sicherheits-technik	Technik	– entfällt –
	Sonstiges	– entfällt –
Einrichtung		– entfällt –
Sonstiges		Erhöhter Schallschutz nach Bauteilkatalog für die Räume Präsident sowie Abteilungsleitung im 1.OG; Schließanalge gemäß FLB;

Abb. 3.16 Beispiel Standard Büro

3.3.4.2 Mengenangaben

Mengenangaben sind in der Regel nicht Gegenstand einer funktionalen Leistungsbeschreibung. Vielmehr überlässt man es dem Bieter, aus der von ihm durchzuführenden Ausführungsplanung resp. der funktionalen Leistungsbeschreibung in Verbindung mit einem Raumbuch, welches jedoch die Anforderungen pro Raum, oder Raumtyp definiert, die Gesamtmengen abzuleiten.

Der Bieter ist also hier gezwungen mit großer Sorgfalt eine eigenständige Mengenermittlung durchzuführen, um seine Preise sicher kalkulieren zu können, da er insgesamt über das Raum(-typen)buch an einen Leistungsumfang gebunden sein wird.

3.4   Verfahren der Zuschlagskalkulation – Umlagekalkulation

3.4.1   Elemente der Zuschlagskalkulation

Eine Zuschlagskalkulation kann in zwei Varianten durchgeführt werden. Es wird unterschieden:

- Zuschlagskalkulation mit vorbestimmten Zuschlägen
- Zuschlagsermittlung mit Umlageverfahren über die Angebotsendsumme

Grundsätzlich beinhaltet die Zuschlagskalkulation folgende Bestandteile (s. Abb. 3.17).

Der Zuschlag beinhaltet hierbei immer die Kostengruppen Baustellengemeinkosten, Allgemeine Geschäftskosten und Gewinn. Dieser wird den zuvor ermittelten Einzelkosten der Teilleistungen hinzuaddiert.

Die unmittelbar mit der Bauleistung verbundenen Kosten im Sinne von Primärkosten werden als Einzelkosten der Teilleistungen bezeichnet. Bei der Ermittlung der Einzelkosten der Teilleistungen werden die Kosten nach zuvor vom Kalkulator festgelegten Kostenarten strukturiert und jeweils kostenartenspezifisch erfasst. Grundsätzlich herrscht in der Detaillierung der Kostenarten Freiheit. In der Praxis haben sich jedoch Kostenartensysteme mit bis zu fünf Kostenarten etabliert, was sich auch in den „EFB Preisblättern 221 und 222" widerspiegelt.

Bei der Ermittlung der Einzelkosten der Teilleistungen werden die Lohnkosten, welche für die Leistungserbringung veranschlagt werden, üblicherweise als eigenständige Kostenart ausgewiesen, während die weiteren Kostenarten wie Stoffkosten (Materialkosten), Gerätekosten und Nachunternehmerkosten (Fremdleistungskosten) und Sonstige Kosten mehr oder weniger getrennt oder aber auch komplett zusammengefasst unter den Sonstigen Kosten erfasst werden können.

Abb. 3.17 Bestandteile
Zuschlagskalkulation

	Einzelkosten der Teilleistungen
+	Gemeinkosten der Baustelle
=	**Herstellkosten**
+	Allgemeine Geschäftskosten
+	(Bauzinsen)
=	**Selbstkosten**
+	Gewinn
=	**Angebotssumme** netto

Neben den Einzelkosten sind dann die Gemeinkosten aufgeteilt nach den Baustellengemeinkosten und den Allgemeinen Geschäftskosten zu kalkulieren.

3.4.2   Einzelkosten der Teilleistungen – Lohnkosten

Die für die Leistungserbringung der eigentlichen Bauleistung erforderlichen Lohnkosten
werden unter der Kostenart „Lohn" erfasst. Im Zuge der Kalkulation ist es zunächst üblich, diesen Aufwand über die benötigten Arbeitsstunden zu erfassen, wobei sich diese
über die veranschlagten Aufwands- beziehungsweise Leistungswerte sowie die zu erbringenden Leistungsmengen, welche üblicherweise über die Vordersätze des Leistungsverzeichnisses abgeleitet werden, berechnen lassen.

Als Aufwandswert wird dabei derjenige Rechenansatz bezeichnet, welcher angibt, wie
lange die Erbringung einer Leistung bezogen auf die jeweilige Einheitsmenge dieser Leistung dauert, also zum Beispiel 0,8 h/m² oder 1,25 h/m² etc. Der Aufwandswert lässt sich
wiederum aus dem sogenannte Leistungswert, also der Angabe, wie viele Mengeneinhei-
ten pro Zeiteinheit erstellt werden können – zum Beispiel 30 m³/h oder 5 m²/h – ableiten.
Zwischen Aufwandswert und Leistungswert besteht jeweils mathematisch die Beziehung
eines „Kehrwertes", also

$$Aufwandswert = \frac{1}{Leistungswert} \tag{3.3}$$

Beziehungsweise

$$Leistungswert = \frac{1}{Aufwandswert} \tag{3.4}$$

Kann zum Beispiel für die Verlegung von Bodenfliesen eine Leistung von 2 m²/h veranschlagt werden, so lässt sich hieraus ein Aufwandswert in Höhe von

$$Aufwandswert = \frac{1}{2\,m^2\,/\,h} \tag{3.5}$$

also 0,5 h/m² ableiten.

Dieser Wert wird sodann für die weitere Ermittlung der Lohnkosten mit dem Gesamt-
mengenansatz der Leistungsposition verwendet.

Üblicherweise wird im Rahmen der Kalkulation zunächst der reine Lohnzeitaufwand
erfasst und erst danach mit dem Lohnverrechnungssatz [€/h] zu den eigentlichen Lohnkosten berechnet. Hierzu bedient sich der Kalkulator üblicherweise einem gemittelten
Lohnkostenverrechnungssatz, da ja im Zeitpunkt der Angebotserstellung zum einen gar
nicht klar ist, ob das Angebot überhaupt zur Beauftragung kommt und zum anderen wer

dann im Auftragsfall tatsächlich konkret zur Verfügung steht, schließlich werden in einem Bauunternehmen üblicherweise immer mehrere Angebote parallel erstellt.

Dieser Lohnkostenansatz wird im Zuge der Kalkulation als sogenannter Mittellohn bezeichnet. Zur Berechnung des Mittellohns werden die tatsächlichen Lohnkosten der im Unternehmen grundsätzlich zur Verfügung stehenden Arbeitskräfte unter Berücksichtigung von

- (Tarif-)löhnen und Lohnzulagen, Zeit- und Erschwerniszulagen gemäß Bundesrahmentarifvertrag für das Baugewerbe (BRTV) sowie Arbeitgeberanteil für die Vermögensbildung
- Sozialkosten (Arbeitgeberbetrag für Kranken-, Renten-, Arbeitslosen- und Unfallversicherung etc.)
- Lohnnebenkosten für Fahrtkosten beziehungsweise Unterbringung der Arbeiter auf Baustellen beziehungsweise Auslösen.

Die eigentliche Mittelohnberechnung ist ein gestuftes Berechnungsverfahren, bei dem zunächst die Arbeiterlöhne unter Berücksichtigung der tariflichen und außertariflichen Lohnleistungen der gesamten Kolonne oder Belegschaft, für welche die Mittellohnberechnung durchgeführt werden soll, pro Arbeitsstunde aufaddiert werden und sodann durch die Anzahl der Arbeiter dividiert wird, um den gemittelten Lohn A zu erhalten.

In einem zweiten Schritt werden die auf den Lohn fälligen Sozialabgaben des Arbeitgebers ermittelt und hinzuaddiert. Den letzten Berechnungsschritt bilden dann die Lohnnebenkosten, welche ebenfalls hinzuaddiert werden. Den so für die Belange der Kalkulation ermittelten Lohkostenansatz bezeichnet man als Mittellohn ASL.

Beispiele zur Mittellohnberechnung
Das Berechnungsbeispiel in Abb. 3.18 zeigt die Mittellohnberechnung ASL.

Darüber hinaus ist es möglich, die Kosten eines die Kolonne beaufsichtigenden Poliers mit in den Mittellohn einzubeziehen. In diesem Fall spricht man vom Mittellohn APSL. Diese Variante kommt zur Anwendung, wenn der Polier selbst nicht aktiv – im Sinne von produktiv – an der Erstellung der Bauleistung beteiligt ist, sondern eben reine Aufsichtsfunktionen ausführt. Arbeitet der Polier dagegen selbst aktiv mit, würden seine Gehaltskosten auf einen Stundensatz rückgerechnet und die Mittellohnberechnung dann analog der Variante Mittellohn ASL erfolgen.

Die Berechnungsvariante für den Mittellohn APSL kann dem Beispiel in Abb. 3.19 entnommen werden.

Abb. 3.18 Beispiel
Mittellohnberechnung

Berechnung des Mittellohns (A, AS, ASL)		
Belegschaft		Kosten [€/h]
2 Bauvorarbeiter	2 x 23,00 €/h =	46,00 €/h
5 Spezialbaufacharbeiter	5 x 21,50 €/h =	107,5 €/h
3 Bauhelfer	3 x 12,50 €/h =	37,50 €/h
10 Arbeiter	Summe =	145,00 €/h
durchschnittlicher Tariflohn	$\dfrac{145{,}00\ €/h}{10}$ =	**14,50 €/h**
Zulagen		
1.) Stammarbeiterzulage i.H.v. 0,65 €/h für 7 Arbeiter		
	$\dfrac{0{,}60\ €/h\ x\ 7}{10}$ =	0,42 €/h
	Summe =	**14,92 €/h**
2.) Überstundenzulage		
Die wöchentliche Arbeitszeit beträgt **44 h**		
Die tarifliche Arbeitszeit beträgt:		
38 h/Wo. Winterarbeitszeit		
41 h/Wo. Sommerarbeitszeit		
Der Überstundenzuschlag beträgt **20%**		
	$\dfrac{(\frac{44-38}{44}\ x\ 4) + (\frac{44-41}{44}\ x\ 8)}{12}$ x 0,2 x 14,92 €/h =	0,27 €/h
3.) Vermögensbildung für die gesamte Belegschaft i.H.v. 0,15 €/h		
	1,0 x 0,15 €/h =	0,15 €/h
Mittellohn A	Summe =	**15,34 €/h**
+ Sozialkosten fallen i.H.v. 90% an		
	15,34 €/h x 0,9 =	13,81 €/h
Mittellohn AS	Summe =	**29,15 €/h**
+ Lohnnebenkosten fallen i.H.v. 2,70 €/h an		2,70 €/h
Mittellohn ASL	Summe =	**31,85 €/h**

Abb. 3.19 Beispiel
Mittellohn

Berechnung des Mittellohns (AP, APS, APSL)	
Polierkosten	
1 Polier = 6500 €/Mt. bei 168 h/Mt.	
$$\frac{6500\ €}{168\ h} =$$	38,69 €/h
Summe der Tariflöhne aus Bsp. 1 Summe =	145,00 €/h
durschnittlicher Tariflohn	
$$\frac{145,00\ €/h + 38,69\ €/h}{10} =$$	**18,37 €/h**
Zulagen	
1.) Stammarbeiterzulage i.H.v. 0,65 €/h für 7 Arbeiter	
$$\frac{0,60\ €/h\ x\ 7}{10} =$$	0,42 €/h
Summe =	**18,79 €/h**
2.) Überstundenzulage	
Die wöchentliche Arbeitszeit beträgt **44 h** Die tarifliche Arbeitszeit beträgt: **38 h/Wo.** Winterarbeitszeit **41 h/Wo.** Sommerarbeitszeit Der Überstundenzuschlag beträgt **20%**	
$$\frac{(\frac{44-38}{44} \times 4) + (\frac{44-41}{44} \times 8)}{12} \times 0,2 \times 18,79\ €/h =$$	0,34 €/h
3.) Vermögensbildung für die gesamte Belegschaft i.H.v. 0,15 €/h	
$$1,0 \times 0,15\ €/h =$$	0,15 €/h
Mittellohn AP Summe =	**19,28 €/h**
+ Sozialkosten fallen i.H.v. 90% an	
$$19,28\ €/h \times 0,9 =$$	17,35 €/h
Mittellohn APS Summe =	**36,63 €/h**
+ Lohnnebenkosten fallen i.H.v. 2,70 €/h an	2,70 €/h
Mittellohn APSL Summe =	**39,33 €/h**

3.4.3 Stoffkosten

Unter der Kostenart „Stoffkosten" werden in der Regel im Zuge der Kalkulation die Kosten für die Baumaterialien, wie zum Beispiel Beton, Mauerwerk, Stahl, Dämmung etc. erfasst. Hierbei ist darauf zu achten, dass man diese Kosten immer bezogen auf die vorgegebene Abrechnungseinheit der Position bezieht.

> **Beispiel**
> Soll zum Beispiel eine Betondecke mit einer Stärke von 25 cm erstellt werden, so wäre der Beton hierfür, welcher in m^3 beim Betonwerk gekauft wird entsprechend auf die Abrechnungseinheit m^2 umzurechnen:
>
> $$Beton\,C20\,/\,25 : 150,00\,EUR\,/\,m^3, entspricht\ bei\ 25\,cm\ Deckenstärke\,150\,EUR\,/\,m^3$$
> $$\times\,0,25\,m = 37,50\,EUR\,/\,m^2$$

3.4.4 Gerätekosten

In der Kostenart „Gerät" werden bei der Ermittlung der Einzelkosten der Teilleistungen üblicherweise diejenigen Kosten erfasst, welche innerhalb einer Leistungsposition für Gerätekosten anfallen. Das heißt, dass die Kosten für Geräte, die unmittelbar einer Leistung und/oder Teilleistung zugeordnet werden können, unter dieser Kostenart bei der Ermittlung der Einzelkosten der Teilleistungen erfasst werden. Zum Beispiel die Kosten des Baggers in der Leistungsposition Bodenaushub oder die Kosten des Bohrgeräts bei der Erstellung von Pfahlgründungen. Charakteristisch für die Zuordnung von Gerätekosten in der Kostenart „Gerät" ist jeweils, dass die Gerätekosten ganz konkret der Leistung zugeordnet werden können. Derartige Geräte bezeichnet man dann auch als Leistungsgeräte.

Auf der anderen Seite werden auf Baustellen meist auch Geräte benötigt, die für eine Vielzahl von Arbeiten eingesetzt werden und daher keiner konkreten Leistung und/oder Teilleistung aus den Leistungspositionen direkt zugeordnet werden können. Dies ist zum Beispiel bei den Kosten eines Turmdrehkrans der Fall, der für einen längeren Zeitraum, zum Beispiel die gesamte Rohbauerstellung, auf der Baustelle vorgehalten wird und während dieser Zeit immer wieder – wenn auch mit Unterbrechungen – für diverse Leistungspositionen eingesetzt wird, ohne, dass man die anteiligen Kosten diesen Positionen sinnvoll zurechnen können würde. Derartige Geräte nennt man üblicherweise Vorhaltegeräte. Die Kosten der Vorhaltegeräte werden – je nach Struktur und Aufbau des zur Kalkulation zugehörigen Leistungsverzeichnisses – wie folgt zugeordnet:

Für den Fall, dass das Leistungsverzeichnis unmittelbare Positionen für die sogenannte Baustelleneinrichtung enthält, werden die Kosten der Vorhaltegeräte dort als Einzelkosten der Teilleistungen erfasst. Hierbei wird dann für jedes der Vorhaltegeräte individuell ein Ansatz für die tatsächlich auf der Baustelle benötigte Vorhaltezeit der Geräte gewählt, um die Kalkulation unnötiger Vorhaltekosten zu vermeiden. So würden zum Beispiel die Krankosten eben nur für die Zeit der Rohbauerstellung kalkuliert, da der Kran beim Ausbau nicht mehr benötigt wird, während die Kosten für die Baucontainer für die gesamte Bauzeit zu kalkulieren wären.

Gibt es hingegen keine derartigen Positionen im Leistungsverzeichnis, so werden die Kosten der Vorhaltegeräte als Teil der Baustellengemeinkosten erfasst und dann über den sogenannten Kalkulationszuschlag auf die Einzelkosten der Teilleistungen verrechnet.

Die Kosten der Geräte wiederum werden üblicherweise über eine Verrechnung der Anschaffungskosten des Geräts unter Berücksichtigung der prognostizierten Nutzungsdauer und kaufmännischer Abschreibung sowie Verzinsung (A+V) des eingesetzten Kapitals ermittelt. Zudem erfolgt ein Ansatz für die zu erwartenden Wartungs- beziehungsweise Instandhaltungskosten beziehungsweise Reparaturkosten (R) der Geräte im Falle von Defekten während der Nutzungsdauer des Geräts. Hieraus lässt sich sodann in der Regel ein monatlicher Verrechnungssatz, genannt AVR, des Geräts zum Zwecke der Kalkulation ableiten, welcher dann entsprechend über die Aufwands- und Leistungswerte der Kalkulation in den Kosten der Leistungen auf der Baustelle bedarfsgerecht verrechnet werden kann.

Für die Ermittlung des Geräteverrechnungssatzes stehen betriebswirtschaftliche Methodiken zur Verfügung. Insbesondere die Baugeräteliste[1] stellt hierbei für die Unternehmen der Bauwirtschaft den Standard für die Ermittlung der Verrechnungssätze von Baumaschinen zu Zwecken der Kalkulation dar.

Im Zuge der Ermittlung der Verrechnungssätze unterscheidet die Baugeräteliste die in Abb. 3.20 dargestellten Begriffe.

Die Baugeräterliste geht in ihren Berechnungen davon aus, dass ein Vorhaltemonat 30 Kalendertage beziehungsweise 170 Vorhaltestunden hat. Erfolgt die Berechnung bezogen auf die Arbeitstage, so wird hier von 21 Arbeitstagen pro Monat ausgegangen.

Die Nutzungsdauer eines Gerätes entspricht dem Zeitraum der üblicherweise ansetzbaren Einsatzdauer. Beeinflusst wird die Nutzungsdauer beispielsweise durch Wartungen, Reparaturen, Verschleiß, gesetzliche und technische Vorschriften sowie die Einsatzbedingungen.

Die Baugeräteliste enthält umfangreiche Datensätze, bei welchen entsprechende Verrechnungssätze für Geräte zu Kalkulationszwecken bereits berechnet sind. Die Berechnungen der Sätze für Abschreibung und Verzinsung (A+V) sowie Reparaturkosten (R) werden in den Abschnitten 6 und 7 der BGL beschrieben und im Folgenden zusammenfassend angeführt [vgl. BGL 2020, S. 19 ff.].

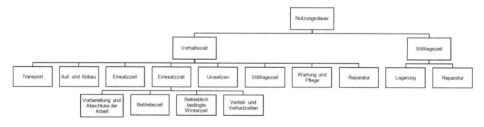

Abb. 3.20 Begriffe Baugeräteliste [vgl. BGL 2020, S. 16 f. (grafisch verarbeitet)]

---

[1] Die Baugeräteliste ist in der aktuellen Ausgabe aus dem Jahr 2020 verfügbar und wird vom Hauptverband der deutschen Bauindustrie sowie dem Fachverband der Bauindustrie Österreich herausgegeben.

Beispiel

Berechnung von Abschreibung und Verzinsung (A+V):

Der BGL können zu den einzelnen Gerätearten die monatlichen Sätze für die Abschreibung und die Verzinsung sowie die weiteren wirtschaftlichen Eckdaten (beispielsweise Nutzungsjahre und Vorhaltemonate) entnommen werden.

Die Berechnung erfolgt grundsätzlich unter Berücksichtigung der nachfolgend aufgeführten Parameter:

- Mittlerer Neuwert, lineare Abschreibung, einfache Zinsrechnung, 6,5 % pro Jahr als kalkulatorischer Zinssatz und einen Vorhaltemonat als Zeiteinheit.

Beispiel

Kalkulatorische Abschreibung:

Ausgehend von dem mittleren Neuwert wird mit der kalkulatorischen Abschreibung die Kostenverrechnung der Wertminderung von Geräten ermittelt. Die Abschreibung erfolgt in der Baupraxis in aller Regel mit gleich großen Beträgen je Zeiteinheit, d. h. linear über die Vorhaltmonate.

Der monatliche prozentuale Anteil für die Abschreibung – ausgehend vom mittleren Neuwert – wird wie folgt berechnet:

$a = 100/v$ (2a)

a = durchschnittliche monatliche Abschreibung in Prozent vom mittleren Neuwert [%]

v = Vorhaltemonate [Monat]

Beispiel

Kalkulatorische Verzinsung:

Die Verzinsung des durch die noch nicht abgeschriebenen Restwerte der Geräte gebundenen Kapitals wird ebenfalls zur Ermittlung der Gerätekosten in der Kalkulation erfasst. In der aktuellen BGL wurden 6,5 % Verzinsung pro Jahr berücksichtigt.

Bei der vorbeschriebenen linearen Abschreibung sind durchschnittlich 50 % des mittleren Neuwerts zu verzinsen. Der durchschnittliche Prozentsatz vom mittleren Neuwert beträgt damit monatlich:

$$z = \frac{p * n}{2 * v}$$ (3.6)

z = durchschnittliche monatliche Verzinsung in Prozent vom mittleren Neuwert [%]

p = kalkulatorischer Zinssatz [%]

n = Nutzungsjahre [Jahre]

Die monatlichen Abschreibungs- und Verzinsungsbeträge in Prozent ergeben sich insgesamt sodann wie folgt:

$$k = a + z = \frac{100}{v} + \frac{p * n}{2 * v} \tag{3.7}$$

Der Absolutbetrag für die Abschreibung und Verzinsung ergibt sich demnach zu

$$K = \frac{k}{100} * M \tag{3.8}$$

K = monatlicher Abschreibungs- und Verzinsungssatz [€]

k = monatlicher Abschreibungs- und Verzinsungssatz in Prozent vom mittleren Neuwert [%]

M = mittlerer Neuwert

Beispiel

Reparatur und Reparaturkosten:

Neben der Abschreibung und Verzinsung als Ansätze für die Gerätekostenermittlung sind auch die Reparaturkosten für eine ganzheitliche Kalkulation zu ermitteln.

Reparaturkosten sind die kalkulatorischen Aufwendungen zur Gewährleistung eines funktionsfähigen Zustandes der Geräte. Sie sind aufgrund des hohen Verschleißes der Geräte ein wesentlicher Bestandteil der Gerätekostenermittlung.

Obschon die Anzahl der Reparaturen und damit auch die Kosten für die Reparaturen im Laufe der Nutzungsdauer ansteigen, geht die BGL – um eine praktikable Verrechnung der durchschnittlichen Kosten zu ermöglichen – von gleichbleibenden Reparaturkosten aus. Die monatlichen Reparaturkosten sind deshalb mittlere Werte über die jeweiligen Nutzungsdauern. Diese angegeben als

- r (Prozentsätze vom mittleren Neuwert) und/oder
- R (EUR Beträge).

Die Berechnung der Reparaturkosten je Monat erfolgt analog zu der Berechnung der monatlichen Beträge für Abschreibung und Verzinsung mithilfe der Verrechnung des prozentualen Reparatursatzes mit dem mittleren Neuwert des jeweiligen Geräts:

$$R = \frac{r}{100} * M \left[\frac{\text{EUR}}{\text{Monat}} \right] \tag{3.9}$$

R = monatlicher Reparaturkostenbetrag [€/Monat]

r = monatlicher Satz für Reparaturkosten in Prozent vom mittleren Neuwert [%]

M = „mittlerer Neuwert [€]"

In Abb. 3.21 sind die Berechnungen zur Ermittlung von Abschreibung, Verzinsung und Reparaturkosten pro Monat am Beispiel eines Turmdrehkrans exemplarisch dargestellt:

Berechnung von Abschreibungs-, Verzinsungs- und Reparaturkosten

$$K = \frac{100}{v} + \frac{p*n*100}{2*v} = \frac{100}{v} * \left(1 + \frac{p*n}{2}\right)$$

K = monatlicher Satz für Abschreibung und Verzinsung in Prozent vom mittleren Neuwert

v = Vorhaltemonate

n = Nutzungsjahre

p = kalkulatorischer Zinzsatz in Prozent

$\frac{100}{v}$ = a = Anteil der Abschreibung pro Monat in Prozent vom mittleren Neuwert

$z = p*n*\frac{100}{2*v}$ = durchschnittlicher Anteil für Verzinsung pro Monat in Prozent vom mittleren Neuwert

Beispielrechnung: Turmdrehkran

Angaben für die Berechnung:

mittlerer Neuwert: 200.000 €

Nutzungsjahre: 8 Jahre

Vorhaltemonate: 60

Kalkulatorischer Zinssatz: 6%

Reparatursatz: 1,5 %

Berechnung:

AV = K * mittlerer Neuwert

R = r * mittlerer Neuwert

1.) Berechnung von K

$$K = \frac{100}{v} * \left(1 + \frac{p*n}{2}\right) = \frac{100}{60} * \left(1 + \frac{0,06*8}{2}\right)$$

K = 2,1 %

2. Berechnung: Abschreibung und Verzinsung

AV = 2,1% * 200.000€

AV = 4.200€

3. Berechnung: Reparaturkosten

R = 1,5% * 200.000€

R = 3.000€

4. Berechnung Abschreibung, Verzinsung, Reparatur

AVR = AV + R

AVR = 4.200€ + 3.000€

AVR = 7.200€

Abb. 3.21 Berechnung von Abschreibungs-, Verzinsungs- und Reparaturkosten

Wie bereits erwähnt, beinhaltet die Baugeräteliste bereits eine Fülle von Datensätzen, bei denen die Verrechnungssätze nach üblichen Ansätzen von Nutzungsdauern etc. bereits ermittelt sind. Hierbei erfolgt eine mehrstufige Aufgliederung über das sogenannte Hauptgerät inkl. der möglichen Zusatzausstattung und Anbauteile, welche exemplarisch dem Auszug (s. Abb. 3.22) aus der Baugeräteliste 2020 entnommen werden kann:

C.0.10 Turmdrehkran mit Laufkatzausleger

BGL Nummer	C.0.10 Turmdrehkran mit Laufkatzausleger
EDV-Kurzbezeichnung	TURMKRAN LAUFKATZ
Beschreibung	Maschinenrahmen, Drehkranz, Turmspitze, alle maschinentechnischen Einrichtungen wie Hub-, Dreh- und Katzfahrwerk mit FU- Antrieb und allen vorgeschriebenen Sicherheitseinrichtungen, SPS- bzw. BUS-Steuerung. Elektronische Traglaststeigerung durch Verminderung der Geschwindigkeiten. Elektronisches Anzeigedisplay, Kabine mit Heizung und Lüftung.
primäre Kenngröße	Nennlastmoment in tm
Mit	Seilausrüstung, Gegengewichtsausleger, Winden, Lasthaken und notwendigem Gegengewichtsballast
Ohne	Ausleger, Turmstücke, Kletterrahmen, Führungsrahmen,Fahrwerk, Stromzuführung, Abspannvorrichtungen, Funkfernsteuerung und Zentralballast
Nutzungsjahre	8
Vorhaltemonate	60
Mtl. Satz f. Abschreibung/Verzinsung	2,10 %
Mtl. Satz f. Reparaturkosten	1,10 %
AfA-Fundstelle: Bau-AfA	2.1.2

Gerätegrößen ❓

Auswahl	Geräteschlüssel	Nennlastmoment in tm	Hubwerksleistung normal in kW	Gewicht kg	Mittlerer Neuwert €	Monatl. Abschreibung und Verzinsung €	Monatl. Reparaturkosten €
○	C.0.10.0050	50	16	13.500,00	127.500,00	2.680,00	1.400,00
○	C.0.10.0063	63	22	15.000,00	184.000,00	3.870,00	2.030,00
○	C.0.10.0080	80	24	16.500,00	193.000,00	4.050,00	2.120,00
○	C.0.10.0100	100	30	20.000,00	218.000,00	4.580,00	2.400,00
○	C.0.10.0112	112	30	22.500,00	259.000,00	5.450,00	2.850,00
○	C.0.10.0140	140	45	25.000,00	293.000,00	6.150,00	3.230,00
○	C.0.10.0180	180	45	29.500,00	392.500,00	8.250,00	4.320,00
○	C.0.10.0224	224	45	32.000,00	434.000,00	9.100,00	4.780,00
○	C.0.10.0250	250	45	34.000,00	470.500,00	9.900,00	5.150,00
○	C.0.10.0315	315	65	45.500,00	543.000,00	11.400,00	6.000,00
○	C.0.10.0400	400	65	56.500,00	691.500,00	14.500,00	7.600,00
○	C.0.10.0500	500	65	61.000,00	698.000,00	14.700,00	7.700,00
○	C.0.10.0560	560	110	65.000,00	766.500,00	16.100,00	8.450,00

Abb. 3.22 Beispiel BGL: C.010 Turmdrehkran mit Laufkatzenausleger [BGL 2020, online abgerufen am 30.03.2022]

3.4.5 Nachunternehmer- und Fremdleistungen

Leistungen, welche nicht im eigenen Betrieb, sondern durch Dritte im Auftrag erbracht werden sollen, werden als sogenannte Nachunternehmerleistungen beziehungsweise Fremdleistungen oder auch oftmals als Subunternehmerleistungen bezeichnet. Diese Kosten werden im Zuge der Kalkulation üblicherweise der Kostenart „Nachunternehmer"[2] zugeordnet.

Im Zuge der eigenen Kalkulation werden als gängigste Kalkulationsvariante diese Leistungen, nachdem sie manchmal bei potenziellen Nachunternehmern angefragt und angeboten wurden, als Einzelkosten der Teilleistungen in der Kostenart „Nachunternehmer" in die eigene Kalkulation eingestellt.

Denkbar ist aber hinaus, dass die Leistungen, welche später an einen Nachunternehmer vergeben werden sollen, wie eine eigene Leistung bewertet und kalkuliert werden. Dies setzt allerdings eine gute Kenntnis der zu vergebenden Leistungen sowie der zugehörigen Aufwands- und Kostenparameter der zu vergebenden Leistungen voraus.

Um für mögliche nachträgliche Ansprüche vorbereitet zu sein, zum Beispiel für eine Vergütungsanpassung bei geänderten oder zusätzlichen Leistungen in Anlehnung beziehungsweise nach dem Modell der „tatsächlich erforderlichen Kosten" gemäß § 650c BGB bietet es sich an, sich die Nachunternehmerkosten ebenfalls nach Kostenarten getrennt ausweisen zu lassen, um eine detaillierte Grundlage für die weitere Bewertung zu haben

3.4.6 Sonstige Kosten

Unter der Kostenart „Sonstige Kosten" oder „SoKo" werden abschließend alle Kosten bei der Ermittlung der Einzelkosten der Teilleistungen zugeordnet, welche keiner der vom Kalkulator zuvor festgelegten Kostenarten sinnvoll zugerechnet werden, kann.

Wie bereits erläutert ist die Anzahl der Kostenarten in der Differenzierung völlig frei wählbar, sodass auch mehr als 5 oder 6 Kostenarten denkbar wären. Gleichzeitig funktioniert die Kalkulation auch, wenn lediglich mit zwei Kostenarten, nämlich Lohnkosten und Sonstige Kosten gerechnet wird und somit sämtliche Kosten, die eben nicht unmittelbar dem Lohn zugerechnet werden können in einer einzigen Kostenart „Sonstige Kosten" erfasst werden.

3.4.7 Baustellengemeinkosten

Für die Erstellung von Bauleistungen fallen in der Regel auf der Baustelle Kosten an, die nicht unmittelbar den Kosten der Positionen des Leistungsverzeichnisses zugeordnet werden können. Hiermit sind insbesondere diejenigen Kosten gemeint, die notwendig sind, um eine Baustelle vor Ort überhaupt betreiben zu können, also die Kosten für die Infra-

---

[2] Die Bezeichnung ist jedoch frei wählbar und könnte auch Fremdkosten oder Subunternehmerkostenkosten heißen

struktur und den Betrieb der Baustelle. Darüber hinaus zählen hierzu auch die Kosten für die Überwachung und Leitung der Bauaufgabe als Ganzes, die sogenannten Projekt- beziehungsweise Bauleitungskosten.

All diese Kosten werden in der Kalkulation als sogenannte „Baustellengemeinkosten" beziehungsweise „Gemeinkosten der Baustelle" bezeichnet und gehören betriebswirtschaftlich betrachtet zu den Sekundärkosten. Die Baustellengemeinkosten bestehen hierbei üblicherweise aus einem fixen Anteil, zum Beispiel für einmalige Einrichtungen oder Abbau von Baustelleninfrastruktur und variablen, meist zeitabhängigen (zum Beispiel für Bauleitungspersonal) oder verbrauchsabhängigen (zum Beispiel Strom und Wasser) Anteilen.

Diese Kosten werden je nach Struktur des Leistungsverzeichnisses in eigenen Leistungspositionen erfasst, zum Beispiel

- Einrichten der Baustelle
- Vorhalten und Betrieb der Baustelle
- Räumen der Baustelle

oder als Umlage mittels Zuschlags auf die anderen Leistungspositionen verteilt. Zudem besteht auch die Möglichkeit, dass Teile der Baustellengemeinkosten in Positionen ausgeschrieben sind und andere Teile der Baustellengemeinkosten über die Umlage verrechnet werden.

3.4.8 Allgemeine Geschäftskosten

Neben den Kosten, die für die eigentliche Bauleistung oder die Einrichtung und Aufrechterhaltung der Baustelleninfrastruktur anfallen, entstehen in einem Bauunternehmen sogenannte Allgemeine Geschäftskosten. Hierunter werden all diejenigen Kosten verstanden, die losgelöst von der eigentlichen Bauaufgabe für die Aufrechterhaltung des Unternehmens als Ganzes entstehen. Im Wesentlichen handelt es sich bei den Allgemeinen Geschäftskosten um die Kosten der allgemeinen Unternehmensverwaltung (Geschäftsführung, Buchhaltung, Personalabteilung, technisches Büro, Angebotsabteilung, Einkauf, Marketing, etc.), der Unternehmens- und Baustellenfinanzierung sowie die Kosten der Unternehmensräume (Verwaltungsgebäude, Büros, etc.). Auch die Kosten einer sogenannten maschinentechnischen Abteilung beziehungsweise ein Bauhof zählen zu den Allgemeinen Geschäftskosten.

Zu Zwecken der Kalkulation wird ein Prozentsatz gebildet, welches sich aus dem Verhältnis der

$$AGK \; [\%] \; Satz = \frac{prognostizierter \, AGK \, pro \, Jahr}{prognostizierter \, Jahresumsatz} \qquad (3.10)$$

ableitet. Dieser %-Satz wird sodann bei jeder Kalkulation auf alle für ein Projekt ermittelten Kosten aufgeschlagen, sodass also jeder Bauauftrag anteilig dazu beitragen soll, die Allgemeinen Geschäftskosten über das Jahr zu decken. Ob die Deckung der allgemeinen

Geschäftskosten gelingt, hängt also immer davon ab, dass auf der einen Seite die Höhe der prognostizierten Allgemeinen Geschäftskosten für das Jahr zutreffend ist und zum anderen der prognostizierte Umsatz auch erreicht wird.

Die Verrechnung der Allgemeinen Geschäftskosten über den Umsatz stellt hierbei im Grunde eine Hilfsmethodik dar, um diese Kosten in die Preise der angebotenen Leistungen zu verrechnen. Schließlich besteht keinerlei Zusammenhang zwischen der Umsatzgröße und den Geschäftskosten, denn diese fallen in der Realität in der Regel zeitanhängig, wie zum Beispiel Gehälter, Raummieten etc., aber nicht umsatzabhängig an.

3.4.9 Gewinn

Abschießend enthält eine Angebotskalkulation üblicherweise auch einen Aufschlag für Gewinn.[3]

3.4.10 Ermittlung der Kalkulationszuschläge

Grundsätzlich erfolgt im Zuge der Zuschlagskalkulation zunächst immer die Ermittlung der Einzelkosten der Teilleistungen unter Verwendung der Berechnungen der Kosten in den einzelnen gewählten Kostenarten.

Für die Verrechnung der auf diese Einzelkosten zu verteilenden Umlagen, bestehend aus den Baustellengemeinkosten, den Allgemeinen Geschäftskosten sowie den Ansätzen für Gewinn, stehen unter Abschn. 3.4 bereits unmittelbar angesprochen zwei Varianten zur Verfügung.

Variante 1: Zuschlagskalkulation mit vorbestimmten Zuschlägen

Variante 2: Zuschlagskalkulation mit Umlageverfahren über die Angebotsendsumme

Die beiden Varianten unterscheiden sich hierbei dadurch, dass bei einer Zuschlagskalkulation mit *„vorbestimmten Zuschlägen"* keine konkret projektbezogene Ermittlung der Baustellengemeinkosten erfolgt, sondern diese unmittelbar mit den Deckungsbeiträgen für Allgemeine Geschäftskosten und den Ansätzen für Gewinn im Sinne einer einfachen Abschätzung mittels eines prozentualen Zuschlags auf die Einzelkosten der Teilleistungen aufgeschlagen werden. Klassischerweise handelt es sich hierbei auch um einen Gesamtzuschlags, der alle drei o. a. Komponenten umfasst, ohne dies unmittelbar zu differenzieren.

Grundsätzlich ist aber auch eine stufenweise Bezuschlagung denkbar. Hierbei wird auf die zuvor ermittelten Einzelkosten der Teilleistungen in der ersten Stufe ein Zuschlag in [%] zur Deckung der – jedoch nur grob geschätzten – Baustellengemeinkosten erhoben. In einer zweiten Stufe erfolgt sodann auf die Beaufschlagung mit dem prozentualen Zu-

---

[3] Die VerfasserInnen zählen das allgemeine unternehmerische Wagnis zum Gewinn und verwenden daher im Weiteren ausschließlich diesen Begriff. Auch wenn im Gesetz, aktuellen Urteilen und der Literatur noch zwischen den beiden Begrifflichkeiten unterschieden wird, handelt es sich sinnlogisch um dieselben Preisbestandteile zur kalkulatorischen Berücksichtigung der unternehmerischen Ertragserwartung als Ausgleich für das grundsätzliche Risiko der Unternehmung.

schlag für Allgemeine Geschäftskosten und Gewinn. Denkbar ist zudem auch, dass der Zuschlag für Gewinn als dritte Stufe ebenfalls separat passiert.

Ein Beispiel für die Zuschlagskalkulation mit vorbestimmten Zuschlägen ist in Abb. 3.23 zu sehen.

Insbesondere die Vorgaben zum Ausfüllen der diversen Preisblätter im Zuge von öffentlichen Vergaben erfordert es oft, dass eine differenzierte Beaufschlagung im Zuge einer Zuschlagskalkulation mit vorbestimmten Zuschlägen zu erfolgen hat. Für die tatsächliche Höhe des anzubietenden Preises ist hierbei natürlich zu berücksichtigen, dass bei

Einzelkosten der Teilleistungen:

Lohnkosten:	0,8 h/m³ 35,00 €/h	= 28,00 €/m³
Stoffkosten:		= 120,00 €/m³
Summe EKdT:		= 148,00 €/m³

Fall a) Gesamtzuschlag für Baustellengemeinkosten, Allgemeine Geschäftskosten und Gewinn, z.B. gewählt 25% ohne weitere Differenzierung:

EKdT:	= 148,00 €/m³
Zuschlag (BGK, AGK, G), gewählt 25 %	+ 37,00 €/m³
	= 185,00 €/m³

Fall b) zweitstufiger vorbestimmter Zuschlag

EKdT:	= 148,00 €/m³
Zuschlag 1: BGK, gewählt 10 %	+ 14,80 €/m³
Herstellkosten:	= 162,80 €/m³
Zuschlag 2: AGK, G, gewählt 15%	= 24,42 €/m³
Einheitspreis EP:	= 187,22 €/m³

Fall c) dreistufiger vorbestimmter Zuschlag

EKdT:	= 148,00 €/m³
Zuschlag 1: BGK, gewählt 10 %	+ 14,80 €/m³
Herstellkosten:	= 162,80 €/m³
Zuschlag 2: AGK, G, gewählt 10 %	= 24,42 €/m³
Selbstkosten:	= 179,08 €/m³
Zuschlag 3: G, gewählt 5%	= 8,95 €/m³
Einheitspreis EP:	= 188,03 €/m³

Abb. 3.23 Beispiel EP-Ermittlung

einer stufenweisen Aufschlüsselung eines zuvor als insgesamt festgelegten Zuschlags höhere Preise entstehen als bei einfacher Beaufschlagung.

Im Gegensatz dazu wird bei der Kalkulationsvariante mit Zuschlagsbestimmung durch Umlageverfahren über die Angebotsendsumme zunächst nach der Ermittlung der Einzelkosten der Teilleistungen eine möglichst konkret projektbezogene Ermittlung der Baustellengemeinkosten durchgeführt. Hierzu stellt sich der Unternehmer in der Regel ein eigenes sogenanntes Baustellengemeinkosten-LV zusammen und überlegt, welche Ressourcen für die Einrichtung, Aufrechterhaltung und den Betrieb der Baustelleninfrastruktur während der Abwicklung des Projekts zu welchem Zeitpunkt benötigt werden.

Sodann erfolgt die Kostenermittlung analog dem Baustellengemeinkosten-LV, welche üblicherweise die zu kalkulatorische Kosten enthält. Diese werden wiederum nach derselben Kostenartenstruktur erfasst, wie dies auch bei der zuvor erfolgten Ermittlung der Einzelkosten der Teilleistungen der Fall war. Hieraus ergibt sich dann der projektspezifische Gesamtbetrag für die zu erwartenden Baustellengemeinkosten beziehungsweise dessen Bestandteile pro Kostenart, zum Beispiel Bauleitungskosten in der Kostenart Lohn etc.

Sodann erfolgt die Ermittlung des für das Projekt zu berücksichtigen Deckungsbeitrags für die Allgemeinen Geschäftskosten.

Dabei ist der Zuschlag für Allgemeine Geschäftskosten als Anteil am Umsatz ermittelt worden. Daher muss der Zuschlag auch auf den Projektumsatz berechnet werden.

$$\begin{aligned} &\sum \text{Einzelkosten der Teilleistungen} \\ +&\sum \text{Baustellengemeinkosten} \\ \hline =&\sum \text{Herstellkosten} \end{aligned}$$

mittels der Formel

$$AGK\left[\%\right]Satz\big(herstellenkostenbezogen\big)=\frac{p\,x\,100}{100-p} \tag{3.11}$$

Gleiches gilt für den gewählten Gewinnzuschlag.

Im Ergebnis erhält man so zunächst die Angebotssumme.

Für die weitere Ermittlung der Einheitspreis ist es nun notwendig, die auf die Einzelkosten der Teilleistungen zu verrechnenden Umlagebeträge, bestehend aus den ermittelten Baustellengemeinosten, den Allgemeinen Geschäftskosten und Gewinn mittels einer prozentualen Umlageberechnung als Zuschlag zu den einzelnen Kostenarten zu ermitteln. Hieraus können dann die Einheitspreise abgeleitet werden. Anzumerken ist, dass eine Fülle möglicher Umlagesysteme denkbar sind, die in Summe immer dieselbe Angebotssumme, jedoch unterschiedliche Einheitspreise abbilden. Dies ist insbesondere vor dem Hintergrund der herrschenden Wettbewerbssituation in der Angebotsphase zu berücksichtigen.

Hierzu werden zunächst für alle gewählten Kostenarten, mit Ausnahme der Kostenart „Lohn" ein kostenartenspezifischer Zuschlagssatz, zum Beispiel 10 % auf Gerätekosten oder 20 % auf Nachunternehmerkosten etc. festgelegt. Über die Verrechnung dieser Umlageanteile (jeweils auf die Einzelkosten der Teilleistungen in der Kostenart) kann sodann ermittelt werden, welcher Anteil des Gesamtumlagebetrags, also $\sum$ (BGK + AGK + G), bereits als Umlage verteilt ist. Zieht man nun diesen Betrag von der Gesamtumlage ab, so erhält man denjenigen Umlageanteil, welcher als Zuschlag über die Lohnkosten zu verrechnen ist. Das Prinzip wird anhand des Beispiels in Abb. 3.24 erläutert.

Abb. 3.24 Beispiel Umlagen

$\sum$ EKdT $_{Lohn}$:	250.000,- €
$\sum$ EKdT $_{Stoffe}$:	350.000,- €
$\sum$ EKdT $_{Gerät}$:	50.000,- €
$\sum$ EKdT $_{Nachunternehmer}$:	100.000,- €
$\sum$ EKdT $_{Sonstige\ Kosten}$:	250.000,- €
$\sum$ EKdT $_{gesamt}$:	1.000.000,- €

Der Gesamtumlagebetrag bestehend aus Baustellengemeinkosten, Allgemeinen Geschäftskosten sowie Gewinn wurde ermittelt zu:

225.000,- €

Für die Kostenarten Stoffe, Gerät, Nachunternehmer sowie Sonstiges wurden folgende Zuschlagssätze festgelegt bzw. gewählt:

Zuschlag $_{Stoffe}$:	10%
Zuschlag $_{Geräte}$:	15%
Zuschlag $_{Nachunternehmer}$:	20%
Zuschlag $_{Sonstiges}$:	25%

Somit werden über die vorgegebenen Zuschlagsätze folgenden Beträge bereits rechnerisch verteilt und es ergibt sich eine Restumlage:

Gesamtumlage:		225.000,- €
Zuschlag $_{Stoffe}$:	10 % von 350.000,- €	35.000,- €
Zuschlag $_{Gerät}$:	15 % von 50.000,- €	7.500,- €
Zuschlag $_{Nachunternehmer}$:	20 % von 100.000,- €	20.000,- €
Zuschlag $_{Sonstige\ Kosten}$:	25 % von 250.000,- €	62.500,- €
Restumlage:		100.000,- €

Somit ergibt sich ein Zuschlagssatz für die Kostenart Lohn in Höhe von:

$$Zuschlag\ Lohn = \frac{Restumlage\ [€]}{EKdT\ Lohn}$$

also:

$$Zuschlag\ Lohn\ [\%] = \frac{100.000,-€}{250.000,-€} = 40\ [\%]$$

Das Beispiel in Abschn. 3.4.11 erläutert die Gesamtsystematik der Zuschlagskalkulation mit Umlageberechnung über die Angebotsendsumme.

3.4.11 Beispiel: Zuschlagskalkulation über die Angebotsendsummenermittlung

Für eine Beispielrechnung ist die in Abb. 3.25 dargestellte Lärmschutzwand für eine Bundesautobahn zu errichten. Über eine Länge von 120 Meter sollen Betonfertigteileelemente zwischen Stahlstützen aufgestellt werden. Die Stahlstützen sind auf einem durchgängigen Streifenfundament kraftschlüssig anzuschließen.

Das mit Abb. 3.26 gezeigte Leistungsverzeichnis ist für die Arbeiten erstellt worden.

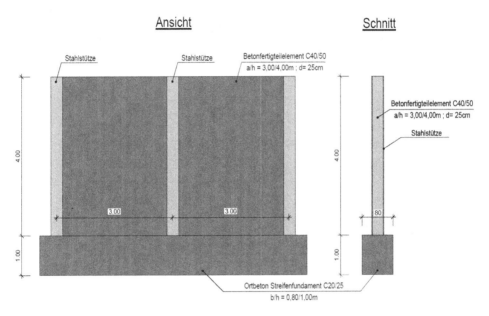

Abb. 3.25 Ansicht und Schnitt

Pos.	Bezeichnung	Menge	Einheit
01.	Bodenaushub für Streifenfundamente lösen, laden und verbauen	96	m³
02.	Stahlbetonstreifenfundament C20/25 bis 1,00m Tiefe; B = 0,80m	96	m³
03.	Stahlstützen (H=4,00m) liefen, ausrichten und einbauen	41	Stk.
04.	Stahlbetonfertigteilwandplatten (d=25cm; H=4,00m) herstellen, liefern und aufstellen	40	Stk.

Abb. 3.26 Beispiel Leistungsverzeichnis

Kalkulationsschritt 1 – Vorermittlungen

Im Rahmen einer Vorermittlung wurden entsprechende kalkulatorische Ausgangswerte für die weiteren Berechnungen festgelegt beziehungsweise ermittelt (s. Abb. 3.27).

Allgemeine Angabe zur Kalkulation

Mittellohn	39,00 EUR/h
Anteil Bauleitungskosten 2 h pro Woche	90 EUR/h
Allgemeine Geschäftskosten für Eigen- und Fremdleistungen	8%
Gewinn	4%
Bauzeit	2 Wochen

Aufwandswerte

Boden lösen, laden, einbauen	0,6 h/m³
Betonieren Streifenfundamente	0,8 h/m³
Aufstellen der Stützen	1,2 h/Stk.
Aufstellen der Betonfertigteilwandplatten	2,1 h/Stk.

Materialkosten

Normalbeton C20/25	110 EUR/m³
Stahlstützen	460 EUR/Stk.
Betonfertigteilelemente	1180 EUR/Stk.
Wasser	45 EUR/Woche
Strom	50 EUR/Woche

Gerätekosten

Mittelgroßer Bagger für Aushub – Betriebskosten + AVR	18 EUR/m³
Betonpumpe – Mietgebühr	12 EUR/m³

Baustelleneinrichtung

Materialcontainer aufstellen und räumen	2 h
Verkehrssicherung aufstellen und räumen (135 m)	0,1 h/m
Verrechnungssätze für Baustelleneinrichtungselemente	420 EUR/Mt.

Nachunternehmerleistungen

Transportkosten Boden abfahren und entsorgen	26 EUR/m³
Arbeitsgerüst liefern und abbauen (zum Aufstellen der BFT-Elemente)	204 EUR
Zu- und Abwasserleitung für Bauwasser verlegen und demontieren (80 m)	165 EUR
Baustrom verlegen und räumen (80 m)	330 EUR

Abb. 3.27 Beispiel Kalkulation

Kalkulationsschritt 2 – Ermittlung der Einzelkosten der Teilleistungen

Unter Verwendung der Werte und Angaben aus den Vorermittlungen erfolgt im nächsten Schritt die Ermittlung der Einzelkosten der Teilleistungen unter Verwendung der zuvor ebenfalls festgelegten vier Kostenarten

- Lohn
- Geräte
- Fremdleistungen
- Sonstige Kosten (SoKo)

Die Berechnungen können der Tabelle (Abb. 3.28) entnommen werden, wobei zunächst immer die Ermittlung bezogen auf die der Position zugrunde liegende Abrechnungsdi-

Pos. Nr.	Bezeichnung	Kostenarten ohne Umlage je Einheit			
		Lohn [h]	Gerät [EUR]	Fremd [EUR]	SoKo [EUR]
Pos. 01	Bodenaushub Fundament 96,00 m³				
	Boden lösen, fördern, einbauen	0,60			
	Transport Boden abfahren und entsorgen			26,00	
	Mittelgroßer Bagger für Aushub		18,00		
∑ Pos. 01		0,60	18.00	26,00	-
Pos. 02	Stahlbetonstreifenfundament 96,00 m³				
	Betonieren Streifenfundamente	0,80			
	Normalbeton C20/25				110,00
	Betonpumpe – Mietgebühr		12,00		
∑ Pos. 02		0,80	12,00	-	110,00
Pos. 03	Stahlstützen 41,00 Stk.				
	Aufstellen der Stützen	1,20			
	Stahlstützen				460,00
∑ Pos. 03		1,20	-	-	460,00
Pos. 04	Stahlbetonfertigteilwandplatte 40,00 Stk.				
	Aufstellen der Betonfertigteilwandplatten	2,10			
	Betonfertigteilelemente				1180,00
	Arbeitsgerüst → bezogen auf 1 Stk. = 204 EUR / 40 Stk.			5,10	5,10
∑ Pos. 04		2,10	-	5,10	11180,00

Abb. 3.28 Beispiel Einzelkosten der Teilleistungen

mension, also zum Beispiel 1 m³ etc. erfolgt und sodann diese Werte mit den ausgeschriebenen Mengenvordersätzen zu den jeweiligen Summen an Einzelkosten der Teilleistungen pro Kostenart multipliziert werden. Bei der Kostenart Lohn erfolgt dies zunächst
über die Ermittlung des (Gesamt-)Lohnaufwands in der Einheit [h], woraus dann durch
Verrechnung mit dem anzusetzenden Mittellohn die Einzelkosten der Teilleitungen in der
Kostenart „Lohn" abgeleitet werden.

$EkdT_{Lohn}$:   (0,6 h/m³ × 96,00 m³ + 0,8 h/m³ × 96,00 m³ + 1,2 h/Stk. × 41,00   = 10.436,40 EUR
               Stk. + 2,1 h/Stk. × 40,00 Stk.) × 39,00 EUR/h

$EkdT_{Gerät}$: (18,00 EUR/m³ × 96,00 m³) + (12,00 EUR/m³ × 96,00 m³)   = 2880,00 EUR

$EkdT_{Fremd}$: (26,00 €/m³ × 96,00 m³) + (5,10 EUR/Stk. × 40 Stk.)   = 2700,00 EUR

$EkdT_{SoKo}$:   (110,00 EUR/m³ × 96,00 m³) + (460,00 EUR/Stk. × 41,00 Stk.)   = 76.620,00 EUR
               + 1180,00 EUR/Stk. × (40,00 Stk.)

Kalkulationsschritt 3 – Ermittlung der Baustellengemeinkosten

Nach der Ermittlung der Einzelkosten der Teilleistungen erfolgt die projektspezifische
Ermittlung der Baustellengemeinkosten. Hierzu hat sich der Kalkulator unter Berücksichtigung der Randbedingungen der Projektabwicklung Gedanken gemacht und kostentechnisch bewertet (s. Abb. 3.29).

Pos. Nr.	Bezeichnung	Kostenarten ohne Umlage je Einheit			
		Lohn [EUR]	Gerät [EUR]	Fremd [EUR]	SoKo [EUR]
	Materialcontainer aufstellen und räumen 2 h x 39,00 EUR/h	78,00			
	Verkehrssicherung (135 m) 0,1 h/m x 135,00 m x 39,00 EUR/h	526,50			
	Baustelleneinrichtungselemente 420,00 EUR/Mt. x 0,5 Mt. (2 Wochen)		210,00		
	Anteil Bauleitungskosten 2 h pro Woche 2 h/Wo. x 2 Wo. x 90 EUR/h.	360,00			
	Wasser 45 EUR/Wo. x 2 Wo.				90,00
	Strom 50 EUR/Wo. x 2 Wo.				100,00
	Wasser: Zu- und Abwasserleitung (80 m) Pauschal bei NU			165,00	
	Strom: verlegen und räumen (80 m) Pauschal bei NU			330,00	
∑ BGK		**964,00**	**210,00**	**495,00**	**190,00**

Abb. 3.29 Ermittlung Baustellengemeinkosten

Kalkulationsschritt 4 – Ermittlung der Angebotsendsumme

In einem weiteren Schritt können nun die Gesamtkosten je Kostenart bei den Einzelkosten der Teilleistungen sowie der Baustellengemeinkosten zu den Herstellkosten zusammengefasst werden und sodann unter Berücksichtigung der vorgebenden Ansätze für Allgemeine Geschäftskosten und Gewinn die Gesamtangebotssumme abgeleitet werden (s. Abb. 3.30).

Kalkulationsschritt 5 – Umlageverfahren zur Festlegung der Kalkulationszuschläge und Ermittlung der Einheitspreise

Im letzten Kalkulationsschritt können nun über die Umlagenberechnung die Zuschlagssätze für die einzelnen Kostenarten ermittelten werden und daraus schließlich die Einheitspreise je Position berechnet werden. Diese Einheitspreise bilden in Verbindung mit den ausgeschriebenen Mengenvordersätzen je Position sodann die zuvor bereits ermittelte Angebotssumme wieder, wobei sich leichte Abweichungen durch mathematische Rundungen ergeben können. Da die die Umlagenberechnung und somit die Gestaltung der Kalkulationszuschläge bei identischer Ermittlung der Herstellkosten ($\sum$ HK = $\sum$ EKdT + $\sum$ BGK) in mannigfaltiger Art und Weise bei ansonsten gleicher Angebotssumme möglich ist, werden hierzu nachfolgend drei Varianten exemplarisch vorgestellt.

Ermittlung der Angebotssumme					
Mittellohn €/h	39,00 EUR/h				
Kostenarten	Lohn	Gerät	Fremd	Soko	Summe [€]
EkdT	**10.436,40**	**2.880,00**	**2.700,00**	**76.620,00**	**92.636,40**
BGK	**964,00**	**210,00**	**495,00**	**190,00**	**1859,00**
HSK	**11400,40**	**3090,00**	**3195,00**	**76810,00**	**94495,40**
Allgemeine Geschäftskosten (AGK) und Gewinn (G) für die Kostenarten Lohn, Soko, Gerät, Fremdleistungen					
AGK	8	% der Angebotssumme	Herstellkosten-anteil	Lohn	11.400,40	
G	4			Gerät	3.090,00	
Summe	12			Fremd	3.195,00	
				SoKo	76.810,00	
Umrechnung auf HSK	$\dfrac{12 \times 100}{100 - 12}$ = **13,64%**		% von Summe [€]	94.495,40	12.889,17
Angebotssumme ohne Mehrwertsteuer					107.384,57
Mehrwertsteuer 19%					20.403,07
Angebotssumme Brutto					127.787,64

Abb. 3.30 Ermittlung der Angebotsendsumme

Für die **erste Variante** sind die in Abb. 3.31 gezeigten Zuschlagssätze für die Kostenarten „*Gerätekosten*", „*Fremdleistungskosten*" und „*Sonstige Kosten*" festgelegt worden.
Auf dieser Grundlage errechnet sich der Zuschlag für die Kostenart „*Lohnkosten*".:

Der Kalkulationslohn ergibt sich sodann gemäß der Berechnung in Abb. 3.32.

Hiermit ergeben sich in der ersten Variante die in Abb. 3.33 gezeigten Einheitspreise.

Zuschlag auf „*Sonstige Kosten*"	10%
Zuschlag auf „*Gerätekosten*"	15%
Zuschlag auf „*Fremdleistungskosten*"	8%

Abb. 3.31 Vorbestimmte Zuschläge

Ermittlung der Einzelkosten-Zuschläge (Umlage)			
Angebotssumme ohne Mehrwertsteuer			107.384,57
abzüglich Einzelkosten der Teilleistungen			92.636,40
insgesamt zu verrechnender Zuschlag			14.748,17
abzüglich gewähltem Zuschlag	%	Einzelkosten	Umlagebetrag
auf SoKo	10%	76.620,00	7662,00
auf Gerät	15%	2.880,00	432,00
auf Fremdleistungen	8%	2.700,00	216,00
Summe gewählte Zuschläge			8.310,00
zu verrechnender Zuschlag auf Lohnkosten			6.438,17
		Mittellohn EUR/h	39,00
Zuschlag auf Lohn	$\dfrac{6.438,17 \; x \; 100}{10.436,40} = 61,69 \; [\%]$	% entspr. EUR/h	24,06
		Kalkulationslohn EUR/h	63,06

Abb. 3.32 Ermittlung Kalkulationslohn

Variante 1						
Pos.	Lohn [EUR] (x 63,06 EUR/h)	Gerät [EUR] (x 1,15 für 15%)	Fremd [EUR] (1,08 für 8%)	SoKo [EUR] (x 1,1 für 10%)	EP [EUR]	GP [EUR]
01.	37,84	20,70	28,08	-	86,62	8315,14
02.	50,45	13,80	-	121,00	185,25	17783,81
03.	75,67	-	-	506,00	581,67	23848,55
04.	132,43	-	5,51	1298,00	1435,93	57437,36
					Angebotssumme netto	107.384,86

Abb. 3.33 Variante 1

In einer **zweiten Variante** wird der Gesamtumlagebetrag gleichmäßig auf alle vier Kostenarten verteilt, woraus sich die in Abb. 3.34 dargestellten Zuschlagssätze und Einheitspreise ergeben.

14.744,74 EUR/4 Kostenarten = 3686,19 EUR

Z_{Lohn}:	(3686,19 EUR/10.436,40 EUR) × 100	= 35,63 %
$Z_{Gerät}$:	(3686,19 EUR/2880,00 EUR) × 100	= 128,00 %
Z_{Fremd}:	(3686,19 EUR/2700,00 EUR) × 100	= 136,53 %
Z_{SoKo}:	(3686,19 EUR/76.620,00 EUR) × 100	= 4,81 %
→	Kalkulationslohn: 39,00 EUR/h × 1,3563	= 52,90 EUR/h

Für die dritte Variante soll der Gesamtumlagebetrag einheitlich auf alle Kostenarten verteilt werden, woraus sich die nachfolgend abgebildeten Zuschlagsätze und Einheitspreise (s. Abb. 3.35) berechnen lassen:

Variante 3 : einheitlicher Zuschlagssatz$\left(14.744,74\,\text{EUR} / 92.636,40\,\text{EUR}\right)$

$\times 100 = 15,92$ % auf alle Kostenarten

→	Kalkulationslohn: 39,00 EUR/h × 1,1592	= 45,21 EUR/h

Abschließend zeigt die Abb. 3.36 eine Gegenüberstellung der Einheitspreise in den drei Berechnungsvarianten der Umlagenberechnung. Hier werden die Auswirkungen auf die einzelnen Einheitspreise bei ansonsten gleichbleibender Angebotssumme deutlich, die sich aus den unterschiedlichen Umlagevarianten ergeben.

Pos.	Variante 2					
	Lohn [EUR] (x 52,90 EUR/h)	Gerät [EUR] (x 2,28)	Fremd [EUR] (x 2,3653)	SoKo [EUR] (x 1,0481)	EP [EUR]	GP [EUR]
01.	31,67	41,04	61,51	-	134,22	12884,85
02.	42,22	27,36	-	115,29	184,88	17748,23
03.	63,34	-	-	482,13	545,46	22363,94
04.	110,84	-	12,06	1236,76	1359,66	54386,42
					Angebotssumme netto	107.383,45

Abb. 3.34 Variante 2

Pos.	Variante 3					
	Lohn [EUR] (x 45,21 EUR/h)	Gerät [EUR] (x 1,1592)	Fremd [EUR] (x 1,1592)	SoKo [EUR] (x 1,1592)	EP [EUR]	GP [EUR]
01.	27,13	20,87	30,14	-	78,13	7500,56
02.	36,17	13,91	-	127,51	177,59	17048,68
03.	54,25	-	-	533,23	587,48	24086,84
04.	94,94	-	5,91	1367,86	1468,71	58748,36
					Angebotssumme netto	107.384,44

Abb. 3.35 Variante 3

Gegenüberstellung der Varianten 1,2 und 3						
Pos.	Variante 1		Variante 2		Variante 3	
	EP [EUR]	GP [EUR]	EP [EUR]	GP [EUR]	EP [EUR]	GP [EUR]
01.	86,62	8.315,14	134,22	12.884,85	78,13	7.500,56
02.	185,25	17.783,81	184,88	17.748,23	177,59	17.048,68
03.	581,67	23.848,55	545,46	22.363,94	587,48	24.086,84
04.	1435,93	57.437,36	1359,66	54.386,42	1468,71	58.748,36
AS netto		107.384,86		107.383,45		107.384,44

Abb. 3.36 Gegenüberstellung der drei Varianten

3.5   Formblätter der öffentlichen Auftraggeber zur Kalkulation

3.5.1   Überblick über Formblätter zur Kalkulation

Als Grundlage für die Ausschreibungen von Bauleistungen der öffentlichen Auftraggeber dient die VOB/A [Aktuelle Fassung zurzeit VOB/A 2019]. Hierin werden konkrete Vorgaben für Ausschreibungen festgelegt und sind durch die öffentlichen Auftraggeber einzuhalten. Um die Ausschreibungen rechtssicher durchführen zu können, wurden als Hilfsmittel die sogenannten Vergabe- und Vertragshandbücher entwickelt. Mit Hilfe dieser Handbücher soll sichergestellt werden, dass die öffentliche Hand einen einheitlichen und rechtssicheren Vergabeprozess durchführen kann. Dabei wurden verschiedene Vergabehandbücher entwickelt für die unterschiedlichen Bereiche der öffentlichen Auftraggeber. So existieren Vergabehandbücher für den Bund, für Straßen- und Brückenbaumaßnahmen, Wasserbaumaßnahmen und spezielle Vergabehandbücher der einzelnen Bundesländer sowie für Kommunen. Diese sind in Abb. 3.37 dargestellt.

Die Unterschiede und Gründe für die Vielzahl an aktuell gültigen Vergabehandbücher sind die bund-, länder- beziehungsweise kommunenspezifischen Vergaberegelungen. Im Folgenden werden anhand des Vergabe- und Vertragshandbuches Bund (VHB Bund) die Vergaberegelungen gezeigt. Die anderen Vergabehandbücher haben teilweise unterschiedliche Regelungen.

Das VHB Bund ist in sechs Teile aufgeteilt. Zum einem sind Regelungen zur Vorbereitung der Vergabe, zu Vergabeunterlagen inklusive der Formblätter für Bauleistungen, das Durchführen der Vergabe, Inhalte zu Bauausführung, zum Nachtragsmanagement sowie zu sonstigen Inhalten, wie beispielsweise Rahmenvereinbarungen etc., enthalten. Für die Kalkulation vor allem relevant sind die Inhalte des zweiten Teils „Vergabeunterlagen" und hier insbesondere die enthaltenen Formblätter für Bauleistungen, die Bieter ausfüllen müssen. Die Form- oder Preisblätter dienen als Instrument zur Preisprüfung bei öffentlichen Baumaßnahmen [§ 16 Abs. 6 EG VOB/A]. Es soll eine Art Kostentransparenz sowie als Hilfestellung zur Bewertung der eingereichten Angebote dienen. Die untenstehende Abb. 3.38 zeigt ein Gesamtüberblick über die enthaltenen Formblätter.

Übersicht Vergabehandbücher

Hochbaumaßnahmen des Bundes	Straßen- und Brückenbaumaßnahmen des Bundes	Baumaßnahmen der Bundesländer	Baumaßnahmen der Kommunen
Vergabe- und Vertragshandbuch Bund für die Baumaßnahmen des Bundes (VHB 2017, Aktualisierung 2019)	Vergabehandbuch für die Vergabe und Ausführung von Bauleistungen im Straßen- und Brückenbau (HVA B-StB., 2016)	NRW: Vergabehandbuch des Landes Nordrhein-Westfalen für die Vergabe von Liefer- und Dienstleistungs-aufträgen (23- Ergänzung Jan. 2020)	Baden-Württemberg: Kommunale Vergabehandbuch für Baden-Württemberg (KVHB-Bau, Ausgabe 2018)
	Handbuch für die Vergabe und Ausführung von Lieferungen und Leistungen im Straßen- und Brückenbau (HVA L-StB., 2017)	Bayern: VHB Bayern für die Vergabe und Durchführung von Bauleistungen durch Behörden des Freistaates Bayern (Ausgabe Okt. 2019)	NRW: Vergabehandbuch für die Durchführung von kommunalen Bauaufgaben in Nordrhein-Westfalen (KVHB-NRW Ausgabe 2017)
	Handbuch für die Vergabe und Ausführung von freiberuflichen Leistungen der Ingenieure und Landschaftsarchitekten im Straßen- Brückenbau (HVA F-StB., 2019)	Brandenburg: Vergabehandbuch des Landes Brandenburg für die Vergabe von Leistungen (VHB-VOL Bbg, Ausgabe 2018)	....
	Wasserbaumaßnahmen des Bundes	Baden-Württemberg: nutzt ein modifizierten Regelungen des VHB Bund (Ausgabe Sep. 2020)	
	Vergabehandbuch für Bauleistungen – Wasserbau (VV-WSV 2019)	SH: Handbuch für die Durchführung von Bauaufgaben des Landes Schleswig-Holstein (HBBau, Ausgabe Juli 2018)	
		....	

Abb. 3.37 Übersicht Vergabehandbücher (Vgl. VHB 2017)

Übersicht Formblätter (VHB Bund 2017)

Formblätter für Bauleistungen	Ergänzende Formblätter für Preise, Wertungskriterien	Ergänzende Formblätter für Tariftreue, NU's	Weitere ergänzende Formblätter
Formblatt 211: Aufforderung zur Abgabe eines Angebots	Formblatt 221: Preisermittlung bei Zuschlagskalkulation	Formblatt 233: Nachunternehmerverzeichnis	Formblatt 241: Abfall
Formblatt 212: Teilnahmebedingungen	Formblatt 222: Preisermittlung bei Kalkulation über die Endsumme	Formblatt 234: Bietergemeinschaft	Formblatt 242: Instandhaltung
Formblatt 213: Angebotsschreiben	Formblatt 223: Aufgliederung der Einheitspreise	Formblatt 235: Verzeichnis der Leistungen/Kapazitäten anderer Unternehmen	Formblatt 244: Datenverarbeitung
Formblatt 214: Besondere Vertragsbedingungen	Formblatt 224: Angebot Lohngleitklausel	Formblatt 236: Verpflichtungserklärung Teilleistungen durch andere Unternehmen	Formblatt 246: Aufträge Gaststreitkräfte
Formblatt 216: Im Vergabeverfahren vorzulegende Unterlagen	Formblatt 225: Stoffgleitklausel		Formblatt 247: Aufträge mit besonderen Anforderungen aufgrund Geheimschutz u/o Sabotageschutz
	Formblatt 226: Mindestanforderungen an Nebenangebote		Formblatt 247 MIL: Aufträge militärisch genutzten Liegenschaften
	Formblatt 227: Gewichtung der Zuschlags-kriterien		Formblatt 248: Erklärung zur Verwendung von Holzprodukten
	Formblatt 228: Stoffpreisgleitklausel Nichteisenmetalle		

– – – Besonders relevante Formblätter für Kalkulation

Abb. 3.38 Übersicht Formblätter (Vgl. VHB Bund 2017)

Es sind eine Reihe von Formblättern entwickelt worden, die die gesamten Angebots-prozesse umfassen. Besonders relevant für die Darstellung und die Dokumentation der Angebotskalkulation sind die Formblätter 221 – 223. Daher soll auf diese näher eingegangen werden.

- 221 Preisermittlung bei Zuschlagskalkulation
- 222 Preisermittlung bei Kalkulation über die Endsumme
- 223 Aufgliederung der Einheitspreise

Bei einer öffentlichen Ausschreibung ist der Bieter dazu verpflichtet, die Formblätter 221 oder 222 seinem Angebot ausgefüllt beizulegen. Das Formblatt 223 wird in der Regel nur von den Bietern verlangt, welche in der engeren Auswahl sind. Die Preisblätter für die Gleitklauseln (224 und 225) sind bei Bedarf auszufüllen.

Keines dieser Formblätter wird später Vertragsbestandteil, sondern diese dienen ausschließlich zur Auswertung der abgegebenen Angebote. Oft werden aber trotzdem diese Angaben auch dazu verwendet, um die für Nachtragsleistungen eingereichten Nachtragsangebote zu bewerten, obwohl die Formblätter kein Vertragsbestandteil sind.

Anhand eines fiktiven Projektbeispiels werden die anzugebenden Werte für die Formblätter 221, 222 und 223 erläutert. Es handelt sich um ein Beispiel für das Gewerk Rohbau. Es soll eine Kolonne mit einem Vorarbeiter, einem Facharbeiter und zwei Fachwerkern eingesetzt werden. Der Mittellohn soll 17,85 € betragen. Die lohngebundenen Kosten[4] betragen 81 % des Mittellohnes. Die Lohnnebenkosten ergeben sich zum einem aus der Anzahl der Fahrtkilometer multipliziert mit 0,20 € und betragen 8 €/d und zum anderen aus dem Verpflegungszuschuss von 4,09 € und ergeben gemeinsam einen Zuschlag für Lohnnebenkosten von 3,4 %. Der Verechnungslohn ergibt sich mit diesen Annhamen zu 46,22€.

Beispiel

(s. Abb. 3.39)

Die Einzelkosten der Teilleistungen sind der in der Abbildung abgebildeten Kalkulation zu entnehmen. Die Zuschläge auf die Allgemeinen Geschäftskosten betragen 8,5 % und der Gewinnanteil beläuft sich auf 5 %. Bei einem Gesamtstundenaufwand von 325 h ergibt sich eine Angebotssumme von 41.846,83 €. Die Zuschlagssätze wurden wie folgt festgelegt: Für die Schlüsselkosten werden die Nachunternehmerleistungen mit 10 % und Geräte und Stoffe mit 15 % beaufschlagt. Der Rest wird auf die Lohnkosten umgelegt. Es ergibt sich die in Abb. 3.40 dargestellte Kalkulation.

---

[4] Hierzu zählen beispielsweise die Lohnzusatzkosten, Sozialkosten etc.

Abb. 3.39 Berechnung des
Verrechnungslohnes

1. Verrechnungslohn

Mittellohn		17,85 €
Lohngeb.	81%	14,46 €
LNK	3,40%	0,61 €
		32,92 €
Zuschlag	40,4%	13,31 €
		46,22 €

Kalkulation

			Lohn	Stoff	Gerät	NU	
EKdT	325,00 €	32,92 €	10.697,51 €	17.500,00 €	2.000,00 €	4.000,00 €	34.197,51 €
BGK							2.000,00 €
							36.197,51 €

Zuschläge

BGK			2.000,00 €	26 %	
AGK	8,50 %	9,83 %	3.556,98 €	47 %	3.556,98 €
G	5,00 %	5,78 %	2.092,34 €	27 %	2.092,34 €
			7.649,32 €	100 %	
					41.846,83 €

3. Ermittlung Angebotssumme

Stoffe	15 %		2.625,00 €		
Geräte	15 %			300,00 €	
NU	10 %				400,00 €
Rest auf Lohn	40,4 %	4.324,32 €			

		Lohn	Stoff	Gerät	NU	
EP	325,00 €	46,22 €	15.021,83 €	20.125,00 €	2.300,00 €	4.400,00 €	**41.846,83 €**

Abb. 3.40 Projektbeispiel: Kalkulation

3.5.2 Formblatt 221

Zur Ausschreibung des jeweiligen Bauprojektes ist je nach der gewählten Kalkulationsart entweder das Formblatt 221 oder das Formblatt 222 auszufüllen. Das Formblatt 221 muss ausgefüllt werden, sofern die Preisermittlung über eine Zuschlagskalkulation ermittelt, wurde.[5] Zunächst sind unter Teil 1 die Angaben über den Kalkulationsmittellohn, auch Verrechnungslohn genannt, anzugeben. Der Kalkulationslohn wird aus dem errechneten Mittellohn, den Lohngebunden Kosten sowie den Lohnnebenkosten berechnet.

Im zweiten Teil werden die Zuschläge auf die Einzelkosten der Teilleistungen ermittelt, welche hier auch als unmittelbare Herstellkosten bezeichnet werden. Hierbei liegt die Pro-

---

[5] Zur Vereinfachung wird die dargestellte Kalkulation sowohl für das Ausfüllen des Formblattes 221 und des Formblattes 222 verwendet

2. Zuschläge

	Lohn	Stoff	Gerät	NU	Kontrolle
BGK	1.130,64 €	686,34 €	78,44 €	104,58 €	2.000,00 €
	10,57 %	3,92 %	3,92 %	2,61 %	4,78 %
AGK	2.010,84 €	1.220,64 €	139,50 €	186,00 €	3.556,98 €
	18,80 %	6,98 %	6,98 %	4,65 %	8,50 %
G	1.182,84 €	718,02 €	82,06 €	109,41 €	2.092,34 €
	11,06 %	4,10 %	4,10 %	2,74 %	5,00 %

Abb. 3.41 Zuschlagsberechnung

blematik darin, dass in herkömmlichen Kalkulationen üblicherweise ausschließlich zu-sammengefasste Zuschlagssätze aufweisen. Die Vorgaben zeigen allerdings, dass diese geteilt nach den Kostenarten ausgewiesen werden müssen. Dazu werden die Zuschläge proportional nach Kostenanteilen unterteilt (siehe Abb. 3.41):

Um dies zu verdeutlichen, wird anhand der Nachunternehmerkosten die Aufteilung erläutert. Der Zuschlag beträgt 10 %. Da die Baustellengemeinkosten im Beispiel 26,1 % der gesamten Schlüsselkosten darstellen, ist dieser Anteil jetzt auszuweisen, das heißt die-ser Anteil der Schlüsselkosten, die auf die Nachunternehmerkosten aufgeschlagen wurde, entfällt als Aufschlag für die Baustellengemeinkosten, also 26,2 % von 10 % oder 2,61 %. Für die anderen Anteile geschieht diese Berechnung analog.

Diese Werte werden in Teil 2 des Formblattes 221 eingetragen. Es ergeben sich als Summe wieder die Gesamtzuschläge, im Fall der Nachunternehmerleistungen also 10 %. Wagnis und Gewinnzuschlag sollen beide separat ausgewiesen werden. Nach der Neufas-sung der KLR Bau 2016 wird meist allerdings nur noch von einem Gewinnzuschlag ausgegangen: „abweichend von bisherigen Vorschlägen zur Kalkulationsgliederung wird empfohlen, nur noch den Begriff „Gewinn" anstelle von „Wagnis und Gewinn" zu ver-wenden" [Vgl. KLR Bau, S. 27 ff. sowie OLG München – Urteil vom 26.02.2013.].

Teil 3 des Formblattes (dargestellt in Abb. 3.42) dient zur Ermittlung der Angebots-summe. Hier werden zunächst die gesamten Lohnkosten angegeben. Ebenfalls sind die Stoff-, Geräte und sonstigen Kosten mit den Gesamtzuschlägen gemäß der Zeile 2.4 des Formblattes zu zuangeben. Die Summe ergibt entsprechend die Angebotssumme ohne Umsatzsteuer.

Angaben zur Kalkulation mit vorbestimmten Zuschlägen

1	Angaben über den Verrechnungslohn	Zuschlag %	€/h
1.1	Mittellohn ML		17,85 €
1.2	Lohngebundene Kosten	81,00%	14,46 €
1.3	Lohnnebenkosten	3,40%	0,61 €
1.4	Kalkulationslohn KL		**32,92 €**
1.5	Zuschlag auf Kalkulationslohn	40,42%	13,31 €
1.6	Verrechnungslohn VL		**46,22 €**

2	Zuschläge auf die Einzelkosten der Teilleistungen = unmittelbare Hestellkosten					
		Zuschläge in % auf				
		Lohn	Stoffkosten	Geräte-kosten	sonst. Kosten	NU-Leistungen
2.1	Baustellengemeinkosten	10,57%	3,92%	3,92%	0,00	2,61%
2.2	Allgemeine Geschäftskosten	18,80%	6,98%	6,98%	0,00	4,65%
2.3	Wagnis und Gewinn					
2.3.1	Gewinn	11,06%	4,10%	4,10%	0,00	2,74%
2.3.2	Betriebsbezogenes Wagnis*					
2.3.3	leistungsbezogenes Wagnis*					
2.4	Gesamtzuschläge	**40,42%**	**15,00%**	**15,00%**	**0**	**10,00%**

* nach KLR Bau 2016 wird empfohlen nur noch den Begriff "Gewinn" zu verwenden.

3	Ermittlung der Angebotssumme			
		Einzelkosten der Teilleistungen = unmittelbare Herstellungskosten	Gesamt-zuschläge gem 2.4	Angebots-summe €
3.1	Eigene Lohnkosten			15.021,83 €
3.2	Stoffkosten (einschl. Kosten für Hilfsstoffe)	17.500,00 €	15,00	20.125,00 €
3.3	Gerätekosten (einschließlich Kosten für Energie und Be-triebsstoffe)	2.000,00 €	15,00	2.300,00 €
3.4	sonstige Kosten (vom Bieter zu erläutern)	0,00 €	0,00	- €
3.5	Nachunternehmerleistungen	4.000,00 €	10,00	4.400,00 €
	Angebotssumme ohne Umsatzsteuer			41.846,83 €

Abb. 3.42 Formblatt 221 (Vgl. VHB 2017)

3.5.3 Formblatt 222

Das Formblatt 222 ist auszufüllen, sofern der Angebotspreis über die Endsumme kalkuliert wurde. Die Unterschiede der beiden Formblätter liegen darin, dass die zu verteilenden Umlagen auf die Einzelkosten der Teilleistungen anders dargestellt werden. Der Kalkulationslohn wird anders als bei der Zuschlagskalkulation mit projektabhängigen Gemeinkosten berechnet und nachfolgend aus der Umlage für den Lohn der Verrechnungslohn ermittelt. Zunächst wird analog zu Formblatt 221 der Kalkulationslohn mit Hilfe des Mittellohnes, der lohngebundenen Kosten und der Lohnnebenkosten ermittelt. Der Verrechnungslohn ergibt sich aus der Addition des Kalkulationslohnes mit dem Zuschlag auf Lohn. Das ausgefüllte Formblatt 222 Teil 1 ist in Abb. 3.43 dargestellt.

Anschließend werden die Umlagesummen der Einzelkosten der Teilleistungen in den jeweiligen Anteilen der Baustellengemeinkosten, der Allgemeinen Geschäftskosten sowie des Gewinnes aufgeteilt. Außerdem werden die Baustellengemeinkosten in verschiedene Kostengruppen aufgeteilt. Hierbei wird in Angebotssummen unter und über 5 Mio.€ Auftragssumme unterschieden. Des Weiteren sind die Kosten der Baustellengemeinkosten in die folgenden Gruppen aufgeteilt darzustellen: Gehaltskosten der Bauleitung, Abrechnung, Vermessung; Vorhalten u. Reparatur der Geräte u. Ausrüstungen, Energieverbrauch, Werkzeuge u. Kleingeräte, Materialkosten für Baustelleneinrichtung; An- u. Abtransport der Geräte u. Ausrüstungen, Hilfsstoffe, Pachten usw.; Sonderkosten der Baustelle, wie techn. Ausführungsbearbeitung, objektbezogene Versicherungen usw. Anschließend werden die Baustellengemeinkosten, die Allgemeinen Geschäftskosten und der Gewinn aufgeteilt. Diese müssen mit den Umlagen, welche sich aus den Umlagekosten der Einzelkosten der Teilleistungen berechnen übereinstimmen. Die Additionen derer ergibt die Angebotssumme ohne Umsatzsteuer (Abb. 3.44).

Angaben zur Kalkulation über die Endsumme

1	Angaben über den Verrechnungslohn			€/h
1.1	**Mittellohn ML** einschl. Lohnzulagen u. Lohnerhöhung, wenn keine Lohngleitklausel vereinbart wird			17,85 €
1.2	**Lohngebundene Kosten** Sozialkosten und Soziallöhne			14,46 €
1.3	**Lohnnebenkosten**			0,61 €
1.4	**Kalkulationslohn KL**			**32,92 €**

Berechnung des Verrechnungslohnes nach Ermittlung der Angebotssumme (vgl. Blatt 2, Abb. 3.44)

1.5	**Umlage auf Lohn** (Kalkulationslohn x v. H. Umlage aus 2.1)	€/h 32,92	v. H. 40,42	13,31 €
1.6	**Verrechnungslohn VL** (Summe 1.4 bis 1.5)			**46,22 €**

Abb. 3.43 Formblatt 222 Teil 1 (Vgl. VHB 2017)

Ermittlung der Angebitssumme		Betrag €	Gesamt €	Umlage auf Summe 3 auf die Einzelkosten für die Ermittlung der EH-Preise	
				%	€
2	Einzelkosten der Teilleistungen = unmittelbare Herstellkosten				
2.1	Eigene Lohnkosten Kalkulationslohn (1.4) x Gesamtstunden 32,96 € x 325h	10.697,51 €	x	40,42 %	4.324,32 €
2.2	Stoffkosten (einschließlich Kosten für Hilfsstoffe)	17.500,00 €	x	15,00 %	2.625,00 €
2.3	Gerätekosten (einschließlich Kosten für Energie u. Betriebsstoffe)	2.000,00 €	x	15,00 %	300,00 €
2.4	sonstige Kosten (vom Bieter zu erläutern)	- €	x	0,00 %	- €
2.5	Nachunternehmerleistungen ¹)	4.000,00 €	x	10,00 %	400,00 €
	Einzelkosten der Teilleistungen (Summe 2)		34.197,51 €	Noch zu ver- teilen	7.649,32 €

Zusammensetzung der Umlagesummen

		Umlage gesamt (€)	Anteil BGK (€)	Anteil AGK (€)	Anteil W+G (€)
2.1	eigene Lohnkosten	4.324,32 €	1.130,64 €	2.010,84 €	1.182,84 €
2.2	Stoffkosten	2.625,00 €	686,34 €	1.220,64 €	718,02 €
2.3	Gerätekosten	300,00 €	78,44 €	139,50 €	82,06 €
2.4	sonstige Kosten	- €	- €	- €	- €
2.5	Nachunternehmerleistungen	400,00 €	104,58 €	186,00 €	109,41 €

3.	Baustellengemeinkosten, Allgemeine Geschäftskosten, Wagnis und Gewinn		
3.1	Baustellengemeinkosten (soweit hierfür keine besonderen Ansätze im Leistungsverzeichnis vorgesehen sind)		
3.1.1	Lohnkosten einschließlich Hilfslöhne		
	Bei Angebotssummen unter 5 Mio €: Angabe des Betrages	1.000,00 €	
	Bei Angebotssummen über 5 Mio €: Kalkulationslohn (1.4) x Gesamtstunden x	- €	
3.1.2	Gehaltskosten für Bauleitung, Abrechnung, Vermessung usw.	- €	
3.1.3	Vorhalten u. Reparatur der Geräte u. Ausrüstungen Energieverbrauch, Werkzeuge u. Kleingeräte, Materialkosten für Baustelleneinrichtung	450,00 €	
3.1.4	An- u. Abtransport der Geräte u. Ausrüstungen, Hilfsstoffe, Pachten usw.	250,00 €	
3.1.5	Sonderkosten der Baustelle, wie techn. Ausführungs- bearbeitung, objektbezogene Versicherungen usw.	300,00 €	
	Baustellengemeinkosten (Summe 3.1)		2.000,00 €
3.2	Allgemeine Geschäftskosten (Summe 3.2)		3.556,98 €
3.3	Wagnis und Gewinn (Summe 3.3)		2.092,34 €
3.3.1	Gewinn	2.092,34 €	
3.3.2	Betriebsbezogenes Wagnis (Wagnis für das allgemeine Unternehmensrisiko) *		
3.3.3	Leistungsbezogenes Wagnis (mit der Ausführungs der leistungen verbundenes Wagnis) *		
	Umlage auf die Einzelkosten (Summe 3)		7.649,32 €
	Angebotssumme ohne Umsatzsteuer (Summe 2 und 3)		41.846,83 €

¹) Auf Verlangen sind für diese Leistungen die Angaben zur Kalkulation der(s) Nachunternehmer(s) dem Auftraggeber vorzulegen

* nach KLR Bau 2016 wird empfohlen nur noch den Begriff "Gewinn" zu verwenden.

Abb. 3.44 Formblatt 222 Teil 2 (Vgl. VHB 2017)

3.5.4 Formblatt 223

Im Formblatt 223 sind die Einheitspreise mit den entsprechenden Zuschlägen aufzugliedern. Dieses Formblatt muss ausgefüllt werden, wenn die Auftragssumme mehr als 50.000 € beträgt. Es sind nur die für die Kalkulation relevantesten Positionen einzutragen, damit die Kalkulationsbestandteile nachvollzogen werden können. Bei einem Auftragsvolumen von mehr als 100.000 € sind alle Positionen in das Formblatt einzutragen. Allerdings gilt dies nur für die Bieter, die in der „engeren" Auswahl sind.

In unserem Beispiel liegt die Summe zwar unter 50.000 €, aber zur Illustration wird das Formblatt dennoch beispielhaft ausgefüllt. Da sich das Beispiel auf eine Rohbaubaustelle bezieht, seien beispielhaft die Positionen wie Deckenschalung, Beton und Bewehrungsstahl aufgeführt. Hierfür muss die Menge, der Zeitansatz sowie die Teilkosten einschließlich der entsprechenden Zuschläge in Euro angegeben werden, aus denen sich der angebotene Einheitspreis zusammensetzt.

Mit den Ansätzen aus dem Beispiel ergibt sich mit den Lohnkosten, den Aufwandswerten sowie den Ansätzen für Geräte die, in der Abb. 3.45 gezeigten Formblatt 223, eingetragenen Werte.

Hierbei ist es unwichtig, ob die betreffenden Leistungspositionen als Eigenleistung des Auftragnehmers oder als Leistung eines Nachunternehmers ausgeführt werden. Die Zusammensetzung der Einheitspreise ist nach den jeweiligen Kostenarten unabhängig davon auszuweisen, ob der Auftragnehmer oder ein Nachunternehmer die Leistungen erbringt. Für den Bieter gibt es dabei das nicht unerhebliche Problem, dass er ja üblicherweise nur die Einheitspreise der angebotenen Nachunternehmerkalkulationen kennt und kalkuliert

Aufgliederung der Einheitspreise

OZ des LV 1)	Kurzbezeichnung der Teilleistung 1)	Menge 1)	Mengen- einheit 1)	Zeit- ansatz 2)	Teilkosten einschl. Zuschläge in EUR (ohne Umsatzsteuer) je Mengeneinheit 2)				
					Löhne 2) 3)	Stoffe 2)	Geräte 2) 4)	sonstiges 2)	Angebotener Einheitspreis (Sp. 6+7+8+9)
1	2	3	4	5	6	7	8	9	10
1	Deckenschalung	1000	m²	1 h/m²	46,22 €	32,00 €			78,22 €
2	Beton	10	m³	0,8 h/m³	36,98 €	156,00 €			192,98 €
3	Bewehrungsstahl	10	to	12 h/to	480,00 €	652,75 €			1.132,75 €

1) wird vom AG vorgegeben
2) Ist bei allen Teilleistungen anzugeben, unabhägig davon, ob sie der Auftragnehmer oder ein Nachunternehmer erbringen wird.
3) Sofern der zugrunde gelegte Verrechnungslohn nicht mit den Angaben in den Formblättern 221 oder 222 übereinstimmt, hat der Bieter dies offenzulegen
4) Für Gerätekosten einschl. der Betriebsstoffkosten, soweit diese den Einzelkosten der angegebenen Ordnungszahlen zugerechnet worden sind.

Abb. 3.45 Formblatt 223 (Vgl. VHB 2017)

hat. Auch wenn kein konkretes Nachunternehmerangebot vorliegt, orientieren sich Unternehmer an bekannten Preisen. Die Aufwandswerte und Lohnkosten sowie die konkreten Preise für Materialien sind dann in der Regel nicht bekannt. Also muss er diese Leistungen entweder selbst kalkulieren, was bei fachfremden Gewerken teilweise schlicht kaum zu leisten ist oder den Nachunternehmer anfragen. Der Nachunternehmer hat unter Umständen jedoch einen anderen Kalkulationslohn als der Bieter kalkuliert und folglich passen beispielsweise beim Haupt- oder Generalunternehmer als Bieter die Löhne und Zeitansätze nicht mehr zusammen.

Kalkulation im Vertrag – Vergütungsanpassung

4

4.1 Mitlaufende Kalkulation

4.1.1 Kalkulationssystematik

Die Kalkulation einer Leistung oder eines Produktes sowie die Preisvereinbarung erfolgt immer vor dem Vertragsabschluss. Sodann erfolgt die Vertragsabwicklung zu den vereinbarten Konditionen. Da der Preis vereinbart ist, besteht üblicherweise keine Notwendigkeit einer weiteren Kalkulation. Erst zur Feststellung des Geschäftserfolges kann der Preis den zugerechneten Kosten gegenübergestellt werden.

Allerdings besteht bei Bau- oder auch Anlagenbauprojekten die Besonderheit, auch nach Vertragsabschluss, also während der Vertragsabwicklung, immer wieder zu kalkulieren oder die Kalkulation fortzuschreiben. Die Gründe dafür sind in den Besonderheiten eines Bau- oder Anlagenbauprojektes zu sehen. Aufgrund der Komplexität der Abwicklungsprozesse ist üblicherweise die Ausführungsplanung noch nicht abgeschlossen, sodass eine baubegleitende Planung stattfindet. Daraus resultieren häufig noch Änderungen der auszuführenden Leistungen. Diese können zum einen aus einer reinen Detaillierung herrühren, aber auch in Bauentwurfsänderungen, die der Auftraggeber im Zuge der Ausführungsplanung vornimmt. Das Recht hat er dazu nach dem geltenden Vertragsrecht des BGB oder der VOB. Auf der anderen Seite kommt es aber auch vor, dass der Auftraggeber zusätzliche Leistungen verlangt. Sowohl bei Bauentwurfsänderungen als auch bei Wünschen nach zusätzlichen Leistungen, ist es für den Unternehmer aber nicht zulässig komplett neu zu kalkulieren, sondern er muss sich entweder an die ursprüngliche Kalkulation halten oder nach klar definierten Regeln einen neuen Preis kalkulieren, zum Beispiel bei einigen Anspruchsgrundlagen nach den tatsächlich erforderlichen Kosten. Für all diese Fälle muss auch während der Vertragsabwicklung kalkuliert werden, und zwar je nach Anspruchsgrundlage jeweils nach unterschiedlichen Vorschriften.

A. Malkwitz et al., *Kostenermittlung und -kalkulation im Bauprojekt*, https://doi.org/10.1007/978-3-658-38927-7_4

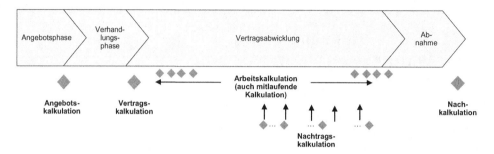

Abb. 4.1 Kalkulationssystematik

Zum anderen ist es bei der Abwicklung von Bauprojekten nicht unüblich, dass während der Ausführung Störungen oder Behinderungen der Leistungserbringung geschehen. Dafür müssen dann angefallene Kosten oder gar ein aufgetretener Schaden ermittelt, nachgewiesen und kalkuliert werden. Auch hierfür sind spezifische Randbedingungen einzuhalten und zu beachten nach denen diese Kosten zu ermitteln sind. Da diese Veränderungen und Störungen bei Bauprojekten einen signifikanten Anteil des Gesamtbudgets ausmachen können und als sogenannte Nachträge dann verhandelt und vereinbart werden, ist die Kalkulation während eines Bauprojektes eine ganz entscheidende und auch sehr komplexe und teilweise schwierige Aufgabe. Aus diesen Gründen ist es für den Erfolg eines Bauprojektes ganz entscheidend, eine professionelle Kalkulationssystematik zu entwickeln und anzuwenden (s. Abb. 4.1).

Vertragskalkulation
Gängig ist es dabei aus der ursprünglichen Kalkulation, die dem Angebot zugrunde lag (der Angebotskalkulation) nach Abschluss des Vertrages die Vertragskalkulation abzuleiten. Hierbei werden alle verhandelten Veränderungen, seien sie technischer oder kaufmännischer Natur, in der Kalkulation abgebildet. Als Grundlage beziehungsweise Ausgangssituation der Vertragskalkulation dient die Angebotskalkulation. Hier werden die Vertragsergebnisse eingearbeitet. Diese beinhalten unter anderem die technischen Änderungen, wie beispielsweise vereinbarte Sondervorschläge, Nebenangebote, die Auswahl von Alternativpositionen, technische Änderungen des Bauentwurfes oder Änderungswünsche des Auftraggebers, die Detaillierung von technischen Randbedingungen sowie die Einarbeitung von zusätzlich gewonnenen Erkenntnissen. Außerdem werden die Ergebnisse durch die Optimierung der Arbeitsvorbereitung, wie die Anpassung der Baustelleneinrichtung (Anzahl Baugeräte, Container, Bauverfahren etc.), Ergebnisse durch eine mögliche Optimierung der Baustellengemeinkosten (Bauleitung, Poliere etc.), kaufmännische Verhandlungsergebnisse wie Nachlässe oder andere positionsspezifische Preisanpassungen sowie verhandelte Zahlungsbedingungen wie Skonti, Zahlungspläne (inkl. Vereinbarungen bezüglich Abschlagszahlungen, Vorauszahlungen oder Zahlungsfristen)

eingearbeitet. So kann es sein, dass während der Verhandlungen etwa Betonfertigteile anstelle Ortbetons vereinbart werden oder ein Skonto verhandelt wird.

Im Anschluss werden die Alternativ- oder Optionalpositionen geprüft. Sofern die Projektplanung so weit fortgeschritten ist, dass schon entschieden ist, was ausgeführt werden soll, werden diese Positionen bereits angepasst. Des Weiteren werden die Schlüsselkosten überarbeitet, die Zuschlagssätze sowie der Verrechnungslohn werden final festgelegt. Nachdem diese Schritte abgeschlossen sind, wird die Vertragskalkulation in der Systematik der Angebotskalkulation erstellt. Diese Kalkulation wird manchmal auch als „Arbeitskalkulation 0" bezeichnet.

Oft ist es notwendig, diese Vertragskalkulation als Nachweis von geänderten Leistungen oder Ähnlichem auch dem Auftraggeber offenzulegen. Außerdem kann in vielen Fällen diese Vertragskalkulation als Basis von Nachtragskalkulationen dienen. Diese Vertragskalkulation wird dann als Urkalkulation bezeichnet. Es sollte dabei eine Überprüfung der Verwendbarkeit und der Auswirkungen der Verwendung als Urkalkulation durchgeführt werden.

Arbeitskalkulation

Nachdem der Auftrag erteilt wurde und die Vertrags- beziehungsweise Auftragskalkulation auf Basis des Verhandlungsergebnisses erstellt wurde, beginnt die konkrete Auftragsabwicklung. Neben den Einflüssen, die wie oben beschrieben, von Seiten des Auftraggebers auf das Projekt einwirken, sind auch die Planungen und Optimierungen des Unternehmers selbst einzuarbeiten. So können sich die Kosten beziehungsweise Leistungen durch eine detailliertere Arbeitsvorbereitung oder auch durch technische oder kaufmännische Verhandlungen mit Nachunternehmen verändern. Üblicherweise werden Gewerke ausgeschrieben und es werden Angebote für Materialien und Leistungen eingeholt, verhandelt und vereinbart. Außerdem werden auch bereits eingegangene Lieferanten- und Nachunternehmerangebote nachverhandelt. Diese zusätzlichen Informationen werden nun in die Vertragskalkulation eingefügt und es entsteht daraus die genannte Arbeitskalkulation.

Nachdem die Bauarbeiten gestartet sind, beginnt entsprechend auch die Realisierungsphase und damit geht einher, dass die kalkulierten Kosten durch tatsächliche Ist-Kosten ersetzt werden. Nun können alle Informationen, zum Beispiel aus neuen Angeboten oder Ist-Kosten der ausgeführten Leistungen, in die folgenden Arbeitskalkulationen eingearbeitet werden.

Die Arbeitskalkulation wird während der gesamten Bauzeit immer wieder angepasst und kann bei Bedarf durch Nachträge und deren individuelle Kalkulation ergänzt werden. Im Laufe des Projektes werden nach Abschluss einzelner Gewerke die zugehörigen Ist- Kosten feststehen und damit in die Arbeitskalkulation eingehen können. Je weiter das Bauprojekt voranschreitet, besteht damit die Arbeitskalkulation aus einem wachsenden Teil Ist-Kosten und einem kleiner werdenden Anteil kalkulierter Kosten für die noch nicht realisierte Leistung bestehen. Die Arbeitskalkulation wird bis zur Beendigung der Bauzeit fortgeschrieben.

Üblicherweise werden mit dieser Systematik in einem Bauprojekt die Kosten, die Bauleistungen sowie das sich ergebende Projektergebnis ermittelt und gesteuert. Dabei können dann die realisierten Werte dargestellt werden und auf der anderen Seite die hochgerechneten Werte auf das Projektende sowie diese mit den ursprünglichen Planwerten verglichen werden. Dabei wird klar, dass die Gesamtprognose beziehungsweise Hochrechnung auf das Projektende während der Projektabwicklung aus einer Mischung aus tatsächlich realisierten Werten und kalkulierten Werten besteht.

Als Bezugspunkt der Arbeitskalkulation wird immer das Projektende angepeilt. Dabei wird geprüft, ob die ursprünglich geplanten Budgets eingehalten werden oder eine Verbesserung oder eine Verschlechterung eingetreten ist. Es können Aussagen getroffen werden, wo und in welchen Umfang eine Über- beziehungsweise Unterschreitung des Budgets stattfindet und gegebenenfalls entsprechende Maßnahmen frühzeitig eingeleitet werden. Schließlich ist natürlich insbesondere relevant, wie sich das Projektergebnis entwickelt.

Nachtragskalkulation

Wie oben beschrieben, kommt es während eines Bauprojektes häufig zu Anpassungserfordernissen, die geänderte oder zusätzliche Leistungen erforderlich machen, die wiederum die Vereinbarung neuer Preise erforderlich machen oder Entschädigungen oder Schadensersatzermittlungen nach sich ziehen. Diese Änderungen oder Anpassungen werden gesondert in sogenannten Nachträgen kalkuliert und daher Nachtragskalkulationen genannt.

Dabei werden diese Nachträge grundsätzlich in gleicher Systematik wie die Angebotskalkulation kalkuliert. Allerdings sind eine Reihe von Berechnungsvorschriften zu beachten, welche die richtige und durchsetzungsfähige Kalkulation von Nachträgen tatsächlich zu einem hohen Anspruch führt.

Diese Nachträge werden dann ebenfalls in die Arbeitskalkulation eingearbeitet und dort als zusätzliche Bauleistung und zusätzliche Kosten aufgenommen. Dabei besteht manchmal das Problem der richtigen Zurechenbarkeit, das heißt, die Kosten einzelner Nachträge sind nicht immer auf einen spezifischen Nachtrag genau zurechenbar. Außerdem fallen die Kosten unweigerlich sofort an, da das Unternehmen regelmäßig verpflichtet ist, auch geänderte Leistungen auszuführen. Die Vereinbarung der dazugehörigen Vergütung geschieht aber häufig zeitlich nachfolgend, teilweise erst nach Abschluss des Projektes. Daher kann dann der richtige und möglichst angemessene Ansatz dieser Nachträge in der Arbeitskalkulation nur grob geschätzt werden und unterliegt dadurch auch nicht unerheblichen Risiken, wenn eine Vereinbarung dazu zum angenommenen Ansatz in der Arbeitskalkulation nicht möglich ist. Eventuell fällt bei fehlender Durchsetzung des Nachtrages die Vergütung sogar komplett aus. Demzufolge kann es immer zu Wertberichtigungen kommen. Es ist daher von entscheidender Bedeutung, die Nachträge in ihrer Realisierbarkeit unbedingt realistisch und im Zweifel sehr vorsichtig anzusetzen.

Nachkalkulation

Nach Projektabschluss entsteht damit bei kontinuierlicher Fortschreibung der Arbeitskalkulation eine Zusammenfassung der erreichten Bauleistung und der angefallenen Kosten. Diese können dann mit den ursprünglich kalkulierten Bauleistungen und Kosten verglichen werden. Dies wird als Nachkalkulation bezeichnet.

Denn nur damit gewinnt man belastbare Aussagen, wie fundiert die ursprüngliche Kalkulation war und wo Anpassungen erforderlich sind. Dies kann dann Eingang in eine optimierte Angebotskalkulation finden.

4.1.2 Ist-, Soll-, Prognose oder Hochrechnungswerte

Um im Rahmen des Leistungs- und Kostencontrollings die verschiedenen Informationen zu strukturieren, werden unterschiedliche Werte genutzt, um sowohl die schon angefallenen Kosten als auch die kalkulierten Kosten abzugrenzen und daraus Werte auf das Projektende hochzurechnen beziehungsweise zu prognostizieren. (s. Abb. 4.2)

Dabei werden typischerweise drei unterschiedliche Werte für jeden Kennwert, also zum Beispiel Kosten oder Bauleistungen unterschieden:

Soll- oder Planwert

Als Soll- oder Planwert wird derjenige Wert definiert, der ursprünglich kalkuliert wurde und zum Beispiel in der Vertragskalkulation enthalten ist. Wenn also zum Beispiel eine Baugrube kalkuliert wurde, dann sind die bei Vertragsabschluss kalkulierten Kosten der Baugrube die Soll-Kosten.

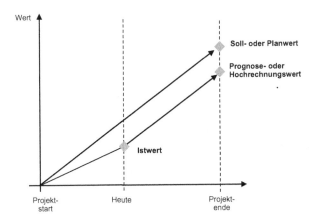

Abb. 4.2 Soll-/Plan-, Ist- und Prognose-/Hochrechnungswerte

Ist-Werte

Der Ist-Wert ist der realisierte Wert, also zum Beispiel die angefallenen Kosten einer Bauleistung. Wenn zum Beispiel die Baugrube durch einen Nachunternehmer fertiggestellt wurde und dieser seine geprüfte Schlussrechnung gestellt hat, sind diese Kosten die Ist-Kosten der Baugrube. Der in Rechnung gestellte und vom Auftraggeber akzeptiere Preis, also die akzeptierte Schlussrechnungssumme, wäre dann die Ist-Bauleistung.

Prognose- oder Hochrechnungswert

Der Prognose- oder Hochrechnungswert ist der Wert, der zu einem Referenzzeitpunkt während der Projektabwicklung als Wert am Ende des Projektes kalkuliert wird. Wenn zum Beispiel der Nachunternehmer die Baugrube noch nicht ganz fertig gestellt hat, er aber schon Bauleistungen erbracht hat, vielleicht schon einige Abschlagsrechnungen gestellt hat, dann kann auf Basis seiner bereits realisierten Leistung kalkuliert werden, welche Kosten noch erforderlich sein werden, damit er die Baugrube fertig stellt und damit die voraussichtlichen Kosten der Baugrube kalkuliert werden. Je höher der Leistungsstand ist, umso genauer kann naturgemäß kalkuliert werden, welcher Wert am Projektende realisiert werden wird.

4.1.3 Leistungs- und Kostencontrolling

Neben der Kalkulation von geänderten oder zusätzlichen Leistungen, wie auch Störungen und auftretenden Schäden müssen auf der anderen Seite die aufgelaufenen Bauleistungen und Kosten sorgfältig ermittelt, nachgehalten und die Ist-Leistungen und Kosten des Bauprojektes kontinuierlich hochgerechnet werden. Damit kann dann auch das Bauprojektergebnis kontinuierlich hochgerechnet und prognostiziert werden. Neben der Kalkulation wird dieses Hilfsmittel dann die Grundlage des Baustellencontrollings.

Nach der Erstellung der Vertragskalkulation beginnt damit das baubegleitende Projektcontrolling. Üblicherweise ist das Projektcontrolling vom unternehmensweiten Controlling abzugrenzen. Das unternehmensweite Controlling umfasst sowohl die Steuerung der unternehmensweiten Prozesse und Planungen. Dies geschieht meist über Kennzahlen, wie zum Beispiel der Angebotserfolgsquote, die die Qualität des Angebotsprozesses abbilden kann. Außerdem werden im Rahmen des Unternehmenscontrollings auch die Geschäftsfeldplanungen vorbereitet und abgeleitet.

Das Projektcontrolling soll im Gegensatz dazu das Einhalten der spezifischen Projektziele, wie das Projektbudget, die Termine und Qualitäten steuern. Ein Hilfsmittel im Rahmen des Projektcontrollings ist die Arbeitskalkulation zur Steuerung der Budgeteinhaltung beziehungsweise zum Erkennen von Abweichungen, so frühzeitig, dass Gegenmaßnahmen noch eine Chance haben die Projektabwicklung positiv zu beeinflussen. Dies betrifft sowohl die Entwicklung der Bauleistungen als auch die Entwicklung der Kosten, der Termine oder der Qualitäten. Zum Projektcontrolling gehört schließlich auch das Termin-, Risiko- und Qualitätscontrolling.

Alle Werte lassen sich dann auch auf verschiedene Zeitperioden herunterbrechen, also zum Beispiel auf monatliche Werte oder auch jährliche Werte. Dies ist notwendig, da die Unternehmensbuchhaltung in Zeitperioden durchgeführt wird und im Rahmen des Unternehmensreportings auf Werte der Projekte angewiesen ist. Denn im Rahmen der Leistungsmeldung müssen die Projekte ihre Bauleistung zum jeweiligen Stichtag ermitteln sowie die Kosten zeitgenau abgrenzen. Da die Projektleitung beziehungsweise Bauleitung für den Projekterfolg insgesamt verantwortlich ist, also für die Einhaltung von Terminen, Qualitäten sowie des Budgets sorgen muss, liegt naturgemäß häufig auch die Durchführung des Projektcontrollings bei den meisten Projekten in der Verantwortung der Projekt- beziehungsweise Bauleitung. Lediglich bei sehr großen Projekten und dadurch einer zunehmend arbeitsteiligen Organisation gibt es eigene Projektcontroller oder das Projektcontrolling wird separat organisiert.

4.2 Grundsätze der Preisfortschreibung

4.2.1 Grundlagen

Unter dem Begriff der Preisfortschreibung versteht man die Methodik der Vergütungsanpassung für den Fall von Mengenmehrungen sowie Mengenminderungen im Sinne des § 2 Abs. 3 VOB/B und bei geänderten und/oder zusätzlichen Leistungen gemäß § 2 Abs. 5/6 VOB/B, bei welcher der neue Preis kalkulatorisch aus den Ansätzen der Auftragskalkulation, welche auch Urkalkulation genannt wird, abgeleitet wird.

Insbesondere bei einer Vergütungsanpassung bei VOB/B-Verträgen kommt diese Methodik zur Anwendung. So war es jahrelang gelebte Praxis, aus den Formulierungen im § 2 VOB/B, bei denen von den *„Grundlagen der Preisermittlung"* beziehungsweise der Vergütungsanpassung unter Berücksichtigung der *„Mehr- oder Minderkosten"* gesprochen wird [vgl. § 2 Abs. 3, 5 und 6 VOB/B] herauszulesen, dass ein anzupassender Preis infolge von Mengenabweichungen beziehungsweise für eine geänderte oder zusätzliche Leistung aus der vorliegenden Kalkulation für die bisherige Vertragsleistung fortzuschreiben sei.

Mit seiner Rechtsprechung vom 08.08.2019 zu § 2 Abs. 3 VOB/B hat der BGH (AZ: VII ZR 34/18) jedoch in einem Fall des § 2 Abs. 3 Nr. 2 VOB/B entschieden, dass die Methodik der Preisfortschreibung sich nicht unmittelbar aus der VOB/B ableiten lasse. Vielmehr regele die VOB/B lediglich, dass eine neue Preisvereinbarung zu treffen sei. Gelingt jedoch keine Einigung zwischen den Parteien, so ist der neue Preis anhand der tatsächlich erforderlichen Kosten in Anlehnung an die Regelungen des § 650c BGB zu bestimmen.

Die darauf aufbauende Rechtsprechung diverser Oberlandesgerichte zu Fällen von geänderten und zusätzlichen Leistungen gemäß § 2 Abs. 5 und 6 VOB/B hat dies aufgenommen und auf diese Anwendungsfälle übertragen.

Dies bedeutet jedoch nicht das Ende der sogenannten Preisfortschreibung. Vielmehr behält diese Methodik ihre Bedeutung allein schon, um für die mögliche Preisvereinbarung eine Verhandlungsgrundlage zwischen den Parteien zu schaffen. Schließlich ist es hierzu notwendig, dass für die Vergütungsanpassung einer geänderten und/oder zusätzlichen Leistung gemäß § 2 Abs. 5 und 6 VOB/B üblicherweise ein prüffähiges Angebot zu erstellen ist, was in der Regel gerade dann gegeben ist, wenn dieses Angebot kalkulatorisch aus der Preisermittlung (Urkalkulation) des Hauptvertrages abgeleitet wird. Zudem ist es grundsätzlich auch möglich, diese Methodik durch eine entsprechende Vereinbarung vertraglich zum Standard der Vergütungsanpassung zu erklären.

Die Berechnung des neuen Preises für die Vergütungsanpassung erfolgt sodann als sogenannte vorkalkulatorische Fortschreibung der Kalkulationsansätze der Urkalkulation in der Art, dass für den angepassten beziehungsweise neuen Preis die gleichen Kalkulationsansätze zu verwenden sind, wie diese auch bereits in der Urkalkulation verwendet wurden. So ist z. B. für die Ermittlung der anzupassenden Lohnkosten derselbe Mittellohn in Ansatz zu bringen. Dies gilt auch für Gerätekosten, soweit dieselben Geräte auch bei der geänderten und/oder zusätzlichen Leistung verwendet werden. Üblicherweise werden auch die in der Urkalkulation verwendeten Kalkulationszuschläge bei der vorkalkulatorischen Preisfindung für Nachtragsleistungen verwendet. Die für die Erbringung der Nachtragsleistung (kalkulatorisch) zu berücksichtigenden Aufwands- und Leistungswerte sind hingegen an die geänderten und/oder zusätzlichen Leistungen anzupassen. Dies erfolgt jedoch – genauso wie im Zuge der Erstellung der Urkalkulation – zunächst rein vorkalkulatorisch, d. h. der Kalkulator schätzt den mit der Leistung verbundenen Aufwand vor deren Ausführung ab. Sollten für die geänderten beziehungsweise zusätzlichen Leistungen Materialien zur Verwendung kommen, für die es bereits Ansätze in der Auftragskalkulation gibt, z. B. dieselbe Betonsorte, so sind diese Ansätze ebenfalls weiter zu verwenden. Kommen hingegen andere Materialien zum Einsatz, für die keine vergleichbaren Ansätze in der Auftragskalkulation vorhanden sind, so hat wiederum eine vorkalkulatorische Bewertung zu erfolgen.

Es hat folglich hinsichtlich der geänderten und/oder zusätzlichen Leistungen eine an die Leistung angepasste rein kalkulatorische Bewertung des hiermit verbundenen Aufwands beziehungsweise der zu erreichenden Leistung zu erfolgen. Ferner sind auch die Mengenansätze an die geänderten Verhältnisse anzupassen. Soweit sich hieraus Auswirkungen für die Erlöse der kalkulierten Baustellengemeinkosten, Allgemeinen Geschäftskosten und Gewinn ergeben, sind diese ebenfalls kalkulatorisch anzupassen. Dies gilt auch für den Fall, dass sich Auswirkungen auf die Bauzeit und die damit verbundenen zeitabhängigen Kosten ergeben. Dies beispielsweise bei der Vorhaltung der Baustelleneinrichtung.

Im Ergebnis bedeutet die vorkalkulatorische Ermittlung, dass die Kosten vor Ausführung der Leistung rechnerisch zu ermitteln sind und sich der Unternehmer an den so ermittelten Preis bindet. Erfolgt auf dieser Basis eine Preisvereinbarung zwischen den Parteien, so ist diese – und nicht etwa die tatsächlichen Kosten – für die spätere Abrechnung bindend.

Der kalkulierte und vereinbarte Preis für eine Leistung soll auch in den Fällen gelten, in denen eine Äquivalenzstörung zwischen Leistungen und Preis, d. h. eine etwaige Über- oder Unterkalkulation, besteht. Diese Über- oder Unterkalkulation würde bei zufälligen Mengenänderungen >10 % sowie bei geänderten und zusätzlichen Leistungen respektive bei der einhergehenden Ermittlung der Vergütungsanpassung mitgeführt. Es gilt demgemäß der in der Baubetriebslehre allgemeingültige Satz, dass ein guter Preis ein guter Preis und ein schlechter Preis ein schlechter Preis bleibt.

Beispiel

Wegen einer zufälligen Mengenmehrung sind, anstatt der ausgeschriebenen 500 m^3 nunmehr 600 m^3 Beton für die Herstellung einer Betonsohle einzubringen. Der Auftragnehmer hat einen Einheitspreis in Höhe von 250 €/m^3 angeboten. Dieser Einheitspreis beinhaltet Einzelkosten für die Betonsohle von 150 €/m^3. Die Einzelkosten waren jedoch nicht auskömmlich kalkuliert. Nunmehr sind 165 €/m^3 an den Lieferanten zu zahlen. Die Mehraufwendungen in Höhe von 15 €/m^3 wären vorerst nicht in Ansatz zu bringen, da zwischen der Mengenmehrung und den „Mehrkosten" kein direkter Zusammenhang besteht. Ausschlaggebend für die Äquivalenzstörung ist hingegen die Unterkalkulation des Auftragnehmers.

Das Beispiel macht deutlich, dass die tatsächlichen Kosten bei der Methode der klassischen Preisfortschreibung zunächst außen vor bleiben. Dies hat wiederum zum Vorteil, dass fortzuschreibende respektive anzupassende Preise schnell, nachvollziehbar und ohne größere Datenerhebungen oder gar Kostenbelege ermittelt werden können.

Die kalkulatorische Preisfortschreibung von Kosten- und Preisansätzen erfolgt jedoch nicht vollkommen linear beziehungsweise starr, sondern vielmehr unter Berücksichtigung des Kenntnis- und Informationsstandes zum Zeitpunkt der jeweiligen (Nachtrags-)Kalkulation. Zwar wird von einem Unternehmer im Zuge der Nachtragskalkulation erwartet, dass eine Nachtragsleistung so kalkuliert wird, wie sie zum Zeitpunkt der Angebotslegung kalkuliert worden wäre (sofern sie bekannt gewesen wäre), jedoch würde die Kalkulation der ursprünglichen Vertragspreise wahrscheinlich auch zu anderen Ergebnissen führen, wenn die Leistungen zu einem späteren Zeitpunkt im Projekt erfolgen würden. Die Kosten- und Preisannahmen würden vor dem Hintergrund eines geänderten Informationsstandes gegebenenfalls von den ursprünglichen Annahmen abweichen.

So kann auch bei einer ändernden Anordnung des Auftraggebers beispielsweise der Fall eintreten, dass sich die Bauumstände einer Leistungserbringung und somit auch etwaige Kalkulationsannahmen bei stringenter Anwendung der kalkulatorischen Preisfortschreibung ändern.

Beispiel

Der Unternehmer schuldet einen Bodenaustausch. Es ist eine bestimmte Menge eines Bodenmaterials zu lösen, zu laden und anschließend eine identische Menge eines anderen Bodenmaterials an gleicher Stelle einzubauen. Folglich hat der Unternehmer einen Transportumlauf für den Bodenaustausch im Pilgerschrittverfahren vorgesehen. Nun erhöht sich jedoch auf Anordnung des Auftraggebers (nur) die Menge des zu lösenden Materials, sodass sich in der Folge zusätzliche Leerfahrten ergeben.

Hätte der Unternehmer bereits zur Angebotsabgabe von den zusätzlichen Fahrten gewusst, hätte er diese preislich anteilig berücksichtigt. Demgemäß sind im Zuge der vorkalkulatorischen Preisfortschreibung die Transportkosten der zusätzlichen Leerfahrten nach dem ursprünglich berücksichtigten Preisansatz zu berücksichtigen.

Die Methode der Preisfortschreibung soll den Kalkulierenden gedanklich in die Situation zum Zeitpunkt der Angebotsausarbeitung (unter Wettbewerbsbedingungen) zurückversetzen, um die Vergütungsanpassung so vorzunehmen, wie sie ursprünglich erfolgt wäre, wenn die ändernden Umstände bekannt gewesen wären.

Dies gilt sowohl für die Berechnung neuer Preise (§ 2 Abs. 3 und 5 VOB/B) als auch für die Ermittlung der besonderen Vergütung nach § 2 Abs. 6 VOB/B.

Zwar kommt es vor diesem Hintergrund nicht auf die tatsächlichen Kosten einer Nachtragsleistung an, jedoch sind die Zeitpunkte der ändernden Anordnung und der tatsächlichen Ausführung sehr wohl auch im Zuge der kalkulatorischen Preisfortschreibung von wesentlicher Relevanz, da die einzukalkulierenden Bauumstände (z. B. Ressourcendisposition, Materialisierung, Umstellung von Bauabläufen und -verfahren) berücksichtigt werden müssen. Es sind alle preisbeeinflussenden Faktoren entsprechend abzubilden.

4.2.2   Preisfortschreibung von Einzelkosten der Teilleistungen

Die Methode der Preisfortschreibung ermöglicht und erfordert einen Rückgriff auf alle Ansätze und Annahmen der Auftragskalkulation. Hierzu zählen zunächst vor allem die Kalkulationsansätze für die gewählten Kostenarten, z. B. die

- Lohn-,
- Stoff-,
- Geräte-,
- Nachunternehmer- und
- sonstigen Kosten.

Die entsprechend enthaltenen Kostenansätze werden der kalkulatorischen Preisfortschreibung zugrunde gelegt. Tatsächliche Aufwendungen bleiben unberücksichtigt.

Darüber hinaus werden bei konsequenter Umsetzung der kalkulatorischen Preisfortschreibungsmethodik auch die hinterlegten Leistungs- und Aufwandsansätze (Leistungs- und Aufwandswerte) mitgeführt. Insofern werden mitunter auch die bauumständlichen Änderungen bei Nachtragsleistungen kalkulatorisch, d. h. nicht gemessen an den tatsächlichen Umständen, ermittelt. Der kalkulierte Aufwand für die Ausführung der Nachtragsleistungen wird folglich anhand des kalkulierten Aufwands für die ursprünglichen Leistungen ermittelt. Auch in diesem Fall ist der tatsächliche Einsatz, beispielsweise von Arbeitskräften oder Gerät, ebenfalls vorerst unerheblich. Eine Darlegung der tatsächlich vorgehaltenen Ressourcen beziehungsweise Betriebsmittel ist demnach entbehrlich. Auch eine Überprüfung der Einhaltung von kalkulierten Leistungswerten ist daher nicht erforderlich, sodass auch die Nachtragsprüfung wesentlich erleichtert wird.

Trotz der Anlehnung der fortgeschriebenen Aufwands- und Leistungswerte an die in der Auftragskalkulation hinterlegten Werte, können geänderte Einflussfaktoren durch die begründete Anpassung der Werte abgebildet werden. Dies erfolgt durch die kalkulatorische Planung von Ressourcen, welche reduziert und erhöht werden können.

Sofern sowohl die Leistungs- und Kostenansätze adäquat kalkuliert, respektive fortge-schrieben wurden, entspricht die Nachtragskalkulation hinreichend genau den Mehr- und Minderkosten einer Nachtragsleistung.

Die kalkulatorische Preisfortschreibung hat zum Ziel, dass keine Vertragspartei durch die Vergütungsanpassung besser oder schlechter gestellt wird, als es zum Zeitpunkt der Auftragsvereinbarung der Fall war. Dieser Kerngedanke ist auch bei über- oder unterkal-kulierten Preisen anzuwenden, wenngleich Fehl- oder Spekulationskalkulationen zu Ver-zerrungen im Äquivalenzverhältnis von Leistung und Vergütung führen können. Dieser Umstand kann nämlich dazu führen, dass erhebliche Vergütungslücken oder auf der ande-ren Seite auch zusätzliche Gewinnmargen entstehen können. Da diese Ausgangslage jedoch allen Beteiligten bereits vor der Auftragserteilung bekannt ist, können diese Son-dergebiete der Preisfortschreibung bis zu einem gewissen Grad hingenommen werden.

Nachdem die Grundsätze der Preisfortschreibung von Einzelkostenbestandteilen der Übersicht halber beschrieben wurden, werden im nachfolgenden Schritt die anspruchsab-hängigen Aspekte aufgeführt:

Die Einzelkosten der Teilleistungen bleiben bei zufälligen Mengenänderungen grund-sätzlich unverändert. Dies gilt sowohl bei Mengenmehrungen als auch bei Mengenminde-rungen. Gerade baubetriebliche Umstände mit Auswirkungen auf den Lohn- und Geräte-einsatz können jedoch zu erforderlichen Anpassungen der Aufwands- und Leistungswerte und somit zur Änderung der Einzelkosten der Teilleistung führen. Diese Änderungen sind wie alle Änderungen in einen Kausalzusammenhang mit der auslösenden Ursache zu brin-gen, entsprechend darzulegen und zu begründen.

Beispiel

Ein Unternehmer hat einen 1000 m langen Grabenaushub auszuführen. Aufgrund eines Ausschreibungsfehlers muss nunmehr lediglich ein 800 m langer Graben aus-gehoben werden. Generell würde angenommen werden, dass sich die Einzelkosten der Teilleistung linear mit der zufälligen Mengenminderung reduzieren würden. Nun führt der Unternehmer jedoch an, dass die geplanten Ressourcen (Lohn und Gerät) nicht kurzfristig abgebaut werden können und sich somit Änderungen beim Leistungsansatz ergeben würden. Eine Preisanpassung im Sinne des § 2 Abs. 3 Nr. 3 VOB/B wurde dementsprechend verlangt. Nunmehr wäre baubetrieblich darzule-gen, dass die kalkulierten Leistungsannahmen erreicht worden wären und es auf-grund der Mengenminderung tatsächlich zu Leistungseinbußen kam.

Die kalkulatorische Anpassung der Einzelkosten bei geänderten und zusätzlichen Leis-tungen basiert ebenfalls auf den Preisermittlungsgrundlagen der Auftragskalkulation. Demgemäß werden die Kosten soweit möglich durch die Einbeziehung von Bezugspositi-onen oder einzelnen Bezugsleistungen ermittelt. Sofern für die Bildung eines Preises keine Ansätze in der Auftragskalkulation vorhanden sind, sind die neu zu kalkulierenden Kostenbestandteile an das Vertragspreisniveau anzupassen, welches unter oder über den neuen Referenzpreisen liegen kann. Hat der Unternehmer beispielsweise die Materialkosten im Vergleich zu entsprechenden Referenzpreisen am Markt tendenziell niedriger kalkuliert, so ist der Faktor der Unterkalkulation auch auf die neuen Kalkulationspreise für Material zu übertragen.

Weichen die preisbildenden Faktoren der Bezugs- oder Referenzleistungen nicht von den nunmehr zu bepreisenden Faktoren der Nachtragsleistung ab, ist eine Übernahme der Kostenansätze ohne etwaige Anpassungen möglich. Die Ansätze können auf die Nachtragsleistung übertragen und somit Bestandteil der Nachtragskalkulation werden. Dies gilt beispielsweise auch für die hinterlegten Leistungs- und Aufwandswerte sowie den Mittellohn, sofern einer Übernahme in die Nachtragkalkulation kein Grund entgegensteht. Dasselbe gilt auch für alle weiteren Preisermittlungsgrundlagen.

Treten hingegen wiederum auch Änderungen bei Ausführungsrandbedingungen auf, muss im Einzelfall eine entsprechende Korrektur oder Anpassung vorgenommen werden.

Die Einbindung neuer Kalkulationsansätze zur Abbildung der geänderten oder zusätzlichen Leistung erfolgt sodann durch Verrechnung mit dem Vertragspreisniveaufaktor. Dieser kann beispielsweise mithilfe der folgenden fünf Schritte Berücksichtigung finden.

Beispiel

Schritt 1:

Vertraglich war eine 25 cm Stahlbetondecke mit einer entsprechenden Betongüte herzustellen. In der Auftragskalkulation sind Stoffkosten in Höhe von 90 €/m³ hinterlegt. Im Projektverlauf wird jedoch die Ausführung einer wesentlichen höheren Betongüte gefordert, welche mit keiner anderen Bezugsleistung verglichen werden kann. Eine entsprechende Betongüte war zu keiner Zeit vorgesehen.

Schritt 2:

Zu ermitteln ist nun anhand einer geeigneten Referenz (z. B. Preislisten von Herstellern) der realistische Stoffpreis für die eigentliche Grundleistung (Stahlbeton Vertragsgüte). Dieser liegt beispielhaft bei 150 €/m³.

Schritt 3:

Der Vertragspreisniveaufaktor beträgt demgemäß: 90 €/m³/150 €/m³ = 0,60.

Schritt 4:

Mithilfe der geeigneten Kostenreferenzquelle wird für den Stahlbeton mit der neuen, d. h. höheren, Betongüte ein Stoffpreis in Höhe von 175 €/m³ ermittelt.

Schritt 5:

Die neuen Einzelkosten der Nachtragsleistung werden sodann durch die Fortschreibung des Vertragspreisniveaufaktors und des neuen Stoffpreises gebildet: 175 €/m³ × 0,60 = 105 €/m³.

4.2.3 Preisfortschreibung von Gemeinkosten- und Preisbestandteilen

Bei der kalkulatorischen Preisfortschreibung folgt die Vergütungsanpassung bei Gemeinkosten- und Preisbestandteilen ebenfalls der Kalkulationssystematik der Auftragskalkulation.

Baustellengemeinkosten
Bezüglich möglicher Vergütungsanpassungen sind hinsichtlich der Baustellengemeinkosten zumeist zwei Kalkulationssystematiken zu unterscheiden. Die Baustellengemeinkostenkalkulation mit vorbestimmten Zuschlagssätzen und die (projektspezifische) Kalkulation über die Angebotsendsumme.

Hat der Auftragnehmer die Baustellengemeinkosten projektspezifisch ermittelt, können Kostenänderungen nur dann Berücksichtigung finden, wenn sie ursächlich auf Mengenänderungen größer gleich 10 % oder Leistungsänderungen (geänderte und zusätzliche Leistungen) zurückzuführen sind. Ansonsten bleiben die kalkulierten Baustellengemeinkosten unverändert. Dies aufgrund des Umstandes, dass sich die Positionen beziehungsweise Elemente (z. B. Vorhaltegeräte, Baustelleneinrichtungselemente, Gehälter baustellenleitender Personen) und Vorhaltedauern, welche der Baustellengemeinkostenkalkulation zugrunde liegen, bei Mengen- oder Leistungsänderungen nicht zwingend ändern müssen.

In diesen Fällen sind die Einheitspreise der Nachtragsleistung, ohne die Umlageanteile für die Baustellengemeinkosten zu bilden.

Sind hingegen Änderungen bei den kalkulierten Baustellengemeinkosten auf Mengen- oder Leistungsänderungen zurückzuführen, erfolgt die Nachtragskalkulation in Analogie zu der Fortschreibung der Einzelkosten der Teilleistungen. Die Preisermittlungsgrundlagen beziehungsweise Kalkulationsansätze werden fortgeschrieben. Zumeist werden die projektspezifisch kalkulierten Baustellengemeinkosten auch ähnlich wie die Einzelkosten der Teilleistungen kalkuliert. Der Unterschied besteht im Wesentlichen darin, dass die Baustellengemeinkosten eben keiner in sich abgeschlossenen Teilleistung, sondern nur der gesamten Baustelle zugerechnet werden können. Die Kostenverursachung ist folglich eine andere.

Fallen für Nachtragsleistungen im Einzelfall Mehrkosten an, welche ursprünglich den Baustellengemeinkosten zugeordnet worden wären, können sie nunmehr der Nachtragsleistung direkt zugerechnet und somit wie Einzelkosten der Nachtragsleistung berücksichtigt werden.

Bei Leistungsminderungen und nicht reduzierbaren Baustellengemeinkosten ist durch eine adäquate Erhöhung des Umlageanteils eine Kompensation für ansonsten entfallene Deckungsanteile vorzunehmen.

Erfolgte die Kalkulation der Baustellengemeinkosten mithilfe von vorbestimmten Zuschlagssätzen, ist diese Kalkulationssystematik im Sinne der Fortschreibung der Preisermittlungsgrundlagen auch für die Ermittlung einer geänderten Vergütung für eine Nachtragsleistung anzuwenden. Daher werden die vorbestimmten Zuschlagssätze auch auf die Einzelkosten der Teilleistungen der Nachtragsleistung aufgeschlagen. Die prozentualen Zuschlagssätze für die Baustellengemeinkosten sind der Auftragskalkulation oder auch den entsprechenden Formblättern zu entnehmen.

Bei Leistungsminderungen (z. B. Mengenminderungen, Nullmengen, Teilkündigungen) müssen die absoluten Beträge für die Baustellengemeinkosten der Auftragskalkulation erhalten bleiben. Anderenfalls würde sich eine Unterdeckung der Baustellgemeinkosten einstellen.

Allgemeine Geschäftskosten

Die Allgemeinen Geschäftskosten werden analog zu den mit vorbestimmten Zuschlagssätzen ermittelten Baustellengemeinkosten im Zuge einer Vergütungsanpassung bei Nachtragsleistungen mit den hinterlegten – ebenfalls vorbestimmten – Prozentsätzen beaufschlagt. Die Beaufschlagung kann je nach Kalkulationssystematik auf die Einzelkosten der Teilleistungen oder die Herstellkosten erfolgen.[1]

Bei Leistungsminderungen (z. B. Mengenminderungen, Nullmengen, Teilkündigungen) müssen die absoluten Beträge für die Allgemeinen Geschäftskosten der Auftragskalkulation erhalten bleiben. Anderenfalls würde sich eine Unterdeckung ergeben.

Gewinn

Der Preisbestandteil Gewinn ist bei Leistungsmehrungen ebenfalls konsequent mit dem der Auftragskalkulation zu entnehmenden Prozentsatz fortzuschreiben. Bei Leistungsminderungen bleiben die kalkulierten Gewinnanteile erhalten.

Vieldiskutiert ist der Umgang mit den unterschiedlichen Wagnisarten im Zuge der Preisfortschreibung. Während das allgemeine unternehmerische Wagnis mit dem Gewinn gleichzusetzen ist, erfolgt die Berücksichtigung analog zu den vorbeschrieben umsatzabhängigen Kosten- und Preisbestandteilen. Dasselbe dürfte für das baustellenbezogene Wagnis gelten. Lediglich bei einem positionsbezogen kalkulierten Wagnisanteil, welches den Einzelkosten der Teilleistungen zugerechnet werden kann, ist eine Einzelfallbewertung bei Mengen- oder Leistungsänderungen vorzunehmen.

4.3   Grundsätze der tatsächlich erforderlichen Kosten

Gemäß § 650b BGB steht dem Auftraggeber ein Änderungs- und Anordnungsrecht zu, wonach der vertragliche Werkerfolg angepasst werden kann. Im Gegensatz zum Anordnungsrecht in der VOB/B unterscheidet das Anordnungsrecht nach dem BGB nicht zwischen einer geänderten Leistung (vgl. § 1 Abs 3 VOB/B in Verbindung mit § 2 Abs. 5 VOB/B) und einer zusätzlichen Leistung (vgl. § 1 Abs. 4 VOB/B in Verbindung mit § 2 Abs. 6 VOB/B). Vielmehr wird eine Änderung des Werkerfolgs insgesamt angesprochen. Der Wortlaut von § 650b BGB „Änderung des Vertrags; Anordnungsrecht des Bestellers" lautet insoweit:

---

[1] Im Sonderfall einer Auspositionierung der Allgemeinen Geschäftskosten ist hingegen eine Einzelfallbetrachtung vorzunehmen.

§ 650b Änderung des Vertrags; Anordnungsrecht des Bestellers

(1) Begehrt der Besteller

1. *eine Änderung des vereinbarten Werkerfolgs (§ 631 Absatz 2) oder*
2. *eine Änderung, die zur Erreichung des vereinbarten Werkerfolgs notwendig ist,*

streben die Vertragsparteien Einvernehmen über die Änderung und die infolge der Änderung zu leistende Mehr- oder Mindervergütung an. Der Unternehmer ist verpflichtet, ein Angebot über die Mehr- oder Mindervergütung zu erstellen, im Falle einer Änderung nach Satz 1 Nummer 1 jedoch nur, wenn ihm die Ausführung der Änderung zumutbar ist. Macht der Unternehmer betriebsinterne Vorgänge für die Unzumutbarkeit einer Anordnung nach Absatz 1 Satz 1 Nummer 1 geltend, trifft ihn die Beweislast hierfür. Trägt der Besteller die Verantwortung für die Planung des Bauwerks oder der Außenanlage, ist der Unternehmer nur dann zur Erstellung eines Angebots über die Mehr- oder Mindervergütung verpflichtet, wenn der Besteller die für die Änderung erforderliche Planung vorgenommen und dem Unternehmer zur Verfügung gestellt hat. Begehrt der Besteller eine Änderung, für die dem Unternehmer nach § 650c Absatz 1 Satz 2 kein Anspruch auf Vergütung für vermehrten Aufwand zusteht, streben die Parteien nur Einvernehmen über die Änderung an; Satz 2 findet in diesem Fall keine Anwendung.

(2) Erzielen die Parteien binnen 30 Tagen nach Zugang des Änderungsbegehrens beim Unternehmer keine Einigung nach Absatz 1, kann der Besteller die Änderung in Textform anordnen. Der Unternehmer ist verpflichtet, der Anordnung des Bestellers nachzukommen, einer Anordnung nach Absatz 1 Satz 1 Nummer 1 jedoch nur, wenn ihm die Ausführung zumutbar ist. Absatz 1 Satz 3 gilt entsprechend.

Das vorstehende Anordnungsrecht räumt dem Auftraggeber somit auf der einen Seite die Möglichkeit ein, das Bauwerk – und damit den Werkerfolg – nach seinen freien Wünschen, also quasi willkürlich, abzuändern. Allerdings muss dies für den Auftragnehmer zumutbar sein. Hiermit sind also im Wesentlichen solche Änderungen gemeint, wie zum Beispiel der Austausch eines Bodenbelags von Teppichboden zu Parkett, oder zum Beispiel andere komfortverbessernde Erweiterungen.

Daneben räumt § 650b BGB dem Auftraggeber, aber auch ein – quasi uneingeschränktes – Anordnungsrecht für den Fall ein, dass diese Änderungsanordnung für das Erreichen des vereinbarten Werkerfolgs notwendig ist. Dies betrifft insoweit alle (bau-)technisch notwendigen Änderungen, ohne die das Bauwerk gar nicht mangelfrei und funktionstüchtig fertiggestellt werden könnte.

Liegt eine Anordnung im Sinne des § 650b BGB vor, so ist der Unternehmer zunächst verpflichtet, für den Änderungswunsch beziehungsweise das Änderungsbegehren ein Angebot zu erstellen, über welches die Parteien binnen einer 30-tägigen Verhandlungsfrist, welche mit der Übermittlung des Änderungsbegehrens seitens des Auftraggebers beginnt, Einigung erzielen sollen. Die angestrebte Einigung erstreckt sich sowohl auf den Leistungsinhalt der Änderung als auch auf die damit verbundene geänderte oder zusätzliche Vergütung.

Zu beachten gilt es aber, dass die Planungsverantwortung für die geänderte und/oder zusätzliche Leistung bei demjenigen verbleibt, der auch die Planungsverantwortung für den ursprünglichen Vertrag hatte. Liegt diese Planungsverantwortung beim Auftraggeber selber, so muss er seinem Auftragnehmer für die Erstellung des Angebots auf sein Änderungsbegehren gemäß § 650b BGB die hierfür notwendigen Ausschreibungsunterlagen, in der Regel bestehend aus der zugehörigen Ausführungsplanung sowie einer entsprechenden Leistungsbeschreibung zur Verfügung stellen. Erst dann ist der Auftragnehmer verpflichtet, dass im § 650b BGB angesprochene Angebot zu erstellen. Die Art der Leistungsbeschreibung, ob mit Leistungsverzeichnis oder Leistungsprogramm, sollte hierbei mit dem Typus übereinstimmen, welche auch beim ursprünglichen Vertrag zwischen Auftraggeber und Auftragnehmer verwendet wurde.

Zu beachten ist hierbei auch, dass es insoweit keine weiteren formalen Kriterien an die Darlegung dieses Angebots gibt.

Exkurs

Hat der Auftraggeber mit der Planung wiederum einen Fachplaner, zum Beispiel Architekten beauftragt, so gilt hier dasselbe Änderungsrecht nach § 650B BGB. Somit könnte es sowohl zu einer 30-tägigen Verhandlungsphase mit dem Planer über das Honorar für die Vergütungsänderung kommen als auch dann, nachdem diese Planungsleistungen dann erstellt sind, nochmals mit dem ausführenden Unternehmer. Dies gilt allerdings nur für Änderungsbegehren nach § 650b Abs. 1 Satz 1 Nr. 1 BGB, also der willkürlichen Änderung beziehungsweise dem zusätzlichen Wunsch des Auftraggebers. Hat der Planer hingegen eine Leistung falsch geplant oder etwas vergessen zu planen, weshalb es zur Anordnung einer „notwendigen Anpassung des Werkerfolgs kommt" (vgl. § 650b BGB Abs. 1 Satz 1 Nr. 2 BGB), so hat er dies als Mangelbeseitigung der bis dahin eben nicht funktionstüchtigen Planungsleistung kostenlos zu erbringen, weshalb es insofern auch keine Verhandlungsphase geben kann, und die sofortige Leistungsverpflichtung eintritt. Gehört die Planungsverpflichtung gemäß dem Hauptvertrag ebenfalls zu den Leistungspflichten des Auftragnehmers, gilt diese Regelung natürlich entsprechend. ◄

Wesentlich und im Unterschied zur VOB/B ist zu beachten, dass der Auftraggeber die Ausführung der Leistung (sei es also reine Bauleistung oder aber auch Planungsleistung) nach § 650b BGB erst anordnen kann, wenn die im Gesetz verankerte Verhandlungsfrist von 30 Tagen zwischen den Parteien fruchtlos verstrichen ist. Eine sofortige „Anordnung dem Grunde nach" wie dies bei einem Bauvertrag unter Einschluss der VOB/ möglich ist, scheidet somit aus.

Formal ist das Änderungsbegehren in Textform zu übermitteln und kann natürlich auch nur durch den Auftraggeber selbst oder einen Vertretungsberechtigen rechtskonform ausgeübt werden. Hinzuweisen ist zudem darauf, dass die Formulierung des „geänderten Werkerfolgs" im § 650b BGB weit zu fassen sein dürfte und zum Beispiel auch Umstellungen im Bauablauf umfassen dürfte, soweit diese zum Erreichen des vereinbarten Werkerfolgs notwendig sind.

Im Ergebnis sieht das BGB im Bauvertragsrecht also vor, dass die Vergütungsanpassung infolge eines von § 650b BGB gedeckten Änderungsbegehrens auf dem Verhandlungsweg zwischen den Parteien zu regeln ist.

Bleiben diese Einigungsversuche jedoch erfolglos und kann schließlich die Ausführung der Änderungsleistung seitens des Auftraggebers angeordnet werden, so richtet sich die Vergütungsanpassung nach den Regelungen des § 650c BGB, um die schließlich die Vergütung abschließend zwischen den Parteien zu regeln. Die Regelungen sind somit quasi die „Rückfallebene" für den Fall fehlender Einigungen zwischen den Parteien.

Gemäß § 650c regelt sich dann die Vergütungsanpassung wie folgt:

§ 650c Vergütungsanpassung bei Anordnungen nach § 650b Absatz 2

(1) Die Höhe des Vergütungsanspruchs für den infolge einer Anordnung des Bestellers nach § 650b Absatz 2 vermehrten oder verminderten Aufwand ist nach den tatsächlich erforderlichen Kosten mit angemessenen Zuschlägen für allgemeine Geschäftskosten, Wagnis und Gewinn zu ermitteln. Umfasst die Leistungspflicht des Unternehmers auch die Planung des Bauwerks oder der Außenanlage, steht diesem im Fall des § 650b Absatz 1 Satz 1 Nummer 2 kein Anspruch auf Vergütung für vermehrten Aufwand zu.

(2) Der Unternehmer kann zur Berechnung der Vergütung für den Nachtrag auf die Ansätze in einer vereinbarungsgemäß hinterlegten Urkalkulation zurückgreifen. Es wird vermutet, dass die auf Basis der Urkalkulation fortgeschriebene Vergütung der Vergütung nach Absatz 1 entspricht.

(3) Bei der Berechnung von vereinbarten oder gemäß § 632a geschuldeten Abschlagszahlungen kann der Unternehmer 80 Prozent einer in einem Angebot nach § 650b Absatz 1 Satz 2 genannten Mehrvergütung ansetzen, wenn sich die Parteien nicht über die Höhe geeinigt haben oder keine anderslautende gerichtliche Entscheidung ergeht. Wählt der Unternehmer diesen Weg und ergeht keine anderslautende gerichtliche Entscheidung, wird die nach den Absätzen 1 und 2 geschuldete Mehrvergütung erst nach der Abnahme des Werks fällig. Zahlungen nach Satz 1, die die nach den Absätzen 1 und 2 geschuldete Mehrvergütung übersteigen, sind dem Besteller zurückzugewähren und ab ihrem Eingang beim Unternehmer zu verzinsen. § 288 Absatz 1 Satz 2, Absatz 2 und § 289 Satz 1 gelten entsprechend.

Für die Vergütungsanpassung ist zunächst von Bedeutung, dass mit der Regelung des § 650c BGB lediglich der Mehr- oder Minderaufwand für die geänderte oder zusätzliche Leistung bemessen wird, welche losgelöst von den zuvor kalkulierten Kosten rein über den „tatsächlich erforderlichen Mehr- oder Minderaufwand zuzüglich eines sogenannten angemessenen Zuschlags für Allgemeine Geschäftskosten" zu ermitteln ist. Der Begriff der tatsächlich erforderlichen Kosten umfasst hierbei neben den Einzelkosten der Teilleistungen für die geänderte oder zusätzliche Leistung auch die damit verbundenen Baustellengemeinkosten. Diese sind somit Teil der tatsächlich erforderlichen Kosten. Ein rein prozentualer Aufschlag zur Deckung der Baustellengemeinkosten, wie dies ja zum Beispiel bei einer Zuschlagskalkulation der Fall ist, scheidet aus.

Das bedeutet auf der einen Seite, dass diese Kosten dem Auftragnehmer zum einen tatsächlich entstehen müssen. Die Höhe der Kosten aber andererseits dem Korrektiv der Erforderlichkeit unterliegen.

Grundsätzlich sind zwei Fallgestaltungen in der Nachweisführung der tatsächlich erforderlichen Kosten zu unterscheiden:

a. Die reine Zusatzleistung

b. Die geänderte Leistung

Im Fall der reinen Zusatzleistung muss der Auftragnehmer die für diese Leistung anfallenden effektiven Kosten nachweisen. Kommt es hingegen zu einer sogenannten geänderten
Leistung, so ist der Mehr- oder Minderaufwand über eine Gegenüberstellung der

> „tatsächlich erforderlichen Kosten der geänderten Leistung
> im Vergleich zu
> den hypothetisch tatsächlich erforderlichen Kosten der ursprünglichen Leistung"

zu ermitteln.

Mit den hypothetisch tatsächlich erforderlichen Kosten sind diejenigen Kosten gemeint, die dem Auftragnehmer bei Ausführung der unveränderten ursprünglichen Leistung
tatsächlich entstanden wären, losgelöst davon, was dieser hierfür in seiner Kalkulation
angesetzt hat. Auf diese Art und Weise verbleibt es bei der ursprünglichen wirtschaftlichen
Situation (Gewinn oder Verlust), wie diese auch entstanden wäre, wenn es nicht zu der
Änderung gekommen wäre. Ergibt sich ein Mehraufwand, so ist diesem noch ein angemessener Zuschlag für Allgemeine Geschäftskosten und Gewinn hinzuzuaddieren. Kommt
es zu einem Minderaufwand, so wird dieser von der ursprünglichen Vergütung abgezogen,
sodass wiederum derselbe Deckungsbeitrag und dieselbe Ertragssituation erhalten bleibt,
wie diese auch ohne die Änderung zustande gekommen wäre.

In Abb. 4.3 ist das Grundprinzip des § 650c BGB exemplarisch dargestellt.

Für den Nachweis der tatsächlich erforderlichen Kosten sind sodann regelmäßig die
zugehörigen Rechnungsbelege des Auftragnehmers vorzulegen, da die Kosten tatsächlich
anfallen müssen. Dies dürfte bei Materialkosten und zum Beispiel Nachunternehmerkosten einfach möglich sein. Bezüglich der Lohn- und Gerätekosten besteht hier jedoch bisher keine Klarheit, wie diese Kosten nachzuweisen sind.

Die Lohnkosten der eigenen Beschäftigten werden im Bauwesen regelmäßig über den
sogenannten Mittellohn ermittelt. Der Mittellohn bildet aber in der Regel nicht den effektiven Lohn der tatsächlich eingesetzten Mitarbeiter ab, sondern ist üblicherweise ein un-
ternehmensbezogener Mittelwert. Es bedarf insoweit hier bereits einer Verständigung zwischen den Parteien, ob der Mittellohn zu Vereinfachungszwecken angesetzt werden kann
oder gar jeweils für den eingesetzten Mitarbeiter die Kosten aus der Buchhaltung des
Unternehmens nachzuweisen sind. Denkbar wäre auch, dass der Auftragnehmer – losgelöst von der unternehmensbezogenen Mittellohnberechnung für Angebotszwecke, bei der
man ja gar nicht weiß, welches Angebot wird tatsächlich zum Auftrag und welche Mitarbeiter setzt man dann tatsächlich ein – eine weitere Mittellohnberechnung für die konkret
tätige Kolonne erstellt für die Kostendarlegung erstellt. Auch dies stellt eine Vereinfachung dar, welche aber sowohl praktikabel ist als auch zumindest für die Kolonne die
tatsächlichen Kosten sachgerecht abbilden sollte.

Ebenso muss für den Einsatz eigener Geräte bei der geänderten und zusätzlichen Leistung ein Ansatz gefunden werden, der den Anforderungen der gesetzlichen Regelung genügt. Sofern der Geräteeinsatz nicht über extern angemietete Geräte erfolgt, für welche ein

Grundprinzip § 650c BGB		
Preis der ursprünglichen Leistung gemäß Vertrag		20.000,- €
hypothetisch tatsächlich erforderliche EKdT		15.000,- €
tatsächlich erforderliche EKdT der geänderten Leistung		17.500,- €
tatsächliche BGK der geänderten Leistung (z. B. Autokran)		500,- €
Summe tatsächliche Mehrkosten		3.000,- €
angemessener Zuschlag für AGK, G		10,0 %
Ermittlung der Mehrvergütung: Tatsächlich erforderliche Mehrkosten zzgl. angemessene Zuschläge für AGK, G:	**Hinweis**: Alle Kosten über Belege nachgewiesen, Einigung für Zuschlag zwischen den Parteien bei 10 %	
3.000,- € + 10%	3.300,-	€
Abrechnung: Ursprünglicher Preis zzgl. Mehraufwand		
20.000,- € + 3.300,- €	23.300,- €	

Abb. 4.3 Grundprinzip § 650 c BGB

entsprechender Kostennachweis per Rechnung nachgewiesen werden kann, existieren für eigenes und somit im Besitz des Unternehmens befindliches Gerät sogenannte Verrechnungssätze, bei denen die Investition in das Gerät unter Einschluss einer Kapitalverzinsung auf eine zuvor definierte Nutzungsdauer des Geräts als monatlichen Satz verrechnet wird. Genau genommen handelt es sich bei diesem Verrechnungssatz nun aber nicht um die monatlichen tatsächlichen Gerätekosten, da über diesen Betrag ja gar kein Mittelabfluss entsteht. Der Ansatz der monatlichen Verrechnungssätze für die Geräte wäre dennoch ein geeigneter Weg, da es ja nicht sein kann, dass ein Auftragnehmer, der Geräte anmietet die hierfür entstehenden Kosten erstattet bekommt, weil ein tatsächlicher Mittelabfluss entsteht, während ein Auftragnehmer mit eigenem Gerät keinen konkreten Mittelabfluss nachweisen kann. Hilfsweise könnte ein Auftragnehmer die Höhe seines Verrechnungssatzes über den Vergleich zu Mietkosten identischer Geräte plausibilisieren. Klar ist aber auch, dass die Höhe des Verrechnungssatzes von der Höhe der Verzinsung des eingesetzten Kapitals sowie dem Ansatz der Nutzungsdauer des Geräts massiv beeinflusst wird.

Die Regelung im § 650c BGB sieht zudem vor, dass die für die Leistungsänderung tatsächlich erforderlichen Kosten mit einem angemessenen Zuschlag für allgemeine Geschäftskosten und Gewinn zu versehen sind. Die Formulierung „angemessen" regelt diesen Zuschlag nicht exakt. Vielmehr soll offenbar ein Wert in Ansatz gebracht werden, der dem jeweiligen Unternehmen entspricht. Der Gesetzbegründung [vgl. BT Drucksache 18/8486] ist hierbei zu entnehmen, dass es sich nicht um den in der Kalkulation ausgewiesenen Zuschlag für Allgemeine Geschäftskosten und Gewinn handelt. Eine Begründung, warum dies so ist, existiert hingegen nicht. Allerdings ist zu vermuten, dass der Gesetzgeber die Fälle im Kopf hatte, bei denen ein Auftragnehmer seinen Zuschlagssatz in der Auftragskalkulation oder gar nur in einem EFB Preisblatt bewusst überhöht ausweist, um diesen bei Nachtragsvergütungen „fortschreiben" zu können. Gerade dies soll ja nach dem Leitbild des § 650c nicht erfolgen.

So wäre denkbar, dass ein Auftragnehmer im Zuge seiner Angebotskalkulation seine sonst üblicherweise getrennt ausgewiesenen Zuschläge für Baustellengemeinkosten und Allgemeine Geschäftskosten als „einen einzigen AGK-Zuschlag" zusammenfasst mit dem Hintergedanken, dass der AGK-Satz ja immer in der in der Kalkulation ausgewiesenen Höhe fortgeschrieben wird. Wäre dem so und käme es zum Beispiel zu reinen Zusatzleistungen, so könnte der Auftragnehmer, die für die Zusatzleistungen tatsächlich entstehenden Baustellengemeinkosten im Rahmen der tatsächlich erforderlichen Kosten darlegen und hätte „on top" diesen insoweit überhöht ausgewiesenen AGK-Satz zusätzlich. Dies wollte der Gesetzgeber offenbar vermeiden.

In der Praxis muss daher zwischen den Vertragspartein hier Einvernehmen über die Angemessenheit des Zuschlags gefunden werden. Empfehlenswert ist es daher, dass die Partein dies unmittelbar bei Vertragsschluss für Fälle des § 650c tun. Hierbei könnten die unternehmensspezifischen Daten zur AGK-Deckung aus der letzten Wirtschaftsperiode aus der Betriebswirtschaftlichen Abrechnung des Unternehmens zur Darlegung eines unternehmensspezifischen angemessenen Satzes hilfreich sein. Der Auftragnehmer kann schließlich ausweisen, welchen AGK-Deckungsbeitrag er in der vergangenen Wirtschaftsperiode benötigt hätte oder hat, um kostendeckend seinen Betrieb als Ganzes – und dafür soll ja der AGK-Aufschlag dienen – führen zu können.

Als Vereinfachung für den Nachweis der tatsächlich erforderlichen Kosten sieht § 650c BGB die Möglichkeit vor, dass der Auftragnehmer zur Darlegung auf die Ansätze einer vereinbarungsgemäß hinterlegten Urkalkulation zurückgreifen darf. Hierbei handelt es sich um ein Wahlrecht, welches dem Auftragnehmer je Nachtragsfall zusteht. Davon ausgehend, dass der redliche Auftragnehmer in seiner Angebotskalkulation die Kostenermittlung so genau und gut wie möglich durchführt, liegt die Vermutung nahe, dass mit der Angebotskalkulation die Herstellkosten des Bauwerks „richtig" erfasst sind. Für diesen Fall würden sich dann in Fortschreibung dieser „Urkalkulation" auch die Kosten für die geänderte Leistung unmittelbar richtig ergeben. Vom Grundsatz her erfolgt diese kalkulatorische Fortschreibung dann in Analogie zur Preisfortschreibung, wie diese aus den VOB/B-Verträgen bekannt ist. Zu beachten ist aber, dass die hier angesprochene Urkalkulation und deren Fortschreibung von ihrer Art her sogenannte Vorkalkulationen sind. Somit kann es sich lediglich um eine Näherung der „richtigen" Kosten handeln. Dies bedeutet automatisch, dass mit der Wahl, die Vergütung für den Nachtrag aus der vereinbarungsgemäß hinterlegten Urkalkulation abzuleiten, die Vergütung lediglich in einer gewissen Bandbreite – was aber für die Praxis in vielen Fällen ausreichend sein sollte – richtig ermittelt werden kann.

Als Korrektiv für den Auftraggeber hat der Gesetzgeber in diesen Fällen die verankerte Vermutungswirkung dahingehend eingeschränkt, als dass der Auftraggeber die Möglichkeit hat, die vom Auftragnehmer in der Urkalkulation oder deren Fortschreibung verwendeten Ansätze zu widerlegen.

An die Art dieser Widerlegung wiederum sind seitens des Gesetzgebers keine Anforderungen definiert, sodass im ersten Schritt ein Bestreiten möglich sein sollte. Jedoch werden sich in der Praxis regelmäßig Schwierigkeiten auftun, da zwar grundlegende Ansätze, wie zum Beispiel der Mittellohn oder die Materialkosten für Hauptbaustoffe, wie Beton und Mauerwerk, der Urkalkulation entnommen werden können, aber die den Preis im Wesentlichen beeinflussenden Leistungs- und Aufwandswerte für die zusätzliche, aber auch die geänderte Leistung, regelmäßig kein Pendant in dieser Urkalkulation finden werden. Diese unterliegen dann wiederum dem vorkalkulatorischen Ermessen.

Von Bedeutung für die Anwendung der Vereinfachungsoption zur Ableitung der Vergütungsanpassung aus der Urkalkulation ist die Voraussetzung, dass diese vereinbarungsgemäß hinterlegt ist. Diese Formulierung im Gesetz lässt sich in zwei Richtungen interpretieren. Zum einen dahingehend, dass zwischen den Parteien eine Vereinbarung über die Hinterlegung als solche geschlossen wird. Zum anderen dahingehend, dass die Art der Aufschlüsselung, also der Detaillierungsgrad und die Tiefe der kalkulatorischen Angaben für das Aufstellen dieser Urkalkulation vereinbart wird. So ist es aus baubetrieblicher Sicht insbesondere für die Prüfbarkeit der Preisfortschreibung aus der Urkalkulation heraus erforderlich, dass sämtliche einzelnen Ansätze in der Urkalkulation unmittelbar ausgewiesen sind und keine zusammenfassenden Angaben in einer Kostenart gemacht werden. Dies bedeutet eine deutlich größere Transparenz in der Darlegung der kalkulatorischen Angaben, als dies sonst bei der Hinterlegung von Urkalkulation in der Praxis üblich ist. Eine nachträgliche weitergehende Aufschlüsselung einzelner Ansätze, wie dies sonst häufig der Fall ist, scheidet im Grunde aus, da hierbei nur vage die Authentizität dieser Ansätze geprüft werden kann.

Kommt im Fall der vom Auftragnehmer gewählten Fortschreibung der Vergütungsanpassung aus den Ansätzen einer vereinbarungsgemäß hinterlegten Urkalkulation zu einer Preiseinigung zwischen den Parteien, so können dann in Abhängigkeit des Leistungsfortschritts auf dieser Basis Abschlagszahlungen erfolgen.

Bleibt es hingegen dabei, dass weiterhin keine Einigung zwischen den Parteien zu erzielen ist, weil zum Beispiel die vom Auftragnehmer in Ansatz gebrachten kalkulatorischen Ansätze widerlegt beziehungsweise bestritten werden, so sieht das Gesetz in § 650c BGB vor, dass dem Auftragnehmer Abschlagszahlungen – natürlich entsprechend dem Leistungsfortschritt – in Höhe von 80 % des ursprünglichen Angebots gemäß § 650b BGB, auf das man sich aber ja gerade nicht hat verständigen können, zustehen.

Sollte sich der Auftraggeber einer solchen Forderung wiederum verweigern, so steht dem Auftragnehmer hierzu der Weg über das Herbeiführen einer einstweiligen Verfügung offen. Im umgekehrten Fall kann sich aber auch der Auftraggeber mittels einstweiliger Verfügung oder Hinterlegung einer sogenannte Schutzschrift[2] seinerseits gegenüber unberechtigten Forderungen wehren.

Sollte sich nach Anschluss der Arbeiten und Vorlage der tatsächlich erforderlichen Kosten nun jedoch herausstellen, dass sich durch die Abschlagszahlungen insgesamt eine

---

[2] Für den Fall, dass eine Vertragspartei fürchtet, dass die andere Partei im Zuge eines sogenannte vorläufigen Rechtschutzverfahrens (Einstweilige Verfügung) ein Entscheid zum eigenen Nachteil anstrebt, soll mit der frühzeitigen Hinterlegung einer sogenannte Schutzschrift verhindert werden, dass eine derartige Entscheidung ohne mündliche Anhörung ergeht.

Überzahlung eingestellt hat, so ist der die tatsächlich erforderlichen Kosten übersteigende Betrag zzgl. Verzinsung zurück zu gewähren. Somit besteht ein weiterer Anreiz dafür, dass das Angebot gemäß § 650 b BGB bereits von vorneherein realistisch und prüfbar ist, um eine grundsätzliche Einigung über die Mehr- oder Mindervergütung zu erzielen.

4.4   Dokumentationsanforderungen

4.4.1   Dokumentation als Grundlage der (mitlaufenden) Kalkulation

Zur Identifizierung, Darlegung, Kalkulation und Abrechnung von Nachtragsleistungen ist die Beschaffung, Bündelung, Analyse, Selektion, strukturierte Ablage und Aufbereitung von Informationen – kurz die Baudokumentation – unerlässlich.

Die vorbeschriebene Baudokumentation ermöglicht demgemäß auch die für die Darlegung und Durchsetzung von Vergütungsanpassungen erforderliche Leistungs- und Kostenabgrenzung.

Dem Auftragnehmer stehen je nach Vertragsgrundlage diverse Anspruchsgrundlagen zur Geltendmachung einer Vergütungsanpassung bei zufälligen Mengenänderungen oder Leistungsmodifikationen (geänderte und zusätzliche Leistungen sowie Leistungsherausnahmen) zur Verfügung. Generell sind alle geänderten oder zusätzlichen, d. h. vom Vertrag abweichenden, preisbedingenden Rahmenbedingungen der Vergütungsanpassung zu dokumentieren. So müssen zunächst grundsätzlich die von dem Bau-Soll abweichenden Faktoren (beispielsweise Personal, Geräte oder Materialien) sowie die abweichenden Umstände (unter anderem Bau- bzw. Herstellungsverfahren oder bauzeitliche Rahmenbedingungen) erfasst und dargelegt werden. Im Anschluss ist entsprechend der zugrunde zu legenden Berechnungssystematik (Fortschreibung der Preisermittlungsgrundlagen, tatsächliche erforderliche Kosten oder Schadensdarlegung) die Bepreisung der vom Vertrag abweichenden Leistungen oder Aufwendungen vorzunehmen.

Hierbei ist zunächst nicht entscheidend, in welcher Form die Informationen begleitend dokumentiert werden, sondern, dass die Informationen überhaupt systematisch und hinreichend konkret erfasst werden. Für die begleitende Dokumentation stehen diverse Methoden und Mittel zur Verfügung, welche jeweils Vor- und Nachteile bieten und daher nicht nur für jedes Projekt individuell gewählt, sondern auch miteinander kombiniert werden können. Klassischerweise erfolgt die Dokumentation auf Baustellen beispielsweise mithilfe von (tendenziell intern verwendeten) Leistungsmeldungen, auftraggeber- und auftragnehmerseitigen Bautagesberichten, Fotodokumentationen, Besprechungsprotokollen, E-Mails, Briefen sowie Bestell-, Liefer- und Rechnungsbelegen. Hierbei handelt es sich um die etabliertesten Mittel und Methoden, sodass die Aufzählung nicht abschließend ist. Gerade für die Dokumentation als Grundlage für die mitlaufende Kalkulation ist es erforderlich, die Leistungserbringung und die hierfür konkret erforderlichen Aufwendungen beispielsweise für

- Lohn/Gehälter,
- Stoffe,
- Geräte,
- Mengen,
- Fremdleistungen,
- Gemein- und Vorhaltekosten,
- Bauverfahren und
- Ausführungsumstände (z. B. Arbeitsplatz- oder Wetterbedingungen)

mithilfe der zur Verfügung stehenden Dokumentationsmittel und -methoden (z. B. Berichte, Fotodokumentationen, Produkt- und Datenblättern, Bestell-, Liefer- und Rechnungsbelegen) adäquat zu dokumentieren (s. auch Abb. 4.4).

Schon während der Erstellung der Angebots- respektive Auftragskalkulation bedarf es einer systematischen Dokumentation und Ablagestruktur von und für Informationen, um beispielsweise zu einem späteren Zeitpunkt schneller und einfacher Abweichungen identifizieren zu können. In die Arbeitskalkulation fließen die im tatsächlichen Baugeschehen laufend gewonnenen Projektinformationen ein, sodass eine kontinuierliche „Fortschreibung" der Kalkulationsannahmen erfolgt. Mit der Nachkalkulation erfolgt abschließend eine Verifizierung der ursprünglichen Kalkulationsannahmen, welche für darauffolgende Angebote genutzt werden kann.

Nur beispielhaft werden in Abb. 4.5 einige Dokumentationsaspekte im Zusammenhang mit den auftragnehmerseitigen Kalkulationsschritten zusammengefasst.

Bereits während der Erstellung der Angebots- bzw. Auftragskalkulation sollte eine detaillierte Dokumentation angelegt werden, bei der sämtliche Faktoren und Annahmen – auch diejenigen, die sich nicht direkt dem Ausdruck einer Kalkulation entnehmen lassen – erfasst werden. Hierzu werden sämtliche Aspekte mit Einfluss auf die Preisermittlungsgrundlagen erfasst und zur späteren Verwendung (z. B. für Soll-Ist-Vergleiche) auffindbar, d. h. zentral, gespeichert und hinterlegt.

Abb. 4.4 Dokumentationsbedürftige Themen im laufenden Projekt

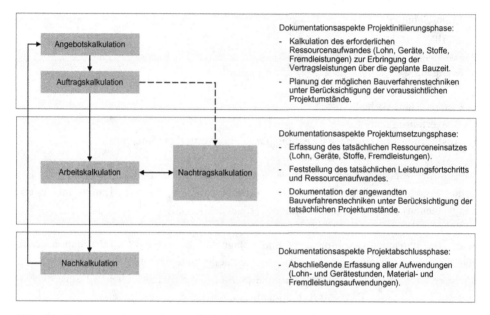

Abb. 4.5 Dokumentationsaspekte zur Kalkulation im laufenden Projekt

Beispielhaft für dokumentationsbedürftige, preisbildende Faktoren wären unter anderem (Auflistung nicht abschließend und für den Einzelfall auszuwählen):

- Generelles Verständnis der Leistungsbeschreibung des Kalkulators. (Bei Unklarheiten sind entsprechende Rückfragen an die Vergabestelle bzw. die für die Ausschreibung verantwortliche Stelle zu formulieren.)
- Annahmen zum Ablauf, zu den Verfahren und zur Beschaffenheit aller ausgeschriebenen Leistungen.
- Aufschlüsselung der mengen- und zeitabhängigen sowie einmaligen Kostenbestandteile.
- Bestimmung und Kontrolle der voraussichtlich anfallenden Mengen je Abrechnungseinheit.
- Auflistung aller kalkulatorischen Annahmen zu den gewählten Kostenarten (z. B. Lohn, Stoffe, Geräte und Nachunternehmer), die über die auszufüllenden End- bzw. Formblätter hinausgehen.
- Aufstellungen zu Personal- und Gerätekapazitäten über die Projektlaufzeit.
- Zusammenstellung der vorliegenden Angebote oder Vereinbarungen mit Planern, Nachunternehmern und Lieferanten.
- Übersicht zu den Baustelleneinrichtungselementen und dem eingesetzten Overhead-Personal.
- Ausweisung der positionsbezogenen und baustellenbezogenen Wagnisanteile.
- Innerbetriebliche Vorgaben zur baustellenunabhängigen Preisbildung (Zuschläge für AGK sowie G)
- Ggf. Auspositionierung der Allgemeinen Geschäftskosten durch Einteilung in umsatz- und zeitabhängige Bestandteile.

- Veränderungen bei preisbildenden Faktoren während der Angebots- oder Verhandlungsphase.
- Ggf. Zusammenstellung und Ablage der Verhandlungsergebnisse, welche in die Angebotskalkulation eingeflossen sind.
- Ggf. Zuführung etwaiger Nachlassvereinbarungen, die auch für Nachtragsleistungen gelten sollen, zur Aktensammlung.

Die vereinbarte Auftragskalkulation wird nach der Auftragserteilung – in aller Regel während der Arbeitsvorbereitung – in die sogenannte Arbeitskalkulation überführt. Arbeitskalkulationen haben tendenziell einen innerbetrieblichen Charakter, da die gewonnenen und festgestellten Daten und Informationen zunächst Controllingzwecke erfüllen. Nach dem Beginn der Arbeitsvorbereitung, welche eine konkretere Kalkulation der Einzel- und Baustellengemeinkosten ermöglicht, werden die sukzessiv über den gesamten Bauablauf erfassten Daten und Informationen bis zum Abschluss der Leistungserbringung mit der Arbeitskalkulation zentral und systematisch erfasst:

- Bildung weiterer Unterpositionen zu den Einzelkosten der Teilleistungen.
- Hinterlegung der konkreten Kosten von gewonnenen und gebundenen Lieferanten sowie Fremdunternehmen.
- Erfassung und Eingabe von gegebenenfalls bekannten Ist-Leistungs- und Aufwandswerten.
- Positionsbezogene Erfassung der Baustellengemeinkosten (in Analogie zu den Einzelkosten der Teilleistungen, ohne Vornahme der Umlageberechnung).
- Fortlaufende Gegenüberstellung mit den Ansätzen der Auftragskalkulation.
- Identifikation von Abweichung und Zurechnung der Abweichungen zu Risikosphären.

Die Nachtragskalkulation orientiert sich an der Systematik und den zugrunde zu legenden Preisparametern der Angebots- bzw. Auftragskalkulation für das Bauvorhaben, wenn die Nachträge im Zuge der Preisfortschreibung kalkuliert werden. Die Nachtragsberechnung auf Basis der tatsächlich erforderlichen Kosten sollte sich hingegen gänzlich von den ursprünglichen Kalkulationsansätzen lösen. Hierzu werden ebenfalls entsprechende Annahmen hinsichtlich des einzusetzenden Personals, Geräts und Materials genau dokumentiert.

Während der Erstellung der Nachtragsangebote sind daher ähnliche Dokumentationsanforderungen zu erfüllen wie bei der Erstellung der Angebots- bzw. Auftragskalkulation (s. Auflistung). Augenmerk ist jedoch insbesondere auf für die Leistungserbringung erforderlich werdenden außervertraglichen und spezifischen Abweichungen zu legen. Die geänderten, besonderen oder tatsächlich erforderlichen Kosten werden – mithilfe der zur Verfügung stehenden Dokumentationsmittel und -methoden – im Zuge der Nachtragsangebotserstellung und Nachtragsabrechnung dokumentiert und können anschließend in die Arbeitskalkulation überführt werden. Zu den einzelnen Nachtragsleistungen werden beispielsweise folgende Informationen festgehalten:

- Angaben zum Ablauf, zu den Verfahren und zur Beschaffenheit der Nachtragsleistungen.
- Aufschlüsselung der mengen- und zeitabhängigen sowie einmaligen Kostenbestandteile der Nachtragsleistung.

- Bestimmung und Kontrolle der anfallenden Mengen je Abrechnungseinheit.
- Aufstellungen zu Personal- und Gerätekapazitäten.
- Zusammenstellung der vorliegenden Angebote oder Vereinbarungen mit Planern, Nachunternehmern und Lieferanten.
- Übersicht zu den Baustelleneinrichtungselementen und dem eingesetzten Overhead-Personal.

Nach dem Abschluss der Leistungserbringung werden alle über die Projektlaufzeit gewonnenen Informationen und Daten auf Basis der letzten Arbeitskalkulation in die Nachkalkulation überführt. Die Erkenntnisse können sodann als Referenz respektive Grundlage für zukünftige Angebotskalkulationen dienen. Die Belastbarkeit der Kalkulationsansätze nimmt mit der Anzahl der durchgeführten Projekte zu. Nachkalkulationen können beispielsweise folgende Elemente zu den erbrachten Leistungen enthalten:

- Tatsächlich festgestellte Aufwendungen (mengen- und wertmäßig) für:
  - Lohnstunden
  - Gerätestunden
  - Mengen und Materialien
  - Baustelleneinrichtungselemente
  - Overheadpersonal
  - Fremdleistungen (Planer, Nachunternehmer und Lieferanten)
- Angewendete Bautechniken- und Verfahren
- Gemeinkostenbilanz des Projektes
- Baustellenergebnis

Für die mitlaufende Kalkulation und die hierfür erforderlichen Informationserhebungen stehen – wie bereits angeführt – unterschiedliche Dokumentationsmittel und -methoden zur Verfügung, welche in den nachfolgenden Kapiteln beispielhaft beschrieben werden.

In diesem Zusammenhang wird der Fokus auf folgende, kalkulationsrelevante Aspekte gelegt:

- Dokumentation der erbrachten Leistungen und des Ablaufes auf der Baustelle
- Dokumentation der erbrachten Mengen
- Dokumentation des erbrachten Lohneinsatzes
- Dokumentation der Stoffverbräuche
- Dokumentation des Geräteeinsatzes
- Dokumentation des Nachunternehmereinsatzes

Zu den vorbeschriebenen Themengebieten sollen mit den nachfolgenden Ausführungen beispielhafte Hilfestellungen für eine detaillierte und systematische Dokumentation im laufenden Projekt geboten werden.

4.4.2 Dokumentation der erbrachten Leistung und des Ablaufes auf der Baustelle – Bautagesbericht

Der Bautagesbericht (oder das Bautagebuch) ist das wichtigste Dokument zur Erfassung des tatsächlichen Baugeschehens, des Baufortschritts und von Soll-Ist-Abweichungen. Gerade in Verbindung mit einer aussagekräftigen Fotodokumentation, welche (klassisch) mit Fotokameras, dem Smartphone, mit Webcam- und Drohnenaufnahmen erstellt werden kann, besitzt der Bautagesbericht eine außerordentliche Aussagekraft und dient somit dem Nachweis der erbrachten Leistungen und der eingesetzten Ressourcen (Arbeitskräfte, Stoffe, Geräte).

Während der Bautagesbericht früher handschriftlich geschrieben wurde, erfolgt die Pflege aktuell zumeist mithilfe von standardisierten Musterformularen, welche digital ausgefüllt werden können. Darüber hinaus gibt es heutzutage auch spezielle Softwareanwendungen, welche die programmgestützte Führung des Berichtes ermöglichen. So kann die Erfassung des tagesaktuellen Baugeschehens beispielsweise auch direkt mit dem Smartphone oder Tablet im Zuge einer Baustellenbegehung erfolgen.

Grundsätzlich werden mit Bautagesberichten in der Regel folgende Informationen festgehalten:

- Auflistung der erbrachten Leistungen, mit Hinweisen zu den Ausführungsorten, den geplanten Soll-Vorgängen und den Abrechnungspositionen.
- Erfassung von Anzahl und Einsatzzeit des Eigen- und Fremdpersonals und konkrete Zuordnung zu den einzelnen vertraglichen und außervertraglichen Leistungen.
- Erfassung von Anzahl und Einsatzzeit der eingesetzten Leistungsgeräte und konkrete Zuordnung zu den einzelnen vertraglichen und außervertraglichen Leistungen.
- Erfassung von Anzahl und Einsatzzeit von Vorhaltegeräten und Baustelleneinrichtungselementen.
- Dokumentation der angelieferten und verbrauchten Materialien und Stoffe sowie konkrete Zuordnung zu den einzelnen vertraglichen und außervertraglichen Leistungen.
- Dokumentation von Leistungsmodifikationen und Stundenlohnarbeiten.
- Erfassung der zur Verfügung gestellten Ausführungsunterlagen.
- Beschreibung von Bauablaufstörungen.
- Aktuelle Wetterbedingungen.

Die genannten Informationen sollten erfasst werden, um einen Vergleich von dem vertraglich Vereinbarten und dem tatsächlichen Baugeschehen zu ermöglichen und eine Datengrundlage für die mitlaufende Kalkulation zu schaffen. Dementsprechend müssen zum exakten Leistungsnachweis der Ausführungsort, die eingesetzten Kapazitäten, die erbrachten Mengen und zumindest vorläufig die LV-Position angegeben werden.

Ein detailliertes Beispielformular für einen Bautagesbericht, welches für die praktische Verwendung auf der Baustelle wahrscheinlich zu viele Themenaspekte umfasst, wird in Abb. 4.6 dargestellt:

Bautagebuch

Ergänzende Dokumente:		Arbeitszeit	Pausenzeiten	Nachtarbeit	Wetter (Prognose angefügt)

Nr.:
Datum:
Auftraggeber:
Auftragnehmer:
Baustelle:
Auftragsnummer:
Ort. BL AG:
Ort. BL AN:

Planlieferliste:
Nachtragsangebot:
Stundenlohnzettel:
Terminplan:
Schriftl. Stellungnahme:
Bedenkenanzeige:
Behinderungsanzeige:
Abhilfeaufforderung:

Arbeitszeit: von Uhr / bis Uhr
Überstunden
Soll: / Ist: / Diff.: / Σ:
Anzahl:

Pausenzeiten: von Uhr / bis Uhr
Stundenlohnarbeiten
angefallen / nicht angefallen
Wartezeiten / Stillstandzeiten
angefallen / nicht angefallen

Nachtarbeit: von Uhr / bis Uhr
Nachweis angefügt / Hinweis an AG
Nachweis angefügt / Hinweis an AG

Wetter (Prognose angefügt): 07:00 Uhr 12:00 Uhr 17:00 Uhr
Beschreibung:
Windgeschwindigkeit:
Niederschlagsmenge:
Außentemperatur: °C °C °C
Witterungsbedingte Behinderungen
Gewerke:
Maßnahmen:

Ausgeführte Arbeiten

Mitarbeiter-Kennungen	V* / A* / S*	LV-Pos.	Menge	Soll-TP	LGF 1 Anzahl	Ah	LG 2 Anzahl	Ah	LG 3 Anzahl	Ah	LG 4 Anzahl	Ah	LG 5 Anzahl	Ah	LG 6 Anzahl	Ah	Σ Ah	% LV Menge	% kumuliert	LW*

Geräteeinsatz

Vorhaltegerät	Leistungsgerät	LV-Pos.	Ausgef. Arb.	Leistungszeit	Stillstandzeit	Wartungsarb.	Unrüstung	kalk. LW	erreicht. LW	ΔLW	Notizen

Materiallieferung

Lagerflächen	Koordinationszeit	LV-Pos.	Nr.	Bezeichnung	Soll-Übergabe	Verzögerung	Verwendung	Disposition

Planbestellung / Fehlende Pläne

Besondere Anordnungen / Vorkommnisse

Beschreibung	Name des Anordnenden	Anerkenntnis AG	ja / nein	Nachtragsangebot gestellt	ja / nein	Beschreibung:

Leistungsbereich angezeigt: ja / nein
Gem. VOB/B angezeigt: ja / nein
Dispositionsmöglichkeiten: ja / nein
Anzahl der betroffenen Personen:

Bedenken / Behinderung
Name der Person:
Übergabedatum:
Maßnahmen:
Dauer der Behinderung:

Notizen

Name / Unterschrift Bauleiter: Datum:
Name / Unterschrift Kunde: Datum:
Gegenzeichnungen

(V*) = vertragliche Leistung   (A*) = außerordentliche Leistung, in Besondere Anordnungen / Vorkommnisse näher beschreiben   (S*) = Vergütung auf Stundenlohnbasis, sofern sie als solche vor Beginn der Ausführung vereinbart wurde   LG* = Lohngruppe   LW* = Leistungswert

Abb. 4.6   Beispielformular Bautagesbericht

Im Vergleich zu herkömmlichen Beispielformularen enthält das in Abb. 4.6 gezeigte Muster entscheidende Abfragen, welche eine Kalkulation und Abrechnung von Leistungen erleichtern. So können zum Beispiel zu jeder erbrachten Leistung, sei sie vertraglich geschuldet, geändert oder zusätzlich erforderlich, die eingesetzten Arbeitskräfte (Anzahl, Stundenaufwand und Lohngruppenzugehörigkeit), die eingesetzten Geräte (Einsatz-, Gerätedispositions- und Gerätestillstandszeiten), sowie die dazugehörigen Material- bzw. Stoffaufwendungen erfasst werden. Darüber hinaus können beispielsweise auch die erreichten Leistungswerte ermittelt und ausgewertet werden.

Beispieldokumentation einer zusätzlichen Leistung
Die Dokumentation eines zusätzlichen Magerbetoneinbaus (10 m^3) kann beispielsweise wie in Abb. 4.7 erfolgen.

Eine derart akribische Dokumentation hat gerade mit der Thematik der tatsächlich erforderlichen Kosten an Bedeutung gewonnen. Während die klassische Preisfortschreibung einen zumeist vorkalkulativen Charakter hat, kommt es bei der Darlegung von tatsächlich erforderlichen Kosten auf die konkret eingesetzten Ressourcen an. Diese wiederum lassen sich mit einem – zwar pflegeintensiven, aber nützlichen – Detailbericht erfassen.

Bautagesberichte sind zur Förderung der Belastbarkeit und Verwertbarkeit zeitnah – im Optimalfall täglich, ansonsten mindestens wöchentlich – an den Auftraggeber und/oder bevollmächtigte Vertreter zur Gegenzeichnung vorzulegen. Eine auftraggeberseitige Bestätigung des Berichtinhalts kann nur erfolgen, wenn ihre Richtigkeit und Genauigkeit im Nachgang überprüft werden kann. Dies ist durch die unmittelbare Vorlage gewährleistet.

Sind die Bautagesberichte von allen Beteiligten gegengezeichnet und ist das Dokumentierte inhaltlich bestätigt, liegt ein für alle Seiten verlässliches und belastbares Dokument zur Kalkulation, Abrechnung und Kontrolle vor.

Wie eingangs dieses Kapitels bereits angeführt, kann die Dokumentation des Ablaufes auch mithilfe einer aussagekräftigen Fotodokumentation unterstützt werden. Insbesondere die Verwendung von Webcams hat sich auf den Baustellen bewährt, da die Erfassung des Leistungsfortschritts sowie der eingesetzten Ressourcen (z. B. Personal und Gerät) übersichtlich und kontinuierlich erfasst werden. Die Webcams werden für einen optimalen Überblick zumeist an hochgelegenen Orten (z. B. Kran, benachbarte Bauwerke, Masten) montiert. Im Verlauf der Bauabwicklung kann eine Veränderung der Positionierung mitunter auch sinnvoll sein, um eine an den Bauablauf angepasste und adäquate Dokumentation sicherzustellen. Die Auslösung kann sowohl automatisch als auch manuell erfolgen, sodass zu jeder Zeit eine Aufnahme von dem aktuellen Baustellengeschehen vorliegen kann. Die Verwendung und Weiterverarbeitung des Bildmaterials müssen jedoch mit allen Beteiligten im Sinne der datenschutztechnischen Belange abgestimmt sein. Ein automatisiertes Verpixeln von Gesichtern oder personenbezogenen Informationen ist überdies möglich und sinnvoll.

Für die Auswertung und Verwendung von Fotografien ist darauf zu achten, dass die Bilder örtlich und zeitlich zugeordnet werden können. Hier empfiehlt sich neben der Angabe von Ort, Datum und Uhrzeit auch eine kurze Beschreibung zum Bildinhalt. In Verbindung mit dem Bautagesbericht wird somit eine überzeugende und belastbare Datengrundlage geschaffen.

Ausgeführte Arbeiten					LG* 1		LG 2		LG 3		LG 4		LG 5		LG 6		Σ	% LV Menge	% kumuliert	LW*
Mitarbeiter-Kennungen	V* / A* / S*	LV-Pos.	Menge	Soll-TP	Anzahl	Ab	Anzahl	Ab	Anzahl	Ab	Anzahl	Ab	Anzahl	Ab	Anzahl	Ab	Ab			
1. Magerbeton als Ausgleichsschicht (zus. Leistung)																				
Hr. A, Hr. B, Hr. C	A	-	10 m²	-	1	1	-	-	1	1	-	-	1	1	1	1	3	-	-	10 m²/h

Geräteeinsatz					Leistungszeit		Stillstandszeit		Wartungsart.		Umrüstung		kalk. LW		erreicht. LW		Δ LW	Notizen		
Vorhaltegerät	Leistungsgerät	LV-Pos.	Ausgef. Arb.																	
1. Zusätzliche Pumpe für Magerbeton als Ausgleichsschicht (zus. Leistung)	1	-	ja		1 h		-		-		-		1		10 m²/h		-	Zus. Gerät gemietet, Kleinfläche Arbeit		

Materiallieferung					Nr.		Bezeichnung				Plananstellung / Fehlende Pläne									
Lagerflächen	Koordinationszeit	LV-Pos.	AG-seitig								Soll-/Übergabe	Verzögerung		Verwendung		Disposition				
1. 10 m³ Magerbeton als Transportbeton	-	10 Min.	-	☐ ja	-		-				-	-								

Abb. 4.7 Beispiel ausgefüllter Bautagesbericht

Neben der Möglichkeit der Verwendung von Webcams können auch Flugdrohnen ein-
gesetzt werden, welche sich insbesondere für die fotografische Erfassung von größeren
Baumaßnahmen, Linienbaustellen, Dächern und Fassaden eignen. Die Drohnen ermögli-
chen die Erfassung der Baustellengegebenheiten aus unterschiedlichen Blickwinkeln und
Höhen und können durch die Auswertung der Fotos und Videos ebenfalls Aufschlüsse zum
Baufortschritt und den eingesetzten Arbeitskräften und Geräten bieten.

4.4.3 Dokumentation der erbrachten Mengen

Die Vergütung bei einem Einheitspreisvertrag erfolgt auf Basis der tatsächlich angefallenen Mengen (multipliziert mit den vereinbarten Einheitspreisen). Die Stellung von Rechnungen erfordert bei einem VOB/B-Einheitspreisvertrag somit immer eine prüfbare
Aufstellung der abzurechnenden Mengen. Gemäß § 14 VOB/B sind zum Nachweis der
erbrachten Leistungen entsprechende Mengenberechnungen, Zeichnungen und andere
Belege der Abrechnung beizufügen.

Die erbrachten Ausführungsmengen müssen prüffähig und einer bestimmten Teilleistung zurechenbar sein. Neben der von der VOB präferierten Mengenermittlung unter
Berücksichtigung des Abschnitts 5 der ATV-Normen anhand von Planunterlagen ist oftmals auch ein örtliches Aufmaß erforderlich, um die tatsächlichen Mengen zu ermitteln.
Hierbei hat sich bei der Erfassung die Verwendung von Formblättern (Aufmaßblätter und
Mengenübersichten) bewährt. Unabhängig von der Mengenermittlungsmethode müssen
die Bauteile, die Abmessungen und die Vorgehensweise bei der Ermittlung dokumentiert werden.

Eine Mengenermittlung ist gemäß der ATV DIN 18299 (VOB/C) grundsätzlich auf
Basis von Zeichnungen vorzunehmen. Sofern keine Zeichnungen vorhanden sind, sind die
entsprechenden Leistungen aufzumessen. Die allgemeine Vertragsbedingung wird gewer-
kespezifisch mit den jeweils geltenden Normen unterschiedlich ergänzt. So ist bei einer
Abrechnung nach Masse im Erdbau gemäß der ATV DIN 18300 beispielsweise der Men-
gennachweis mittels Wiegescheinen oder gegebenenfalls auch durch Schiffseiche zu erbringen. Rechnungen von Lieferanten, Nachunternehmern und Dienstleistern sind zu
sammeln, aufzubewahren und gegebenenfalls vorzulegen. Allein zum Nachweis der erbrachten Leistungen und Mengen werden folglich Anforderungen an die Dokumentation
und Nachweisführung des Auftragnehmers gestellt. Geordnete und sorgfältige Ablage-
strukturen vereinfachen die Erfüllung der Dokumentationsanforderungen erheblich.

Im Zuge der Mengenermittlung ist auch zu berücksichtigen, dass die VOB/C für die
jeweiligen Gewerke konkrete Abrechnungs-, d. h. Übermessungs- und Abzugsregelungen
vorgibt, sodass die tatsächlich ausgeführte Menge nicht der Abrechnungsmenge im Sinne
der VOB/C entsprechen muss.

Ein mögliches Beispielformular für die systematische Mengendokumentation wird in
Abb. 4.8 in tabellarischer Form vorgestellt.

Mengen- und Aufwandsdokumentation

Blatt Nr.:
Datum:
Auftraggeber:
Auftragnehmer:

Baustelle:
Auftragsnummer:
Örtl. BL AG:
Örtl. BL AN:

Ersteller:

Los	Gewerk	LV-Pos.	LV-Vordersatz	Durchschn. Tages-leistung	Anzahl Personen	Arbeitszeit	Ist-Menge					Aufwandsabweichung			Mengenabweichung				
							kumulierte Menge	Fertig-stellungs-grad [%]	Fertig-stellung [Jahr/nein]	Gesamt-menge	Gesamt-stunden-aufwand	Soll-Stunden	Abweichung Soll-Ist	Abweichung [%]	Abweichung Soll-Ist	Abweichung [%]	Abweichung > 10 %	Ansprüche gem. § 2 Abs. 3 VOB/B [ja/nein]	

Geänderte oder zusätzliche Leistungen werden mit einem "N" bei LV-Pos. gekennzeichnet und gesondert in der Nachtragsübersicht dargestellt

*konkrete Nachweise und Aufmaßpläne/Aufmaßblätter sind beizufügen.

Abb. 4.8 Beispielformular Mengendokumentation

Beispiel

Anhand eines später erneut aufgegriffenen Beispiels eines von einem Unternehmen zu erstellenden Fliesenspiegels von 150,00 m² werden die Abrechnungsregelungen beispielhaft aufgezeigt:

Im Zuge der Leistungserbringung stellt sich heraus, dass der ursprüngliche Mengenvordersatz von 150,00 m² aufgrund eines Berechnungsfehlers nicht stimmt. Die tatsächlich gefliesste Fläche ist folglich aufgrund von ungeeigneten Referenzzeichnungen nach der ATV DIN 18352 i. V. m. der ATV DIN 18299 aufzumessen. Das Aufmaß kann sodann auf ein sogenanntes Aufmaßblatt übertragen und zu Abrechnungszwecken vorgelegt werden. Aussparungen über 0,1 m² Einzelgröße sind kenntlich zu machen und von der Gesamtmenge abzuziehen. Alle Aussparung <0,1 m² werden hingegen übermessen, d. h. abgerechnet. Die abrechenbare Menge wird Bestandteil der Rechnung des Auftragnehmers.

Auch die Erfassung von Mengen verändert sich mit der voranschreitenden Digitalisierung. Während die Mengenermittlung aktuell zumeist mithilfe von zwei- bzw. dreidimensionalen Planunterlagen oder CAD-Zeichnungen vorgenommen werden, wird die Mengenermittlung vor allem durch die zunehmende Bauwerksmodellierung erleichtert. Auch die Erstellung von örtlichen Aufmaßen befindet sich aufgrund von neuartigen Vermessungsgeräten (z. B. 3-D-Laserscanning oder Mengenermittlung mit Flugdrohnen) in einem Wandel.

4.4.4 Dokumentation des erbrachten Lohneinsatzes

Lohnstunden- oder Tagesberichte erfassen über den definierten Berichtszeitraum von einem Tag die produktive Tätigkeit der Arbeitskräfte nach ihrer Art und Menge. Da die Teilleistungen und die eingesetzten Arbeitskräfte über den Projektverlauf zunehmen, werden die Lohnstunden- und Mengenzuordnung durch die Bildung von unternehmens- oder bauvorhabensspezifischen Clustern, d. h. Kennnummern/Bauarbeitsschlüsseln (BAS) versehen, da die kleinschrittige Dokumentation auf der Baustelle ansonsten zu zeit- und kostenintensiv wäre. Für jede definierte Teilleistung existiert somit ein Arbeitsschlüssel.

Erfasst werden somit alle geleisteten Stunden, sodass die Möglichkeiten der Gegenüberstellung mit den ursprünglich kalkulierten Ansätzen erfolgen kann (Soll-Ist-Vergleich).

Des Weiteren können erste Rückschlüsse auf etwaige Produktivitätsverluste gezogen werden, wenn ungestörte und gestörte Vorgänge miteinander verglichen werden.

Die detaillierte Form eines Bautagesberichts oder eines Beispielformblatts zur Lohnstundenerfassung ermöglichen unter anderem einen Soll-Ist-Vergleich, welcher auch in die Arbeitskalkulation einfließen kann.

Zur Ermittlung der Lohnkosten sind sodann die tatsächlich eingesetzten und erforderlichen Arbeitskräfte für die Dauer des Einsatzes und unter Berücksichtigung der geleisteten Lohnzahlungen und aller weiteren kostenbildenden Faktoren auszuweisen.

Ein beispielhaftes Formblatt zur Lohnstundenerfassung wird in Abb. 4.9 gezeigt.

Lohnstunden- und Aufwandswert-Kontrolle													
Blatt Nr.:	Baustelle:						Ersteller:					Betrachtungszeitraum:	
Datum:	Auftragsnummer:												
Auftraggeber:	Örtl. BL AG:												
Auftragnehmer:	Örtl. BL AN:												

Abb. 4.9 Beispielformular Lohnstundendokumentation

4.4.5 Dokumentation der Stoffverbräuche

Das in Abb. 4.9 gezeigte Beispielformular lässt sich auf fast alle gewählten Kostenarten übertragen. So können in dieser Art auch Stoffpreise positionsbezogen dokumentiert und im Anschluss der Arbeits- und Nachtragskalkulation zugeführt werden (s. Abb. 4.10).

Die geleisteten Stoffpreiszahlungen für die konkrete Abrechnungsmenge (unter Berücksichtigung aller preisbildenden Faktoren wie beispielsweise Fracht-, Fuhr- und Ladekosten) können beispielsweise mithilfe von Lieferscheinen und Rechnungsbelegen dokumentiert werden. Der Mittelabfluss kann ergänzend dargelegt werden. In diesem Zusammenhang können – gerade bei zufälligen Mengenmehrungen oder geänderten Leistungen – etwaige Zuordnungsprobleme entstehen, welche durch entsprechende Erläuterungen aufgeklärt werden können.

4.4.6 Dokumentation des Geräteeinsatzes

Neben den beschriebenen Beispielformularen, welche überwiegend dem Soll-Ist-Vergleich der geleisteten Lohnleistungen dienen, ermöglichen sogenannte Gerätestundenberichte die Leistungskontrolle der eingesetzten Geräte. Dokumentiert werden die Art sowie die Anzahl der eingesetzten Geräte nebst ihrer Leistungs- und Einsatzdauer. Zu unterscheiden sind hierbei Leistungs- und Vorhaltegeräte. Leistungsgeräte lassen sich einer Leistungsposition zurechnen, während Vorhaltegeräte Bestandteil der Baustellengemeinkosten sind und über die Vorhaltezeit kalkuliert werden.

Besonders bei geräteintensiven Arbeiten (z. B. bei Erdbau- oder Infrastrukturprojekten) sind die Soll-Ist-Vergleiche mithilfe der Gerätestundenberichte wichtig, um Auswirkungen auf die Wirtschaftlichkeit oder die außervertragliche Verwendung des eingesetzten Geräts zu erfassen. Neben der generellen Übersicht über kalkulierte und tatsächlich eingesetzte Geräte, lassen sich auch Produktivitätsverluste durch den Vergleich der Leistungswerte in ungestörten und gestörten Bauphasen nachweisen. Die Dokumentation muss hierfür die eindeutige Zuordnung der eingesetzten Geräte, der ausgeführten Arbeiten und der tatsächlich erbrachten Mengen ermöglichen.

Darüber hinaus sollten auch sogenannte Randstunden, wie Reparatur-, Warte- und Transportzeiten erfasst werden, um einen Vergleich der kalkulierten und der tatsächlichen Leistungswerte zu ermöglichen.

Ein mögliches Musterformular für einen Gerätestundenbericht kann, wie in Abb. 4.11 gezeigt, gestaltet werden:

Obwohl es für die eingesetzten Eigengeräte oder Eigenmaschinen beispielsweise für den Nachweis der tatsächlich erforderlichen Kosten – anders als bei Fremdgeräten – wahrscheinlich kein Mittelabfluss dargelegt werden kann, sind dennoch entsprechende Kosten zu berücksichtigen. Die Identifikation einer Bemessungsgrundlage kann den Anspruchssteller jedoch vor Probleme stellen, sofern der buchhalterische Werteverzehr nicht ermittelt werden kann oder ein spezielles Gerät zur Ausführung der Leistungen angeschafft werden muss. Ein Rückgriff auf Kalkulationsansätze oder Sätze der Baugeräteliste dürfte jedoch

Stoffaufwand

Blatt Nr.:	Baustelle:	Ersteller:	Betrachtungszeitraum:
Datum:	Auftragsnummer:		
Auftraggeber:	Örtl. BL AG:		
Auftragnehmer:	Örtl. BL AN:		

Soll-Ist-Vergleich Aufwand

LV-Pos.	Mengen		Stoffpreise		Stoffpreise / Einheit		Abweichung (Preise/Einheit)		Notizen
	Soll	Ist	Soll	Ist	Soll	Ist	Absolut	in %	

Abb. 4.10 Beispielformular Stoffdokumentation

Geräteleistungsdokumentation

Blatt Nr.: ______ **Datum:** ______ **Auftraggeber:** ______ **Auftragnehmer:** ______	**Baustelle:** ______ **Auftragsnummer:** ______ **Örtl. BL AG:** ______ **Örtl. BL AN:**	Ersteller:

Geänderte oder zusätzliche Geräteeinsätze werden mit einem "N" bei Nr. gekennzeichnet und gesondert in der Nachtragsübersicht dargestellt

Nr.	**Gerät**	**BGL**	**Ausgef. Leistung**	**Kalk. LW**	**Kalk. VZ**	**Ist-Einsatz**								**Betriebsstoffe**			**Notizen**
						VZ	Gesamt-einsatz-dauer [h]	Geleistete Menge	Durch-schn. LW	Stillstands-zeit	Wartungs-zeit	Umrüstung/ Transport	Betriebs-zeitfaktor	Benzin/ Diesel [ltr.]	Öl [ltr.]	Schmier-stoffe [ltr.]	

LW = Leistungswert VZ = Vorhaltezeit

Abb. 4.11 Beispielformular Gerätedokumentation

nur bei der Preisfortschreibung möglich sein. Ein möglicher Lösungsansatz zur Ermittlung der tatsächlich erforderlichen Kosten kann daher beispielsweise auch wie folgt aussehen:

- Vorab ist der konkrete Geräteeinsatz auf der Baustelle unter Berücksichtigung möglicher Betriebs- und Wartungskosten zu dokumentieren. Dies kann mithilfe der vorgestellten Bautagesberichte oder Gerätekontrollblätter erfolgen.
- Durch den Einsatz des Gerätes entstehen dem Auftragnehmer sodann bestimmte Opportunitätskosten, da etwa ein anderweitiger Einsatz nicht möglich ist. Diese Verzichtskosten könnten für den konkreten Gerätemehreinsatz zuzüglich etwaiger Betriebs- und Wartungskosten angesetzt werden.

In dem beschriebenen Fliesenbeispiel könnte dies bedeuten, dass der für die Arbeiten benötigte Fliesenschneider beispielsweise durch die Ausführung einer Mehrmenge nicht anderweitig verwendet werden konnte und für den Unternehmer somit Opportunitätskosten entstehen. Folglich wäre ein neuer Kostenansatz zu bilden, welcher dem konkreten Einsatz unter Berücksichtigung aller Begleitkosten entsteht.

4.4.7   Dokumentation des Nachunternehmereinsatzes

Mit den vorbeschriebenen Dokumentationsmitteln- und Methoden lässt sich grundsätzlich auch der Nachunternehmereinsatz systematisch festhalten. Da sich eine konkrete Erfassung aller Leistungen und Ressourcen des Nachunternehmers (auch unter Berücksichtigung der Datenschutzanforderungen) jedoch nicht immer sicherstellen lässt, erfolgt die Dokumentation zumeist in passiver Form. Passiv aufgrund des Umstandes, dass die Daten- und Informationserhebung oftmals auf der Grundlage, der vom Nachunternehmer erstellten Dokumentation erfolgt, welche in Analogie zu den für den Unternehmer beschriebenen Anforderungen zu erstellen ist. Demgemäß hat der Nachunternehmer sämtliche Dokumentationsunterlagen – so z. B. den Bautagesbericht für die eigenen Leistungen – täglich zu übergeben. Der Unternehmer kann die vom Nachunternehmer zur Verfügung gestellten Dokumente und Informationen sodann nach entsprechender Inhaltskontrolle in die eigene Dokumentation überführen.

Die Aufwendungen für die Leistungen des Nachunternehmers können ferner mithilfe von Rechnungsbelegen ausgewiesen werden. Maßgeblich ist auch der tatsächliche Mittelabfluss für die erbrachten Leistungen.

4.5   Kalkulation ausgewählter Ansprüche – Vergütungsanpassungen

4.5.1   Überblick

Wie bereits erläutert, besteht bei Bauverträgen die Besonderheit, dass während der Vertragsabwicklung in vielen Fällen Preisanpassungen oder Schadensersatz- beziehungsweise Entschädigungsansprüche kalkuliert werden müssen. Ursachen für eine Vergütungsanpassung können beispielsweise Mengenabweichungen, ein geänderter Bauentwurf, zusätzliche Leistungen sowie Störungen oder Behinderungen sein.

Bauverträge in Deutschland basieren auf dem Bauvertragsrecht des BGB. Zusätzlich wird häufig die Vertragsordnung für das Bauwesen (VOB), Teil B und C als Vertragsinhalt vereinbart. Gerade die Vertragsordnung für das Bauwesen sieht vielfältige, ganz spezifische Regelungen für typische Situationen während der Bauvertragsabwicklung vor. Grundsätzlich wird hier zwischen Ansprüchen auf Anpassung des Preises und Ansprüchen auf Schadenersatz beziehungsweise Entschädigung unterschieden. Für die einzelnen Ansprüche existieren dabei ganz unterschiedlich ausgeprägte Kalkulationsvorschriften. Diese Kalkulationsvorschriften sind außerdem durch Gerichtsurteile in den vergangenen Jahren zusätzlich spezifiziert und ausgelegt worden.

Es ist für eine erfolgreiche Bauprojektabwicklung entscheidend, die konkreten Anspruchsgrundlagen und die sich daraus ergebenden spezifischen Kalkulationsvorschriften zu kennen, um die eigenen Forderungen korrekt aufbauen zu können. Daher werden im Folgenden die Kalkulation von Ansprüchen für ausgewählte und wichtige Anspruchsgrundlagen von Bauverträgen dargestellt und erläutert.

Abb. 4.12 enthält eine Übersicht über relevante Anspruchsgrundlagen.

Rechtgrundlage und Vorschrift		
BGB	§650 c BGB	Anordnung des Bestellers
	§642 BGB	Annahmeverzug
VOB/B	§2 (3) VOB/B	Mengenänderungen
	§2 (4) VOB/B	Leistungsübernahme AG
	§2 (5) VOB/B	Änderung Bauentwurf oder andere Anordnungen des Auftraggebers
	§2 (6) VOB/B	Nicht vorgesehene Leistungen
	§2 (7) VOB/B	Leistungsabweichung beim Pauschalvertrag
	§2 (8) VOB/B	Leistung ohne Auftrag
	§2 (9) VOB/B	Planerische Leistungen
	§6 (6) VOB/B	Behinderung und Unterbrechung der Ausführung
	§8 (1) VOB/B	Kündigung durch den Auftraggeber
	§13 VOB/B	Mängelansprüche
	§15 VOB/B	Stundenlohnarbeiten

Abb. 4.12 Ausgewählte Anspruchsgrundlagen bei Bauverträgen

4.5.2 § 650 b und c BGB

Nachfolgend wird das Prinzip der Ermittlung des Mehr- oder Minderaufwands nach tat-sächlich erforderlichen Kosten an einigen Beispielen erläutert:

Ausgangsfall
Bei der in Abschn. 3.4.11 dargestellten und kalkulierten Lärmschutzwand stellt sich im Zuge der Ausführung heraus, dass der tragfähige Boden erst 0,5m tiefer ansteht als dies im Zuge der Ausschreibung angenommen wurde, somit wird aus technischen Gründen eine tiefere Bodenausschachtung sowie eine Tiefergründung des Fundaments erforderlich, wie der Abb. 4.13 entnommen werden kann.

Von dieser Änderung sind die die Pos. 1 Bodenaushub und Pos. 2 Fundamentbeton betroffen. Es ergeben sich hier für die 120m lange Lärmschutzwand folgende zusätzliche Leistungsmengen (s. Abb. 4.14).

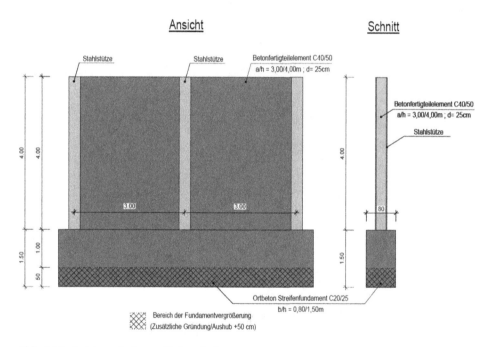

Abb. 4.13 Leistungsänderung Tiefergründung

Pos.	Bezeichnung	Menge	Einheit
01.	Bodenaushub für Streifenfundamente lösen, laden und verbauen	48,00	m³
02.	Stahlbetonstreifenfundament C20/25 bis 1,00m Tiefe; B = 0,80m	48,00	m³

Abb. 4.14 Zusätzliche Leistungsmengen

Allgemeine Angabe zur Kalkulation

Mittellohn	39,00 EUR/h
Anteil Bauleitungskosten 2 h pro Woche	90 EUR/h
Allgemeine Geschäftskosten für Eigen- und Fremdleistungen	8%
Gewinn	4%
Bauzeit	2 Wochen

Aufwandswerte

Boden lösen, laden, einbauen	0,6 h/m³
Betonieren Streifenfundamente	0,8 h/m³

Materialkosten

Transportkosten Boden abfahren und entsorgen	26 EUR/m³
Normalbeton C20/25	110 EUR/m³

Gerätekosten

Mittelgroßer Bagger für Aushub – Betriebskosten + AVR	18 EUR/m³
Betonpumpe – Mietgebühr	12 EUR/m³

Abb. 4.15 Ausschnitt aus der Urkalkulation

In der vereinbarungsgemäß hinterlegten Urkalkulation finden sich die in Abb. 4.15 und 4.16 ersichtlichen Angaben.

Die Ermittlung der Einzelkosten der Teilleistungen gem. Urkalkulation ist Abb. 4.16 zu entnehmen.

Der Auftragnehmer macht für die Vergütungsanpassung von seinem Wahlrecht Gebrauch und möchte die Mehrvergütung durch Fortschreibung der Urkalkulation ermitteln.

Für die Position 1 „Bodenaushub" setzt er daher denselben Preis an, wie dies auch im Hauptvertrag der Fall war mit der Begründung, dass es sich um dieselbe Leistung handele und insoweit die Preisfortschreibung zum gleichen Preis führe, wie im Hauptvertrag.

Bei der Position 2 „Fundamentbeton" setzt er dann ebenso dieselben Leistungs- und Aufwandswerte sowie Gerätekosten an, wie diese auch für die Position des Hauptvertrages ermittelt wurden und setzt aber für die Materialkosten beim Beton (neue Güte C 30/37 gem. Listenpreis Betonlieferant) nun 200,- €/m³ statt der in der Urkalkulation für den Beton der Güte C20/25 kalkulierten 110,00 €/m³ an, wie der Abb. 4.17 zur Ermittlung der Einzelkosten der Teilleistungen für die Leistungsänderungen entnommen werden kann:

Somit kommt er unter Beibehaltung der Kalkulationszuschläge auf die in Abb. 4.18 ermittelten Preise.

Pos. Nr.	Bezeichnung	Kostenarten ohne Umlage je Einheit			
		Lohn [h]	SoKo [EUR]	Gerät [EUR]	Fremd [EUR]
Pos. 01	Bodenaushub Fundament 96,00 m³				
	Boden lösen, fördern, einbauen	0,6			
	Transport Boden abfahren und entsorgen		26		
	Mittelgroßer Bagger für Aushub			18	
∑ Pos. 01		0,6	26	18	-
Pos. 02	Stahlbetonstreifenfundament 96,00 m³				
	Betonieren Streifenfundamente	0,8			
	Normalbeton C20/25		110		
	Betonpumpe – Mietgebühr			12	
∑ Pos. 02		0,8	110	12	-

Abb. 4.16 Ermittlung der Einzelkosten der Teilleistungen

Ermitlung der Einzelkosten der Teilleistung

Pos. Nr.	Bezeichnung	Kostenarten ohne Umlage je Einheit			
		Lohn [h]	SoKo [EUR]	Gerät [EUR]	Fremd [EUR]
Pos. 01	Bodenaushub Fundament 96,00 m³				
	Boden lösen, fördern, einbauen	0,60			
	Transport Boden abfahren und entsorgen		26,00		
	Mittelgroßer Bagger für Aushub			18,00	
∑ Pos. 01		0,60	26,00	18,00	-
Pos. 02	Stahlbetonstreifenfundament 96,00 m³				
	Betonieren Streifenfundamente	0,80			
	Normalbeton C20/25		200,00		
	Betonpumpe – Mietgebühr			12,00	
∑ Pos. 02		0,80	110,00	12,00	-

Abb. 4.17 Ermittlung der Einzelkosten der Teilleistungen der Leistungsänderung

Ermittlung der Einheitspreise der geänderten Leistung				
Pos.	Lohn [EUR] (x 62,86 EUR/h)	Gerät [EUR] (x 1,15 für 15%)	Fremd [EUR] (1,08 für 8%)	SoKo [EUR] (x 1,1 für 10%)	EP [EUR]
01.	0,6 x 62,86 =37,72	18,00 x 1,15 = 20,70	26,00 x 1,08 = 28,08	-	86,50
02.	0,8 x 62,86 = 50,29	12,00 x 1,15 = 13,80	-	200,00 x 1,1 = 220,00	284,09

Abb. 4.18 Preisermittlung der Leistungsänderung

	Menge [m³]	EP [€/m³]	GP[€]
Pos. 1	144,00	86,50	12.456,00
Pos. 2	144,00	284,09	40.908,96

Abb. 4.19 Abrechnung

	Menge [m³]	EP [€/m³]	GP[€]
Pos. 1	96,00	86,50	8.304,00
Pos. 2	96,00	185,09	17.768,64

Abb. 4.20 Abrechnung AG, Hauptvertragsleistungen

Nun möchte der Auftragnehmer über die Position 1 den Gesamtaushub im Umfang von 96,00 m³ gemäß Haupt-LV und die 48,00 m³ gemäß Nachtrags LV, in Summe also 144,00 m³ zum alten Einheitspreis in Höhe von 86,50 €/m³ abrechnen.

Zudem möchte er die Position 2, nun ebenfalls mit 144 m³, mit dem an die neue Betongüte angepassten Preis in Höhe von 284,09 €/m³ abrechnen (s. Abb. 4.19).

Der Auftraggeber streitet aber die Richtigkeit der Urkalkulation an und führt hierbei folgenden Punkt an:

1. Bei der Erstellung des Aushubs für die Fundamente konnte dokumentiert werden, dass der tatsächliche Aufwandswert lediglich bei 0,3 h/m³ lag.
2. Der in der Position 2 in der Urkalkulation angesetzte Materialkostenanteil in Höhe von 110,00 €/m³ ist zu niedrig. Die tatsächlichen Kosten (vgl. Listenpreis des Lieferanten) hätte 150,00 €/m³ betragen

Der Auftraggeber führt somit folgende Korrektur in drei Schritten durch (Abb. 4.20).

1. Abrechnung der Hauptvertragsleistung unverändert gemäß Vertrag (s. Abb. 4.20).

| Ermittlung der Einheitspreise der geänderten Leistung | | | |
Pos.	Lohn [EUR] Mittellohn 39,00	Gerät [EUR] Aufwand 0,3 statt 0,6	Fremd [EUR] EKdT unverändert	EKdT neu [EUR]
01.	0,3 x 39,00 =11,70	9,00	26,00	46,70

Abb. 4.21 Tatsächlich erforderliche Kosten Pos. 1

| Ermittlung der Einheitspreise der geänderten Leistung | | | |
Pos.	Lohn [EUR] Mittellohn 39,00	Gerät [EUR] EKdT unverändert	SoKo [EUR] nur Mehraufwand aus Differenz tats. Kosten	EKdT neu [EUR]
02.	0,8 x 39,00 = 31,20	12,00	200	243,20

Abb. 4.22 Tatsächlich erforderliche Kosten Pos. 2

	Menge [m³]	EKdT neuEP [€/m³]	AGK, G [%]	EP neu [	GP neu
Pos. 1 neu	48,00	46,70	12,00	52,30	2.510,59
Pos. 2 neu	48,00	203,20	12,00	227,58	10.924,03
Pos. 2 Zul.	96,00	60,00	12,00	67,20	6.451,20

Abb. 4.23 Abrechnung Mehraufwand

Somit bleibt für den Anteil der Leistung gemäß Hauptvertrag die Ertragssituation beim Auftragnehmer vorerst dieselbe, wie diese auch bei unveränderter Leistung gewesen wäre.

2. Für die Menge von 96,00 m³ stehen dem Auftragnehmer für die Position 2 noch Mehrkosten für die geänderte Betongüte zu. Die Differenz aus tatsächlich erforderlichen und hypothetisch tatsächlich erforderlichen Betonkosten (200 €/m³ − 150 €/m³ = 60 €/m³) sind ansetzbar, sodass sich eine „Zulage" in Höhe von 60 €/m³ zzgl. Zuschläge für die Abrechnungsmenge von 96,00 m³ ergibt.
3. Für die weiteren Mengen in Höhe von 48,00 m³ korrigiert der Auftraggeber die Kosten nun auf die tatsächlich erforderlichen Kosten (s. Abb. 4.21 und 4.22).

Zudem setzt der Auftraggeber eine Zulage für die geänderte Betongüte an. Unter Berücksichtigung der angemessenen Zuschläge für Allgemeine Geschäftskosten und Gewinn den Wert aus der Urkalkulation an (12 %) ergeben sich insgesamt die Beträge für den Mehraufwand (s. Abb. 4.23).

4.5.3   § 2 Abs. 3 VOB/B

Eine typische Notwendigkeit die Vergütung beziehungsweise die Einheitspreise anzupassen, sind die Fälle der reinen Mengenänderungen. Reine Mengenänderungen liegen vor, wenn sich andere als im Leistungsverzeichnis angegebene Mengen bei der Leistungserbringung ergeben, ohne dass sich das Bau-Soll verändert. Andernfalls wären dies Fälle von geänderter oder zusätzlicher Leistung. Der Fall der reinen Mengenänderungen gem.

§ 2(3) VOB/B betrifft also nur Positionen, die unzutreffend vorab ermittelt wurden. Wenn nach Plänen abgerechnet wird und sich der Bauentwurf nicht ändert, können dies also nur Fälle sein, in denen die Mengen bei der Erstellung des Leistungsverzeichnisses fehlerhaft erfasst worden sind oder bei Leistungen wie etwa dem Erdaushub sich andere Mengen ergeben als ursprünglich ermittelt. Der Anspruch auf Anpassung der Vergütung kann dabei in aller Regel bei Einheitspreisverträgen entstehen, da das sogenannte Massenrisiko bei Pauschalverträgen, solange dies für den Auftragnehmer zumutbar ist, beim Auftragnehmer liegt.

Liegen solche Mengenänderungen vor, hat jeder Vertragspartner, wenn die VOB vereinbart ist, einen Anspruch auf Anpassung der Vergütung. Dies gilt sowohl bei Mengenüberschreitungen als auch in Fällen der Mindermengen. Die Kalkulationsregeln unterscheiden sich allerdings.

Mengenüberschreitungen

In den Fällen der Mengenüberschreitung kann ein neuer Einheitspreis für die über 110 % der ausgeschriebenen Mengen hinausgehenden Mengen verlangt werden.

Die Abrechnung erfolgt dann mit 2 unterschiedlichen Einheitspreisen. Einmal dem vertraglich vereinbarten Einheitspreis für 110 % der ausgeschriebenen Menge und für die darüberhinausgehende Menge mit dem neuen angepassten Einheitspreis. Die Berechnungsmethode hierfür ist in § 2(3) 2. VOB/B vorgegeben:

> *„Für die über 10 v. H. hinausgehende Überschreitung des Mengenansatzes ist auf Verlangen ein neuer Preis unter Berücksichtigung der Mehr- oder Minderkosten zu vereinbaren."*

Für die Kalkulation des neuen Preises sind daher die Mehr- oder Minderkosten für die über 10 % hinausgehenden Mehrmengen zu ermitteln. Traditionell wird dafür als Basis die Urkalkulation genutzt. Mittlerweile haben Gerichte entschieden, dass in Fällen, in denen keine Einigung erzielt werden kann und es zu keiner Vereinbarung kommt, der neue Preis auf Basis von tatsächlich erforderlichen Kosten zu ermitteln ist.

Grundsätzlich kommen bei einer Mengenüberschreitung zunächst Minderkosten aufgrund einer höheren als kalkulierten Umlage von Schlüsselkosten in Betracht. Üblicherweise werden in einer Vertragskalkulation Baustellengemeinkosten und allgemeine Geschäftskosten auf die Einzelkosten der Teilleistung umgelegt. Werden nun höhere Mengen abgerechnet als ursprünglich geplant, ergeben sich auch höhere als ursprünglich kalkulierte Schlüsselkosten, beziehungsweise es entstehen Minderkosten pro Mengeneinheit. Es ergibt sich außerdem ein höherer Gewinn als ursprünglich geplant. Die allgemeinen Geschäftskosten haben die Besonderheit, dass diese für das gesamte Unternehmen anfallen und in aller Regel auf Basis der geplanten jährlichen Bauleistung des Gesamtunternehmens kalkuliert werden. Daher kann davon ausgegangen werden, dass eine Mengenüberschreitung bei einem Projekt und damit eine höhere Bauleistung für diese Position auch zu anteilig höheren allgemeinen Geschäftskosten führt. Auch der höhere Gewinn steht dem Unternehmer zu, da er ja eine höhere Bauleistung erbringt und damit auch, in aller Regel, die Kapitalbindung entsprechend steigt. Daher kann davon ausgegangen werden, dass bei den allgemeinen Geschäftskosten keine Minderkosten anfallen werden. Es kommen für Minderkosten also vor allem die Baustellengemeinkosten in Betracht. Bleiben die Baustellengemeinkosten durch die Mengenüberschreitungen konstant, was in aller Regel der Fall sein wird, entstehen Minderkosten, die hier anzusetzen sind. Sollten durch die Mehrmengen jedoch zusätzliche Baustellengemeinkosten notwendig werden, etwa weil zusätzliches bauleitendes Personal auf der Baustelle eingesetzt werden muss, ist dies bei der Kalkulation anzusetzen (Abb. 4.24).

Urkalkulation

		Lohn	Stoff	Gerät			EK	GK
EKdT								
	150 m² Fliesenspiegel	15,50 €	5,00 €	2,30 €			22,80 €	3.420,00 €
BGK						5%		171,00 €
AGK						8,50%	9,83%	336,07 €
G						5,00%	5,78%	197,69 €
								4.124,76 €
							EP Vertrag	27,50 €

Kalkulation Einheitspreis für Mehrmenge auf Basis Urkalkulation

		Lohn	Stoff	Gerät			EK	GK
EKdT								
	15 m² Fliesenspiegel	15,50 €	5,00 €	1,91 €			22,41 €	336,15 €
BGK						0%	0,00%	- €
AGK						8,50%	9,83%	33,03 €
G						5,00%	5,78%	19,43 €
								388,61 €
							EP Mehrmenge	25,91 €

Ermittlung Abrechnungssumme

		EP	GP
165 m² Fliesenspiegel		27,50 €	4.537,23 €
15 m² Fliesenspiegel (Mehrmenge)		25,91 €	388,61 €
	Abrechnungssumme		4.925,85 €

Abb. 4.24 Beispiel Ermittlung neuer Einheitspreis aufgrund von Mehrmengen

Beispiel
Bei einer Badsanierung waren ein Fliesenspiegel von 150,00 m² im Leistungsverzeichnis vereinbart worden. Diese Leistung wurde zu einem Einheitspreis von 27,50 €/m² angeboten und vereinbart. Durch einen Berechnungsfehler bei der Aufstellung des Leistungsverzeichnisses wird später festgestellt, dass statt 150,00 m² nun 180,00 m² Fliesenspiegel herzustellen sind, welches eine Mehrmenge von 20 % darstellt. Der Auftraggeber verlangt nun für die Mehrmenge einen neuen Einheitspreis.

Zunächst ist zu ermitteln, für welche Mengen der vertragliche Einheitspreis und der neu zu bildende Einheitspreis gilt. Da gemäß § 2(3) 2. VOB/B der vertragliche Einheitspreis auch für die bis zu 10 %ige Überschreitung des Mengenansatzes gilt, kann in diesem Fall der vertragliche Einheitspreis bis zu einer Menge von 165 m² Fliesenspiegel für die Abrechnung genutzt werden. Für die darüberhinausgehende Menge, also die restlichen 15 m², ist ein neuer Einheitspreis zu bilden.

Im Rahmen der Auftragskalkulation, beziehungsweise der Urkalkulation, wurde mit einem Ansatz für Baustellengemeinkosten in Höhe von 5 %, einem Ansatz für allgemeine Geschäftskosten in Höhe von 8,5 % und einem Gewinnzuschlag von 5 % kalkuliert. Es ergab sich damit die folgende Urkalkulation. Auf dieser Basis ergibt sich dann die Ermittlung des neuen Einheitspreises für die Mehrmenge sowie schließlich die daraus sich ergebende Abrechnungssumme.

Neben der Umlage von Schlüsselkosten kommen bei der Kalkulation von Mehr- und Minderkosten aufgrund von Mengenmehrung auch Veränderungen bei den Einzelkosten der Teilleistungen in Betracht. In aller Regel werden diese Kosten pro Mengeneinheit konstant bleiben, es kann aber Fälle geben, in denen zum Beispiel aufgrund der Mengenmehrung zusätzliches Gerät auf der Baustelle eingesetzt werden muss. Dann ändern sich für die Mehrmengen auch die Einzelkosten der Teilleistung. Dies ist dann ebenfalls in der Kalkulation zu berücksichtigen.

Mengenunterschreitungen

Analog zu den Fällen der Mengenüberschreitung, kann in Fällen in denen die tatsächliche Menge um mehr als 10 % unterschritten wird, ebenfalls von den Vertragsparteien ein neuer Preis verlangt werden. Die Berechnungsmethode bei Mindermengen ist in § 2(3) 3. VOB/B festgehalten:

> *„Bei einer über 10 v.H. hinausgehenden Unterschreitung des Mengenansatzes ist auf Verlangen der Einheitspreis für die tatsächlich ausgeführte Menge der Leistung oder Teilleistung zu erhöhen, soweit der Auftragnehmer nicht durch Erhöhung der Mengen bei anderen Ordnungszahlen (Positionen) oder in anderer Weise einen Ausgleich erhält. Die Erhöhung des Einheitspreises soll im Wesentlichen dem Mehrbetrag entsprechen, der sich durch Verteilung der Baustelleneinrichtungs- und Baustellengemeinkosten und der allgemeinen Geschäftskosten auf die verringerte Menge ergibt.“*

Jeder Vertragspartner kann auch im Fall der Mengenunterschreitung einen neuen Einheitspreis verlangen. Im Gegensatz zur Mengenmehrung ist für diesen Fall jedoch eine konkretere Kalkulationsvorschrift in der VOB/B vorgegeben. Es soll konkret der Einheitspreis um die fehlenden Deckungsbeiträge, die sich aufgrund der geringeren Mengen ergeben, erhöht werden. Die ursprünglich kalkulierten Umlagebeträge für Baustelleneinrichtung, Baustellengemeinkosten und allgemeine Geschäftskosten sind dabei auf die tatsächliche Menge umzulegen. Der ursprünglich kalkulierte Gewinn wird nicht erwähnt, allerdings ist es vorherrschende Meinung, dass auch der ursprünglich kalkulierte Gewinn dem Auftragnehmer bei einer Mengenunterschreitung zusteht. Für die Abrechnung ergibt sich dann für die gesamte ausgeführte Menge ein neuer Einheitspreis (Abb. 4.25).

Beispiel

Bei einer Badsanierung waren ein Fliesenspiegel von 150,00 m² im Leistungsverzeichnis vereinbart worden. Diese Leistung wurde zu einem Einheitspreis von 27,50 €/m² angeboten und vereinbart. Durch einen Berechnungsfehler bei der Aufstellung des Leistungsverzeichnisses wird später festgestellt, dass statt 150,00 m² nur 125,00 m² Fliesenspiegel herzustellen sind, welches eine Mindermenge von 16,6 % darstellt. Der Auftragnehmer verlangt nun für die Mindermenge einen neuen Einheitspreis.

Im Rahmen der Urkalkulation wurde mit einem Ansatz für Baustellengemeinkosten in Höhe von 5 %, einem Ansatz für allgemeine Geschäftskosten in Höhe von 8,5 % und einen Gewinnzuschlag von 5 % kalkuliert. Auf dieser Basis ergibt sich dann die Ermittlung des neuen Einheitspreises für die Mindermenge sowie schließlich die daraus sich ergebende Abrechnungssumme.

Urkalkulation

	Lohn	Stoff	Gerät		EK	GK
EKdT						
150 m² Fliesenspiegel	15,50 €	5,00 €	2,30 €		22,80 €	3.420,00 €
BGK				5%		171,00 €
AGK				8,50%	9,83%	336,07 €
G				5,00%	5,78%	197,69 €
						4.124,76 €
					EP Vertrag	**27,50 €**

Kalkulation Einheitspreis für Mindermenge auf Basis Urkalkulation

	Lohn	Stoff	Gerät		EK	GK
EKdT						
125 m² Fliesenspiegel	15,50 €	5,00 €	1,91 €		22,41 €	2.801,25 €
BGK						171,00 €
AGK				8,50%	9,83%	336,07 €
G				5,00%	5,78%	197,69 €
						3.506,01 €
					EP Mehrmenge	**28,05 €**

Ermittlung Abrechnungssumme

	EP	GP
125 m² Fliesenspiegel	28,05 €	**3.506,01 €**
	Abrechnungssumme	**3.506,01 €**

Abb. 4.25 Beispiel Ermittlung neuer Einheitspreis aufgrund von Mindermengen

Neben der Berücksichtigung der fehlenden Umlagebeträge ist aber auch zu gegenzurechnen, inwiefern der Auftragnehmer durch Mengenüberschreitungen bei anderen Positionen einen Ausgleich erhält. Es kann also sein, dass, obwohl in einer Position Mengen unterschritten werden, der Auftragnehmer trotzdem seine Gemeinkosten voll decken kann. In diesen Fällen kann der ursprüngliche, vertraglich vereinbarte Einheitspreis durchaus auch bei Mindermengen weiter gültig bleiben. Es ist eine sogenannte Ausgleichsberechnung durchzuführen. Dabei ist zu beachten, dass für den Ausgleich nur solche Mengenüberschreitungen in Betracht kommen, bei denen die Mengen um mehr als 10 % überschritten werden. Die zusätzlichen Deckungsbeiträge bei einer Überschreitung der Mengen von weniger als 10 % stehen dabei dem Auftragnehmer ohne Anrechnung zu, analog muss der Auftragnehmer fehlende Deckungsbeiträge durch Mengenunterschreitungen von weniger als 10 % selbst tragen. Dies ergibt sich aus der grundsätzlichen Logik der Regelung. Daher muss im Rahmen der Ausgleichsberechnung zunächst geprüft werden, bei welchen Positionen es zu weiteren Mengenüber- oder -unterschreitungen von mehr als 10 % gekommen ist (Abb. 4.26).

> **Beispiel**
> Bei der Badsanierung wurde festgestellt, dass statt 150,00 m² nur 125,00 m² Fliesenspiegel herzustellen sind. Jedoch sind bei demselben Auftrag anstelle 1000 m Fliesenfugen, durch einen weiteren Berechnungsfehler nun 1500 m Fliesenfugen auszuführen. Für diese Mengenüberschreitung wird kein neuer Einheitspreis verlangt. Der Auftragnehmer verlangt aber für die Mindermenge bei den Fliesen einen neuen Einheitspreis.

Allerdings ist es selten, dass Mengenüber- oder unterschreitungen nur bei einer einzelnen Position auftreten. Treten bei mehreren Positionen Mehr- und Mindermengen auf, müssen in einer gesamthaften Ausgleichsberechnung diese gegeneinander aufgerechnet werden, um den Zweck der Regelung dem Auftragnehmer die ursprünglich kalkulierten Deckungsbeiträge zu erhalten, zu erreichen. Diese gesamthafte Ausgleichsberechnung wird über alle mengengeänderten Positionen eines Auftrags ausgeführt und der sich ergebende Fehlbetrag oder die Überdeckung ermittelt. Eine Beispielberechnung ist in Abb. 4.27 und Abb. 4.28 dargestellt. Voraussetzung für die Durchführung der Ausgleichsberechnung ist, dass die Mengen aller Positionen ermittelt sind, dies wird meist erst gegen Ende der Leistungserbringung der Fall sein. In einem ersten Schritt werden zunächst die Mehr- und Mindermengen je Position sowohl für den Hauptauftrag als auch für etwaige Leistungsänderungen bzw. Nachtragspositionen berechnet.

Auf Basis der Mehr- und Mindermengenberechnung werden die relevanten Mehrmengen nach §2(3) VOB/B ermittelt und daraus die sich ergebenden fehlenden oder zusätzlichen Deckungsbeiträge berechnet. Neben den Beträgen des Hauptauftrages sind Überde-

Urkalkulation Position Fliesen

	Lohn	Stoff	Gerät	EK	GK
EKdT					
150 m² Fliesenspiegel	15,50 €	5,00 €	2,30 €	22,80 €	3.420,00 €
BGK				5%	171,00 €
Gemeinkosten (Zuschläge als Anteil Preis)					
AGK				8,50%	336,07 €
G				5,00%	197,69 €
					4.124,76 €
				EP Vertrag	**27,50 €**

Urkalkulation Position Fliesenfugen

	Lohn	Stoff	Gerät	EK	GK
EKdT					
1000 m Fliesenfugen	0,40 €	0,05 €	0,25 €	0,70 €	700,00 €
BGK				5%	35,00 €
Gemeinkosten (Zuschläge als Anteil Preis)					
AGK				8,50%	68,79 €
G				5,00%	40,46 €
					844,25 €
				EP Vertrag	**0,84 €**

Ausgleichsberechnung

		GP	EkdT	Umlage
1500 m Fliesenfugen	Vertrag	844,25 €	700,00 €	144,25 €
	110% Vertrag	928,67 €	770,00 €	158,67 €
	Ist	1.266,37 €	1.050,00 €	216,37 €
Anzusetzender Ausgleichsbetrag aus Position Fliesenfugen				**57,70 €**

Kalkulation Einheitspreis für Mindermenge auf Basis Urkalkulation

	Lohn	Stoff	Gerät	EK	GK
EKdT					
125 m² Fliesenspiegel	15,50 €	5,00 €	2,30 €	22,80 €	2.850,00 €
BGK					171,00 €
Gemeinkosten					
AGK				8,50%	336,07 €
G				5,00%	197,69 €
Anzusetzender Ausgleichsbetrag aus Position Fliesenfugen					- 57,70 €
					3.497,06 €
				EP Mehrmenge	**27,98 €**

Ermittlung Abrechnungssumme

	EP	GP
125 m² Fliesenspiegel	27,98 €	**3.497,06**
Abrechnungssumme		**3.497,06**

Abb. 4.26 Beispiel Ermittlung neuer Einheitspreis bei Mindermengen mit Ausgleichsberechnung

Ausgleichsberechnung Mehr-/Mindermengen (alle Beträge Netto)

Ermittlung Mengenänderung
Hauptauftrag

Pos.	SOLL-Menge	IST-Menge	Abweichung		EP	GP		Differenz Soll-Ist
			Menge	%		Soll	Ist	
1.001	1,00	0,00	-1,00	-100%	1.850,00 €	1.850,00 €	- €	- 1.850,00 €
1.002	29,00	33,00	4,00	14%	654,00 €	18.966,00 €	21.582,00 €	2.616,00 €
1.003	1,00	0,00	-1,00	-100%	4.120,00 €	4.120,00 €	- €	- 4.120,00 €
1.004	78,00	32,00	-46,00	-59%	322,00 €	25.116,00 €	10.304,00 €	- 14.812,00 €
1.005	75,00	100,00	25,00	33%	23,50 €	1.762,50 €	2.350,00 €	587,50 €
1.006	41,00	50,00	9,00	22%	0,80 €	32,80 €	40,00 €	7,20 €

Summe Mengenänderung Hauptauftrag nach §2(3) VOB/B | | | | | | | | **- 17.571,30 €**

Leistungsänderungen/Nachträge

Pos.	IST-Menge	EP	GP	Differenz Soll-Ist
			Ist	Ist
Nachtrag 2				
NA 2.001	5,00	110,00 €	550,00 €	550,00 €
NA 2.002	7,00	190,00 €	1.330,00 €	1.330,00 €
Nachtrag 3				
NA3 3.001	1,00	2.450,00 €	2.450,00 €	2.450,00 €
NA3 3.002	55,00	19,00 €	1.045,00 €	1.045,00 €
NA3 3.003	2,00	400,00 €	800,00 €	800,00 €

Summe Mehrmengen aufgrund Leistungsänderungen/Nachträge | | | | **6.175,00 €**

Abb. 4.27 Beispiel Ausgleichsberechnung

ckungen die auf andere Weise erzielt werden, gegenzurechnen. Dies können zum Beispiel Nachtragspositionen sein. Dies ist für das Beispiel in der folgenden Abb. 4.28 dargestellt.

Abb. 4.28 Ausgleichrechnung Gemeinkostendeckungsbeitrag

Bei der Berechnung der Vergütung von Mehr- und Mindermengen sind außerdem einige Sonderfälle zu beachten. Hierunter zählen beispielweise Optional- bzw. Evenualpositionen. Dies sind Positionen, bei denen zum Zeitpunkt der Auftragsvergabe nicht bestimmt ist, ob diese tatsächlich auszuführen sind. Ordnet der Auftraggeber später die Ausführung dieser Leistung an, ist dies eine zusätzliche Leistung. Ergeben sich anschließend Mengenänderungen bei dieser Leistung kann §2(3) VOB/B entsprechend angewendet werden. Eine andere Besonderheit sind Alternativpositionen. Dies sind Positionen die alternativ für eine andere Positon ausgeführt werden. Hier entfällt also eine Leistungen und eine andere Leistung wird ausgeführt. Ändert sich anschließend die Menge dieser Position kann §2(3) VOB/B wieder angewendet werden. Der Auftraggeber sollte Alternativpositionen im übrigen so kalkulieren, dass bei jeder gewählten Alternative jeweils der gleiche geplante Deckungsbeiträg bei geplanter Menge erzielt wird.

Ausgleichsberechnung Mehr- Mindermengen (alle Beträge Netto)

Ermittlung Ausgleichsbetrag
Über-/Unterdeckung Hauptauftrag

Pos.	Differenz Soll-Ist	Mindermenge nach §2(3)	Mehrmenge nach §2(3)	Zuschlag	Deckungs-beitrag	Deckungs-beitrag zu viel
1.001	- 1.850,00 €	- 1.850,00 €	- €	18,5%	- 342,25 €	- €
1.002	2.616,00 €	- €	719,40 €	18,5%	- €	133,09 €
1.003	- 4.120,00 €	- 4.120,00 €	- €	18,5%	- 762,20 €	- €
1.004	- 14.812,00 €	- 14.812,00 €	- €	18,5%	- 2.740,22 €	- €
1.005	587,50 €	- €	411,25 €	18,5%	- €	76,08 €
1.006	7,20 €	- €	3,92 €	18,5%	- €	0,73 €

Summe Über-/Unterdeckung aus Mengenänderung Hauptauftrag	- 3.844,67 €	209,90 €
		- 3.634,77 €

Leistungsänderungen/Nachträge

Pos.		Mehrmenge nach §2(3)	Zuschlag	Ausgleich
NA 2				
Pos. 1	550,00	550,00 €	18,5%	101,75 €
Pos. 2	1.330,00	1.330,00 €	18,5%	246,05 €
NA 3				
Pos. 1	2.450,00	2.450,00 €	18,5%	453,25 €
Pos. 2	1.045,00	1.045,00 €	18,5%	193,33 €
Pos. 3	800,00	800,00 €	18,5%	148,00 €

Summe Ausgleich aufgrund Leistungsänderungen/Nachträge	1.040,63 €

Summe Über-/Unterdeckung aus Mengenänderung Hauptauftrag	- 3.634,77 €
Summe Ausgleich aufgrund Leistungsänderungen/Nachträge	1.040,63 €
Fehlender Deckungsbeitrag gesamt	- 2.594,15 €

Abb. 4.28 Beispiel Ausgleichsberechnung

Im Einzelnen sind bei der Ermittlung eines neuen Einheitspreises auf Basis von Mengenüber- oder -unterschreitungen die Kostenarten damit wie folgt zu berücksichtigen:

- Einzelkosten der Teilleistungen: Tatsächlich anfallende Kostenänderungen aufgrund Mengenmehrungen oder -minderungen sind zu kalkulieren
- Baustellengemeinkosten: Nur tatsächlich veränderte Baustellengemeinkosten sind separat zu kalkulieren, die Umlage für Baustellengemeinkosten ist anzusetzen
- Allgemeine Geschäftskosten: Die Umlage für allgemeine Geschäftskosten ist auch auf Mehrmehrungen oder -minderungen anzusetzen
- Gewinn: Die Umlage für den Gewinn ist auch auf Mengenmehrungen anzusetzen
- Mehrwertsteuer: Bauleistungen auch für Mehr- oder Mindermengen unterliegen der Mehrwertsteuer

- Nachlässe: Bei Kalkulation auf Basis Urkalkulation sind Nachlässe anzusetzen
- Skonti: Skonti sind reine Zahlungsvereinbarungen, daher bei der Ermittlung der neuen Einheitspreis zunächst nicht zu berücksichtigen

4.5.4 § 2 Abs. 4 VOB/B

Tritt der Fall auf, dass der Auftraggeber sich dafür entscheidet, eigenständig Leistungen zu übernehmen oder eine Leistung komplett entfällt, regelt die Berechnungsmethode hierfür § 2 (4) VOB/B:

> *„Werden im Vertrag ausbedungene Leistungen des Auftragnehmers vom Auftraggeber selbst übernommen (zum Beispiel Lieferung von Bau-, Bauhilfs- und Betriebsstoffen), so gilt, wenn nichts Anderes vereinbart wird, § 8 Absatz 1 Nummer 2 entsprechend."*

Die Berechnung des Vergütungsanspruches nach einem Entfall der Leistung erfolgt nach dem einseitigen, freien Kündigungsrechts des Auftraggebers. Hierbei gilt der Grundsatz, dass dem Auftragnehmer durch die Kündigung der Leistung kein Nachteil entstehen darf. Dem Auftragnehmer steht demnach eine Vergütung für den gekündigten beziehungsweise dem Entfall abzüglich der ersparten Aufwendungen und des anderweitigen Erwerbes zu.

Die Kalkulation dieser Ansprüche wird im Abschnitt § 8 Abs. 1 S. 2. VOB/B i. V. m. § 648 BGB erläutert.

4.5.5 § 2 Abs. 5 VOB/B

Während der Ausschreibungsphase liegt in der Regel noch nicht die endgültige Ausführungsplanung vor. Daher ist können sich nach Vertragsschluss noch Änderungen am Bauentwurf ergeben. Dabei sind die Fälle abzugrenzen zwischen einer reinen Detaillierung der Planung und einer tatsächlichen Änderung des Bauentwurfs. Eine Änderung des Bauentwurfs liegt vor, wenn sich das Bau-Soll ändert, das heißt, etwas Anderes gebaut werden soll als ursprünglich geplant. Dieselbe Regelung gilt auch bei anderen Anordnungen des Auftraggebers. Dabei ist der Auftraggeber bei einem Bauvertrag grundsätzlich berechtigt, jederzeit den Bauentwurf zu ändern oder Anordnungen zu treffen.

In diesen Fällen ist zwischen den Vertragsparteien ein neuer Preis zu vereinbaren. Nach den Regelungen der VOB soll dabei der neue Preis die Mehr- oder Minderkosten der geänderten Leistung berücksichtigen. Dies ist in § 2(5) VOB/B geregelt:

> *„werden durch Änderung des Bauentwurfs oder andere Anordnungen des Auftraggebers die Grundlagen des Preises für eine im Vertrag vorgesehene Leistung geändert, so ist ein neuer Preis unter Berücksichtigung der Mehr- oder Minderkosten zu vereinbaren."*

Aufgrund der Tatsache, dass ein neuer Preis vereinbart wird, ist eindeutig geregelt, dass alle Preisbestandteile, wie etwa alle Gemeinkosten sowie auch der Gewinn zu berücksichtigen sind. In aller Regel wird für diesen neuen Preis die Urkalkulation als Basis genutzt. Allerdings sind häufig bei geänderten Bauentwürfen oder anderen Anordnungen des Auftraggebers auch Leistungen mit aufzunehmen, für die keine Einheitspreise im Leistungsverzeichnis vorliegen. In diesen Fällen wird mit den Parametern der Urkalkulation, wie zum Beispiel dem Mittellohn oder Zuschlägen für allgemeine Geschäftskosten auch die neuen Leistungsbestandteile kalkuliert. Trotzdem sind dann in aller Regel auch neue Ansätze mit in die Kalkulation aufzunehmen, etwa Aufwandswerte für neue, nicht im ursprünglichen Leistungsumfang enthaltene Leistungen oder anderes Gerät oder noch nicht kalkulierte Materialien. Die sogenannte Fortschreibung der Urkalkulation ist damit häufig zum Teil eine neue Kalkulation.

Beispiel

Ein Unternehmer hat die Ausführung von Fliesenarbeiten übernommen. Er hat die Fliesen bereits bestellt und auf die Baustelle geliefert bekommen. Der Auftraggeber entscheidet sich jedoch zu diesem Zeitpunkt anstelle der gelieferten Fliesen Granitfliesen einzubauen. Der Auftragnehmer fordert aufgrund dieser Leistungsänderung einen neuen Preis und kalkuliert diesen auf Basis seiner Urkalkulation (s. Abb. 4.28).

Die Kalkulation hat ursprünglich einen Einheitspreis von 27,50 €/m² ergeben. Dieser Preis ist auch vertraglich vereinbart worden. Der Auftragnehmer kalkuliert mit einem Mittellohn von 40 € pro Stunde und kalkuliert nun für die Verlegung der Granitfliesen 1,5 h/m². Außerdem fragt er den Preis für die gewünschten Granitfliesen an und erhält dafür ein Angebot von 45 €/m². Zudem kalkuliert er für die längere Vorhaltung von Geräten einen etwas erhöhten Ansatz. Allerdings sind die ursprünglich vereinbarten Fliesen bereits auf die Baustelle geliefert und auch schon bezahlt worden. Die Kosten für den Rücktransport und die nur anteilige Rückvergütung für die zurückgelieferten Fliesen setzt er außerdem an. Die Baustellengemeinkosten verändern sich nicht und werden mit der unveränderten Gesamtsumme eingestellt. Die Zuschlagssätze für allgemeine Geschäftskosten und Gewinn werden wie bei der ursprünglichen Kalkulation angesetzt. So ergibt sich der neue Preis, den der Auftragnehmer dem Auftraggeber anbietet.

Aufgrund der Notwendigkeit in diesen Fällen auch neue Leistungsbestandteile zu kalkulieren, kommt es bei der Vereinbarung des neuen Preises häufig zu Meinungsverschiedenheiten zwischen Auftraggeber und Auftragnehmer und zu langwierigen oder zeitlich sehr stark verzögerten Preisverhandlungen. Dies ist insbesondere für den Auftragnehmer eine schwierige Situation, da er die geänderte Leistung ohne Zeitverzug ausführen muss und damit die Kosten bei ihm auch zeitnah entstehen. Für den Auftraggeber ist dies ebenfalls häufig nicht einfach zu lösen, da es bei teilweise erheblichen Mehrkosten zu Budgetüberschreitungen und daraus folgend Finanzierungsproblemen kommen kann. Daher kann dem Auftraggeber nur empfohlen werden sich mit Bauentwurfsänderungen oder anderen Anordnungen, soweit es geht, zurückzuhalten.

Kommt es zu keiner Vereinbarung des neuen Preises zwischen den Vertragsparteien, weil sich diese nicht auf einen neuen Preis einigen können, soll der neue Preis auf Basis der tatsächlich erforderlichen Kosten ermittelt werden. In diesen Fällen spielt die Urkalkulation keine Rolle mehr. Dann wäre im vorgestellten Beispiel einzuschätzen, mit welchen Aufwandswerten üblicherweise bei der Verlegung von Granitfliesen zu rechnen ist, ob also zum Beispiel der vom Auftragnehmer gewählte Ansatz von 1,5 h/m², den tatsächlichen erforderlichen Gegebenheiten entspricht. Vielleicht stellt sich heraus, dass üblicherweise diese Granitfliesen mit etwa 1 h/m² verlegt werden können. Zusätzlich wäre die Höhe des Mittellohnes einzuschätzen. Wenn der Mittellohn von 40 €/h realistisch ist, könnte ein Ansatz für die tatsächlichen erforderlichen Lohnkosten vielleicht bei 40 €/m² liegen, vielleicht aber auch bei einem anderen Wert. Allenfalls kann des Weiteren festgestellt werden, dass die Granitfliesen zwar für den Preis von 45 €/m² eingekauft wurden, aber am Jahresende eine Rückvergütung in Höhe von 15 % vereinbart ist. Daher wären dann nur 38,25 €/m² anzusetzen. Durch diese Ermittlungen der tatsächlich erforderlichen Kosten können sich also andere Werte ergeben, die die Basis für den neuen Preis bilden. Auch die Zuschläge für allgemeine Geschäftskosten und Gewinn sind dann auf ihre Angemessenheit hin zu prüfen.

Der hier im Beispiel dargestellte Fall ist ein sehr einfacher Sachverhalt. Es kommt häufig vor, dass Bauentwurfsänderungen oder andere Anordnungen des Auftraggebers auch Auswirkungen auf die Ausführungszeit und die Termine haben. Insbesondere, wenn sich die Ausführungszeit des gesamten Projektes verlängert und der Fertigstellungstermin verschoben werden muss, ergeben sich für die Kalkulation weitere zu berücksichtigende Positionen, etwa die längere Vorhaltung der Baustelleneinrichtung, oder eine Erhöhung der Baustellengemeinkosten und ähnliches. In diesen Fällen können Bauentwurfsänderungen oder andere Anordnungen zu teilweise erheblichen Kostensteigerungen führen und hohe Nachtragsforderungen auslösen.

Im Einzelnen sind bei der Ermittlung eines neuen Einheitspreises auf Basis von Mengen-über- oder -unterschreitungen die Kostenarten damit wie folgt zu berücksichtigen:

- Einzelkosten der Teilleistungen: tatsächlich anfallende Kostenänderungen aufgrund Bauentwurfsänderungen oder Anordnungen sind zu kalkulieren
- Baustelleneinrichtung: bei durch die Bauentwurfsänderung oder die Anordnung verlängerter Bauzeit, ist die längere Vorhaltung anzusetzen. Wird eine geänderte Baustelleneinrichtung durch die Bauentwurfsänderung oder die Anordnung notwendig, sind auch diese Kosten einzukalkulieren
- Baustellengemeinkosten: Nur tatsächlich veränderte Baustellengemeinkosten sind zu kalkulieren

- Allgemeine Geschäftskosten: Die Umlage für allgemeine Geschäftskosten ist anzusetzen
- Gewinn: Die Umlage für den Gewinn ist auch anzusetzen
- Mehrwertsteuer: Bauleistungen auch für Bauentwurfsänderungen oder andere Anordnungen unterliegen der Mehrwertsteuer
- Nachlässe: Bei Kalkulation auf Basis Urkalkulation sind Nachlässe anzusetzen, bei Kalkulation von tatsächlich erforderlichen Kosten ergeben sich naturgemäß keine Nachlässe
- Skonti: Skonti sind reine Zahlungsvereinbarungen, diese sind für die Vertragsabwicklung anzusetzen

4.5.6   § 2 Abs. 6 VOB/B

Neben den Fällen, dass der Auftraggeber Anordnungen trifft, die sich auf die Leistungserstellung auswirken oder Leistungen im Zuge einer Bauentwurfsänderung ändert, kann der Auftraggeber auch zusätzliche Leistungen fordern. Damit sind Leistungen gemeint, die tatsächlich zusätzlich ausgeführt werden müssen, also keine Leistungen, die eine andere Leistung ersetzen oder ändern.

Praktisch sind die Fälle der Bauentwurfsänderung oder der zusätzlichen Leistung manchmal nur schwer voneinander zu trennen. Daher ist diese logische Trennung zwischen geänderter und zusätzlicher Leistung im BGB Bauvertragsrecht nicht übernommen worden. In den Fällen der Zusatzleistung hat der Auftragnehmer Anspruch auf die sogenannte besondere Vergütung.

Die VOB regelt dies in § 2 (6) 1. Wie folgt:

„1. Wird eine im Vertrag nicht vorgesehene Leistung gefordert, so hat der Auftragnehmer Anspruch auf besondere Vergütung"

im Gegensatz zu der Berechnungsvorschrift in § 2(5) VOB/B kommt es nun nicht auf Mehr- oder Minderkosten an, sondern es ist eine neue besondere Vergütung zu kalkulieren. Dabei wird auch in diesen Fällen festgelegt, dass die Vergütung auf Basis der Parameter der Urkalkulation zu ermitteln ist. Die VOB regelt dies in § 2(6) 2.:

„2. Die Vergütung bestimmt sich nach den Grundlagen der Preisermittlung für die vertragliche Leistung und den besonderen Kosten der geforderten Leistung"

Die Kalkulation dieser Zusatzleistungen erfolgt damit wie bei Ansprüchen aus § 2(5) VOB/B. Daher kann an dieser Stelle für die Darstellung der Kalkulation auf die Ausführungen zu § 2(5) VOB/B verwiesen werden.

Auch dieser neue Preis ist zwischen Auftraggeber und Auftragnehmer zu vereinbaren. Kommt es zu keiner Vereinbarung zwischen den Vertragsparteien, haben Gerichte entschieden, dass auch in diesen Fällen die besondere Vergütung für den Auftragnehmer auf Basis der tatsächlich erforderlichen Kosten zu berechnen ist. Dies ist insofern etwas verwirrend, da in der Vorschrift für die Fälle der zusätzlichen Leistung in der VOB/B ausdrücklich für die Kalkulation der Vergütung als Berechnungsvorschrift auf die Grundlagen der Preisermittlung für die vertragliche Leistung abgestellt ist.

Es gelten damit auch wiederum dieselben Ausführungen wie dargestellt.

Wichtig ist in diesem Zusammenhang die Fragestellung, wie weit der Begriff der nicht vorgesehenen Leistung reicht. Es ist eindeutig formuliert, dass die nicht vorgesehene Leistung sich auf diesen Vertrag beziehen muss. Zusätzliche Leistungen, die außerhalb der Zielsetzung des Vertrages gefordert werden, sind wie eine neue Anfrage anzusehen. Das bedeutet, dass ein ganz neuer Vertrag geschlossen werden soll und damit, dass der Unternehmer frei ist auch ganz neu zu kalkulieren. Er ist dann nicht mehr an die ursprüngliche Kalkulation für diesen Vertrag gebunden und muss diese Leistung auch nicht nach tatsächlich erforderlichen Kosten anbieten und ausführen.

4.5.7 § 13 VOB/B Mängelansprüche

Der Auftragnehmer schuldet dem Auftraggeber eine „Leistung zum Zeitpunkt der Abnahme frei von Sachmängeln" [VOB/B 2019 § 13 (1) 1. Satz]. Die Leistung ist dann „frei von Sachmängeln, wenn sie der vereinbarten Beschaffenheit und den anerkannten Regeln der Technik entspricht" [VOB/B § 13 (1) 2. Satz].

Grundsätzlich liegt damit die Mängelbeseitigung aller Mängel, die vor der Abnahme auftreten in der alleinigen Verantwortung des Auftraggebers. Sollte das Werk während der Ausführung als „mangelhaft oder vertragswidrig erkannt werden", ist der Auftragnehmer dazu verpflichtet, den Mangel auf eigene Kosten zu beheben beziehungsweise zu ersetzen [§ 4 (7) VOB/B]. Sollte der Auftragnehmer sich weigern seiner Pflicht der Mangelbeseitigung nachzugehen, kann der Auftraggeber diesen nach Ablauf einer angemessenen Frist aus wichtigem Grund kündigen. Regelungen hierzu sind in § 8 VOB/B enthalten.

Sollte ein Mangel nach der Abnahme festgestellt werden, gelten im VOB Vertrag die Regelungen des § 13 [§ 13 (1) bis (7) VOB/B] auf Basis der Regelungen des BGB [§ 635 ff BGB]. Der Ablauf bei Mängeln ist in Abb. 4.29 dargestellt.

Nacherfüllung
Wenn der Auftragnehmer den Mangel durch Nacherfüllung beseitigt, wozu er im VOB Vertag grundsätzlich verpflichtet ist, sind die Kosten in voller Höhe vom Auftragnehmer zu tragen. Der Auftragnehmer kann diese Leistung intern nach den üblichen Verfahren kalkulieren.

Selbst- oder Ersatzvornahme
Sollte der Auftragnehmer die Nacherfüllung verweigern oder dieser nicht nachgehen, kann der Auftraggeber die Mängelbeseitigung auf Kosten des Auftraggebers beseitigen lassen. Des Weiteren stehen dem Auftraggeber eine Vergütung des Mehraufwandes zu.

Urkalkulation

	Lohn	Stoff	Gerät		EK	GK
EKdT						
150 m² Fliesenspiegel	15,50 €	5,00 €	2,30 €		22,80 €	3.420,00 €
BGK				5%		171,00 €
AGK				8,50%	9,83%	336,07 €
G				5,00%	5,78%	197,69 €
						4.124,76 €
					EP Vertrag	**27,50 €**

Kalkulation Granitfliesen auf Basis Urkalkulation

	Lohn	Stoff	Gerät		EK	GK
EKdT						
150 m² Granitfliesen	60,00 €	45,00 €	3,50 €		108,50 €	16.275,00 €
150 m² Fliesen (geliefert/bezahlt)		5,00 €				750,00 €
150 Rückvergütung Fliesen		- 4,00 €				- 600,00 €
Abtransport gelieferter Fliesen						125,00 €
BGK						171,00 €
AGK				8,50%	9,83%	1.599,28 €
G				5,00%	5,78%	940,75 €
						19.261,03 €
					EP Mehrmenge	**128,41 €**

Abb. 4.29 Änderung Bauentwurf

Minderung der Vergütung und Schadenersatz

Der Auftraggeber kann sowohl nach BGB als auch nach VOB/B eine Minderung der Vergütung des Werkes in Höhe des verursachten Schadens verlangen. Dies gilt vor allem, wenn die Beseitigung des Mangels für den Auftraggeber nicht zumutbar ist oder einen unverhältnismäßig hohen Aufwand erfordert und deshalb vom Auftragnehmer verweigert wird.

Üblicherweise wurde dabei die Höhe der Minderung häufig an den Mängelbeseitigungskosten orientiert. Dies bedeutet, dass die Mängelbeseitigungskosten ermittelt und kalkuliert werden und diese Kosten dann die Minderung darstellen. Die ist allerdings nicht sachgerecht. Denn für die Kalkulation des dem Auftraggeber entstandenen Schadens durch den Mangel kommt es wie auch sonst bei der Ermittlung von Schäden auf die Vermögensdifferenz zwischen dem Zustand ohne diesen Mangel und dem Zustand mit dem Mangel an. Dies bedeutet, dass zunächst der Vermögenszustand ermittelt werden muss, der eingetreten wäre, hätte es den Mangel nicht gegeben. Dieser wird dann verglichen mit dem tatsächlichen Vermögenzustand. Dies kann etwa bedeuten, dass bei einem Mangel zum Beispiel eines Fassadenanstriches bewertet werden muss, wie hoch der Wert des Gebäudes mit einem mangelfreien Fassadenanstrich gegenüber dem Wert des Gebäudes mit dem mangelhaften Fassadenanstrich darstellt. Naturgemäß wird man dabei auf Annahmen und Schätzungen zurückgreifen müssen. Auf jeden Fall ist dabei unerheblich, welche Kosten bei der Mängelbehebung entstehen würden.

4.5.8   § 8 Abs. 1 S. 2. VOB/B i. V. m. § 648 BGB

Der Auftraggeber kann während der Vertragsabwicklung jederzeit den Vertrag kündigen. Fraglich ist, wie in solchen Fällen die Vergütung des Auftragnehmers zu kalkulieren ist. In diesen Fällen wird meist der Zustand vorliegen, dass einige Teilleistungen bereits fertig erstellt sind, einige Leistungen zwar schon angearbeitet wurden, aber noch nicht fertiggestellt sind und einige Leistungen noch gar nicht begonnen worden sind. Dieser typische Bearbeitungsstand der einzelnen Teilleistungen muss berücksichtigt werden. Auf der anderen Seite ist fraglich, inwiefern dem Auftragnehmer der kalkulierte Gewinn oder etwa die allgemeinen Geschäftskosten, die ursprünglich für den Vertrag angesetzt und vorgesehen hatte, beanspruchen darf.

Die VOB regelt diese Ansprüche in § 8 (1) 2. wie folgt:

„2. dem Auftragnehmer steht die vereinbarte Vergütung zu. Er muss sich jedoch anrechnen lassen, was er infolge der Aufhebung des Vertrags an Kosten erspart oder durch anderweitige Verwendung seiner Arbeitskraft und seines Betriebs erwirbt oder zu erwerben böswillig unterlässt …“

Diese Kalkulationsvorschrift unterscheidet sich damit fundamental von den Kalkulationsvorschriften, welche in § 2 VOB/B für die dortigen Fälle geregelt sind. Grundsätzlich steht also dem Auftragnehmer zunächst die gesamte ursprünglich vereinbarte Vergütung zu. Es steht ihm also auch die Vergütung für Teilleistungen zu, die er noch nicht fertiggestellt hat oder die er noch nicht einmal begonnen hat. Er muss sich jedoch Kostenersparnisse anrechnen lassen. Dies bedeutet, dass seine Vergütung, ausgehend von der gesamten vereinbarten Vergütung abzüglich von Ersparnissen, also quasi von oben heruntergerechnet wird. Damit ist sichergestellt, dass der gesamte Gewinn dem Auftragnehmer erhalten bleibt. Im Einzelnen wird bei dieser Gegenrechnung in den folgenden unterschiedlichen Sachverhalten unterschieden, die der Auftragnehmer anrechnen muss.

Kostenersparnis aufgrund Aufhebung des Vertrages
Bei den ersparten Kosten handelt es sich um die Kosten, die aufgrund der Vertragsausführung anfallen würden, kündigungsbedingt jedoch nicht mehr anfallen werden. Als erspart können diese Kosten angesehen werden, wenn die Kosten sich durch mögliche Stornierungen oder ähnliches einsparen lassen. Hier sind alle Kostenersparnisse zu fassen, die der Auftragnehmer erreichen konnte. Aufgrund der generellen Schadensminderungspflicht muss er dabei aktiv Kosten minimieren. Zu diesen Kostenersparnissen zählen üblicherweise beispielsweise Materialkosten, die aufgrund der Nichtausführung nicht anfallen, also Material, welches noch nicht bestellt wurde und nicht bezahlt werden muss oder Geräte, die nicht mehr angemietet werden müssen oder auch Nachunternehmerleistungen, die noch nicht vergeben sind.

Erwerb aufgrund anderweitiger Verwendung der Arbeitskraft und des Betriebs
Neben der reinen Ersparnis von Kosten, kann der Auftragnehmer eigene Ressourcen, zum Beispiel gewerbliches Personal, Bauleitungspersonal oder Geräte möglicherweise auf anderen Baustellen produktiv einsetzen. Diese dort erbrachte Leistung durch Ressourcen, die ursprünglich für die gekündigten Teilleistungen eingeplant und vorgesehen waren, sind ebenfalls von der vereinbarten Vergütung abzuziehen. Können die Ressourcen zwar auf anderen Baustellen eingesetzt werden, aber nur mit einer geringeren Produktivität, was durchaus häufig vorkommen kann, ist dies auch entsprechend anzusetzen.

Böswillige Unterlassung von Erwerb aufgrund anderweitiger Verwendung der
Arbeitskraft und des Betriebes
Aufgrund der generellen Schadensminderungspflicht der Vertragsparteien ergibt sich auch für diese Fälle, dass der Auftragnehmer Möglichkeiten des anderweitigen Einsatzes seiner Ressourcen aktiv nutzt und etwa Umstellungen in seinem Betrieb oder eine Anpassung auch bei anderen Projekten im Rahmen seiner Möglichkeiten ausschöpft. Tut er das nicht und unterlässt er damit Möglichkeiten zusätzliche Mittel zu erwirtschaften, muss er sich das hier anrechnen lassen. Wie diese Fälle nachgewiesen werden können und insbesondere von Auftraggeberseite belegt werden können, ist eine andere Frage.

Beispiel
Ein Unternehmer hat die Ausführung von 150 m² Fliesenarbeiten übernommen. Er hat die Fliesen bereits bestellt und auf die Baustelle geliefert bekommen. Der Auftraggeber entscheidet sich nach der Ausführung von 100 m² der Fliesen jedoch, den Vertrag ohne Angabe von Gründen zu kündigen. Der Auftragnehmer stellt daher seine Arbeiten ein. Der Auftragnehmer hat jedoch die Möglichkeit, einen anderen zusätzlichen Auftrag anzunehmen, bei dem er die Mitarbeitenden, die Fliesenarbeiten ausführen sollten, einsetzen kann. In der für die Abwicklung des Restauftrages vorgesehenen Arbeitszeit kann er bei dem Ersatzauftrag aufgrund von Produktivitätsminderungen, allerdings nur eine Leistung von 30 m² Fliesen ausführen. Die vorgesehenen und eingeplanten Geräte für diese Arbeiten kann der Auftragnehmer allerdings auf keiner anderen Baustelle einsetzen. Die Fliesen hatte er bereits bestellt und angeliefert bekommen. Nach Rücksprache mit dem Materiallieferanten ist dieser bereit, die Restfliesen zu 80 % des ursprünglichen Preises, zurückzunehmen. Für den Transport wird er zusätzlich 100 € in Rechnung stellen. Der Auftragnehmer kalkuliert nun die ihm zustehende Vergütung (siehe Abb. 4.30)

Die Vereinbarung der dem Auftragnehmer zustehenden Vergütung nach einer freien Kündigung des Auftraggebers, ist häufig sehr konfliktträchtig. Zum einen ist meist das

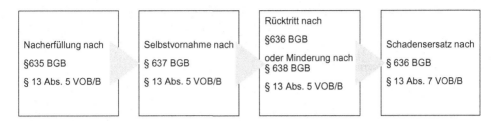

Abb. 4.30   Vorgehensweise bei Mängeln nach Abnahme

Verhältnis zwischen Auftraggeber und Auftragnehmer in diesen Fällen schon abgekühlt oder es entstehen Konflikte, da meist eine Kündigung erst erfolgt, wenn die Vertragsabwicklung nicht zur Zufriedenheit des Auftraggebers geschieht. Eine voll nachvollziehbare Ermittlung über die Höhe der Kostenersparnis oder des anderweitigen Erwerbes ist außerdem in vielen Fällen nicht gegeben, da der Auftraggeber in die Buchhaltung des Auftragnehmers naturgemäß keinen Einblick hat.

Im Einzelnen sind die folgenden Ansätze zu wählen:

Nicht erbrachte Teilleistungen Tatsächlich ersparte Kosten sind anzusetzen, im Zweifelsfall sind diese durch Rechnungen oder ähnliches nachzuweisen. Nach BGH-Rechtsprechung kommt es dabei auf die tatsächliche Einsparung an und nicht auf eine kalkulatorische Einsparung. Wie bei anderen Situationen auch, kann dabei die Urkalkulation durchaus ein Hinweis auf die Höhe der Einsparungen geben. Es gibt dazu allerdings auch andere Meinungen. [Beck'sche Kurzkommentare, Kapellmann/Messerschmidt VOB Teil A und B, 7. Auflage, § 8 VOB/B Rdnr. 34 ff].

Lohnkosten des eigenen Personals

Wesentlicher Teil der nicht erbrachten Teilleistungen sind häufig die Lohnkosten des eigenen Personals. Diese Kosten sind grundsätzlich als fix anzusehen und als nicht kurzfristig abbaubar. Kann der Auftragnehmer sein bereits beschäftigtes Personal auf keiner anderen Baustelle produktiv einsetzen, kann er die Lohnkosten nicht tatsächlich einsparen. Dabei ist jedoch immer die Besonderheiten des Einzelfalls entscheidend. Kann der Auftragnehmer also Lohnkosten aufgrund der Kündigung einsparen, etwa weil Mitarbeitende das Unternehmen tatsächlich verlassen, muss er diese Ersparnis auch anrechnen.

Materialkosten

Noch nicht bestellte Materialien stellen grundsätzlich ersparte Kosten dar. Sind Materialien bereits bestellt, muss geprüft werden, ob diese auf anderen Baustellen produktiv eingesetzt werden können oder die Bestellung storniert werden kann. Daraus ergibt sich dann die tatsächliche Ersparnis.

Gerätekosten

Je nachdem ob eigenes Gerät oder Fremdgerät verwendet wird, ist zu ermitteln, welche Ersparnisse anfallen. Bei einem eigenen Gerät muss geprüft werden, ob dieses Gerät andere Einsatzmöglichkeiten hätte, bei einem gemieteten Gerät muss geprüft werden in welchem Umfang dieses storniert werden kann oder überhaupt schon angemietet wurde.

Nachunternehmerkosten

Bei den Nachunternehmerkosten gilt dies analog. Sind diese noch nicht vergeben und hat sich der Auftragnehmer gegenüber dem Nachunternehmer noch nicht vertraglich verpflichtet, sind diese naturgemäß ersparte Kosten. Sind Nachunternehmeraufträge bereits erteilt, müssen diese gekündigt werden und die Ersparnis ergibt sich entsprechend dem Vergütungsanspruch der Nachunternehmer. Ist in diesen Verträgen auch VOB vereinbart, gilt für den Vergütungsanspruch des Nachunternehmers dieselbe Kalkulationslogik, wie für den Vertrag des Auftragnehmers mit dem Auftraggeber.

Baustellengemeinkosten

Tatsächlich ersparte Kosten sind anzusetzen. Obwohl die Baustellengemeinkosten zur Kalkulation der Einheitspreise in vielen Fällen als Schlüsselkosten umgelegt werden, ist für die Vergütungsermittlung auch hier auf die tatsächlichen Ersparnisse abzustellen. Dies betrifft Fälle, in den beispielsweise Bauleitungspersonal früher als geplant von der Baustelle abgezogen werden können. Ist die Baustelleneinrichtung auch in die Baustellegemeinkosten einkalkuliert worden, gilt dies analog.

Allgemeine Geschäftskosten

Die kalkulierten Ansätze für allgemeine Geschäftskosten werden nicht erspart

Gewinn

Gewinn wird nicht erspart.

Nachlass

Der vertraglich vereinbarte Nachlass ist anzusetzen

Skonti

Vertraglich vereinbarte Skontoregelungen sind reine Zahlungvereinbarungen

Mehrwertsteuer

Die bereits ausgeführte Leistung unterliegt der Mehrwertsteuer. Die Vergütungsbestandteile, die über den Gegenwert der bereits ausgeführten Leistungen hinausgehen unterliegen nicht der Mehrwertsteuer [Beck'sche Kurzkommentare, Kapellmann/Messerschmidt VOB Teil A und B, 7. Auflage, § 8 VOB/B Rdnr. 31].

Während die Vergütungsermittlung im Falle von Einheitspreisverträgen, zumindest auf Basis von Teilleistungen eventuell für einen erheblichen Teil des Vertrages gut möglich ist, stellt sich das Problem bei Pauschalverträgen in grundsätzlicher Form. Denn die Vergütungsermittlung ist nicht sehr transparent darstellbar, insbesondere wenn es kein Leistungsverzeichnis gibt und für die Einzelleistungen keine Einheitspreise vorliegen. Grundsätzlich erfolgt aber auch im Falle von Pauschalverträgen die Ermittlungen der Vergütung nach den gleichen Grundsätzen. Ausgehend von der vereinbarten Vergütung sind die Ersparnisse und der anderweitige Erwerb zu ermitteln und anzusetzen.

Die Regelungen der VOB/B bauen auf § 648 BGB auf. Im Werkvertragsrecht des § 648 BGB ist die Vermutung und damit die Möglichkeit enthalten, neben der detaillierten Ermittlung des Vergütungsanspruches einen pauschalierten Ansatz zu wählen. So wird danach vermutet, dass dem Auftragnehmer 5 % der auf den nicht erbrachten Leistungsteil entfallenden, vereinbarten Vergütung zustehen. Diese pauschale Bewertung des Vergütungsanspruchs ist eine Vermutung und daher optional, muss daher nicht vom Auftragnehmer in Anspruch genommen werden. Im Gesetz ist geregelt, dass sich 5 % nur auf die nicht erbrachten Leistungen beziehen. Dies hat zur Folge, dass es für den Auftragnehmer notwendig ist, seine Arbeiten in erbrachten und nicht erbrachten Leistungen zu unterteilen. In diesem Fall entfällt dafür eine detaillierte Ermittlung der Ersparnisse. Die Beweis- und Darlegungspflicht, dass dem Auftragnehmer diese 5 % Pauschale nicht zusteht, liegt beim Auftraggeber [siehe dazu auch Bundesgerichtshof Urteil BGH VII ZR 45/11].

Urkalkulation

		Lohn	Stoff	Gerät		EK	GK
EKdT							
	150 m² Fliesenspiegel	15,50 €	5,00 €	2,30 €		22,80 €	3.420,00 €
BGK					5%		171,00 €
AGK					8,50%	9,83%	336,07 €
G					5,00%	5,78%	197,69 €
							4.124,76 €

Kalkulation Vergütung nach Kündigung

		Lohn	Stoff	Gerät		EK	GK
EKdT							
	150 m² Fliesenspiegel	15,50 €	5,00 €	2,30 €		22,80 €	3.420,00 €
BGK							171,00 €
AGK					8,50%	9,83%	336,07 €
G					5,00%	5,78%	197,69 €
							4.124,76 €

Kostenersparnis

	50 m² Fliesen		4,00 €		- 200,00 €
	1 psch Transportkosten				100,00 €
anderweitiger Erwerb					
	30 m² Fliesen	15,50 €			- 465,00 €
					3.559,76 €

Abb. 4.31 Beispiel Vergütungsermittlung nach Kündigung

Beispiel

Der Auftragswert beläuft sich auf 100.000 €. Nachdem 50 % der geforderten Leistungen ausgeführt wurden, wird dem Auftragnehmer gekündigt. Die erbrachten Leistungen werden nach Vertragspreisen abgerechnet. In diesem Fall 50.000 €. Beruft sich der Auftragnehmer auf die 5 % Vergütungspauschale für die nicht erbrachten Leistungsbestandteile des Vertrages, besteht die Vermutung, dass sein Vergütungsanspruch 2.500 € beträgt (5 % der nicht erbrachten Leistung in Höhe von 50.000 €). Ihm steht dann ohne weiteren Nachweis 2.500 € als Vergütung zu, sofern der Auftraggeber nicht einen anderen, also niedrigeren Vergütungsanspruch belegen kann.

Kalkulation im Vertrag – Schadensersatz und Entschädigung

5.1 Dokumentationsanforderungen

5.1.1 Allgemeine Anforderungen

Die Kalkulation von Schadenersatzforderungen und Entschädigungsforderungen im Bauvertrag ist an ganz spezielle Voraussetzungen geknüpft, die besondere Dokumentationsanforderungen notwendig machen. Es geht dabei insbesondere um Ansprüche aus § 6 Abs. 6 VOB/B und § 642 BGB.

Ein Anspruchssteller kann unter bestimmten Voraussetzungen infolge von Bauablaufstörungen Ansprüche auf

1. Ersatz des nachweislich entstandenen Schadens
2. Abrechnung und Kündigung des Bauvertrages (bei längerer Unterbrechung)
3. Entschädigung infolge einer unterlassenen Mitwirkungshandlung

geltend machen.

Hierbei sind insbesondere Ansprüche aus Bauzeitverlängerung infolge von gestörtem Bauablauf relevante und häufige Ansprüche. An die Dokumentation und Darlegung eines Fristverlängerungsanspruches werden regelmäßig von den Gerichten hohe Anforderungen gestellt. Insbesondere das Erfordernis eines Kausalitätsnachweises mithilfe einer konkret bauablaufbezogen Darstellung stellt die Anspruchssteller oftmals vor eine große Herausforderung. Relevant ist vor allem, dass ausschließlich konkrete, d. h. keine hypothetischen Ansprüche geltend gemacht werden können. Dabei wird von Gerichten immer im Einzelfall geprüft, ob die Anforderungen an die Darlegung eines etwaigen Anspruches erfüllt werden und der Sachvortrag dahingehend ausreichend ist. Alle baubetrieblichen Systema-

A. Malkwitz et al., *Kostenermittlung und -kalkulation im Bauprojekt*,
https://doi.org/10.1007/978-3-658-38927-7_5

tiken und Methoden stellen lediglich eine Hilfestellung für die Aufbereitung von zeitlichen Ansprüchen dar.

Hierbei sind die zeitlichen Ansprüche immer deutlich von den finanziellen Ansprüchen zu trennen. Die ermittelte Fristverlängerung respektive die identifizierte Dauer einer unterlassenen Mitwirkungshandlung zum Beispiel eines Annahmeverzuges stellt immer nur die Voraussetzung für die finanziellen Ansprüche dar. Allerdings hat nicht jeder zeitliche Anspruch auch einen finanziellen Anspruch zur Folge. Die Ermittlung und Darlegung von Fristverlängerungsansprüchen und Annahmeverzugszeiträumen wird folglich immer eine Dokumentation und eine Analyse des Bauablaufes zur Grundlage haben.

Diesbezüglich ist zunächst erforderlich zu wissen, welche Informationen für die Darlegung des jeweiligen Anspruchs zu erfassen und festzuhalten sind (was muss vor dem Hintergrund der gerichtlichen Anforderungen wofür dokumentiert werden?). Dies erfolgt auf der Baustelle oftmals ohne Kenntnis der (später) anzuführenden (rechtlichen) Anspruchsgrundlage. Die Antizipation der Relevanz von Baustellengegebenheiten kann folglich entscheidend für die Darlegung entsprechender Ansprüche sein.

Auf dieser Basis können anschließend die zur Verfügung stehenden Dokumentationsmittel und -methoden vorgestellt werden, welche eine systematische Informationsgewinnung und -analyse sowie eine anschließende Verarbeitung zur Darlegung von zeitlichen und finanziellen Ansprüchen ermöglichen. Weniger entscheidend ist diesbezüglich, welche Dokumentationsmethoden gewählt werden. Entscheidender sind die Qualität und mögliche Verwertbarkeit der gewonnenen Projektinformationen.

Im Folgenden werden wie beschrieben zunächst die nachfolgenden Fragestellungen behandelt:

- Welche grundsätzlichen Anforderungen an die Darlegung von Bauablaufstörungen bestehen?
- Wie können relevante Informationen systematisch dokumentiert werden?
- Wie können die gewonnenen Informationen, für die die Kalkulation von Schadensersatz- und Entschädigungsansprüchenn baubetrieblich verarbeitet und aufbereitet werden?

Für die Darlegung der Zusammenhänge zwischen den Ursachen von Bauablaufstörungen und deren Folgen auf den Bauablauf hat die Rechtsprechung konkrete Anforderungen an den baubetrieblichen Vortrag des Anspruchstellers gestellt. So hat der Auftragnehmer zur schlüssigen Aufbereitung von Ansprüchen aus Bauablaufstörungen im Einzelnen die folgenden Sachverhalte zu dokumentieren:

- jede einzelne Störung konkret zu erfassen und zu dokumentieren. Dabei sind alle Störungen zu dokumentieren, die sowohl aus der Risikosphäre des Auftraggebers als auch des Auftragnehmers kommen.
- für jede einzelne Störung zu dokumentieren, welche konkreten Auswirkungen diese Störung auf den Bauablauf gehabt hat. Zum Nachweis dieser sogenannten Kausalität müssen die störenden beziehungsweise hindernden Einflüsse auf den Bauablauf konkret anhand einer bauablaufbezogenen Darstellung belegt werden [so z. B. BGH, Urteil vom 24.02.2005 – VII ZR 141/03].

- Dokumentation des Vergleichs zwischen dem geplanten und als machbar nachgewiesenen Soll-Bauablauf und dem tatsächlichen realen Ablauf auf der Baustelle – dem sogenannte Ist-Bauablauf – unter Berücksichtigung der konkret eingetretenen Störungsereignisse und damit Dokumentation der zeitlichen Auswirkung der einzelnen Störung. Dabei ist eine lediglich abstrakte Berechnung eines theoretischen Bauzeitverlängerungsanspruchs ist nicht ausreichend.
- Kalkulation der finanziellen Auswirkung der eingetretenen Störung.

Der Zeitraum bis zur Abstellung des Behinderungssachverhaltes bildet die Gesamtdauer der Behinderung. Tritt hingegen keine Unterbrechung der Leistung, sondern eine lediglich verlangsamte Ausführungsgeschwindigkeit infolge der Behinderung ein, ist der dem Soll-Bauablaufplan zugrunde gelegte ungestörte Leistungswert dem tatsächlichen Leistungswert gegenüberzustellen. Die Dauer der Behinderung ergibt sich folglich aus der Differenz der Vorgangsdauern. In diesem Zusammenhang ist die Auskömmlichkeit der zuvor kalkulierten Ansätze zu prüfen und vom Auftragnehmer nachzuweisen [vgl. Beck'scher VOB-Kommentar, Berger 2013, § 6 Abs. 4 Rn. 18 f.].

Neben den primären Verzögerungen sind weiter auch gemäß § 6 Abs. 4 VOB/B sekundäre Verzögerungen, also ein Zuschlag für die Wiederaufnahme der Arbeiten und etwaige Verschiebungen in eine ungünstigere Jahreszeit, zu berücksichtigen (dies wäre für die Geltendmachung eines Entschädigungsanspruchs nach § 642 BGB nicht mehr relevant).

Zuschläge für die Wiederaufnahme der Arbeiten können infolge bedingter Material- oder Gerätedispositionen, Einarbeitungseffekte, geänderter Fertigungstakte und/oder geänderter Arbeitsplatzverhältnisse aufgeschlagen werden, sofern der adäquate Nachweis erbracht ist. Ein Verlust von Arbeitsproduktivität kann zudem auch durch die Verschiebung in eine andere Jahreszeit entstehen, da Wetterbedingungen (Temperatur, Wind, Niederschlag, Lichtverhältnisse) Auswirkungen auf die Fertigung haben können [vgl. Lang und Rasch in Vygen et al. 2021, S. 752 ff.].

Neben den Sekundärverzögerungen sind bei der Ermittlung der Fristverlängerung Korrekturen gemäß § 6 Abs. 3 VOB/B vorzunehmen, da der Auftragnehmer alles zu tun hat, was ihm billigerweise zuzumuten ist, damit die Weiterführung der Arbeiten ermöglicht wird. Gelingt es also, dass durch eingeleitete Maßnahmen die Behinderungsdauer reduziert oder gar egalisiert wird, ist dies bei der Fristberechnung zu berücksichtigen. Der Auftragnehmer schuldet die Weiterführung der Arbeiten im Zuge seiner Kooperationspflicht, seiner Förderpflicht gemäß § 5 Abs. 1, 3 VOB/B sowie seiner Schadensminderungspflicht gemäß § 254 Abs. 2 S. 1 BGB [vgl. Beck'scher VOB-Kommentar, Berger 2013, § 6 Abs. 3 Rn. 4–6]. Hierzu wird insbesondere die Umdisponierung der Arbeiten zum Auffangen einer Behinderung gezählt [vgl. Leinemann und Kues in Leinemann 2019, S. 494 f.].

Entsteht bezüglich einer Fristverlängerung Streit zwischen den Parteien, ist der Auftragnehmer grundsätzlich beweisbelastet. Dabei muss hinsichtlich der Behinderung als Ursache für die Verlängerung der Vollbeweis gemäß § 286 ZPO geführt werden, wohingegen die Dauer der Fristverlängerung nach § 287 ZPO geschätzt werden kann.

Im Rahmen der anspruchsbegründenden Kausalität muss der Auftragnehmer den Zusammenhang einer auftraggeberseitigen Pflichtverletzung oder einer Verletzung der Mitwirkungsobliegenheit oder eines sonstigen Umstandes und einer Störung seines Produktionsprozesses voll beweisen [§ 286 ZPO]. Weiter muss der Nachweis erbracht werden, dass diese Störung auch tatsächlich zu einer Behinderung geworden ist.

Eine notwendige Bedingung ist daher, das hindernde Ereignis, die sich daraus ergebene tatsächliche Behinderung des ursprünglich geplanten Bauablaufes und den sich hieraus ableitenden Mehraufwand dem Grunde nach darzulegen [vgl. Drittler 2017, S. 361 f.]. Der Auftragnehmer muss demnach darlegen, dass aus einer potenziellen Behinderung eine tatsächliche Behinderung geworden ist [BGH, Urteil vom 24.02.2005 – VII ZR 141/03].

Im nächsten Schritt der haftungsausfüllenden Kausalität ist der Zusammenhang zwischen den Auswirkungen und den hieraus entstehenden Folgen darzulegen. Die haftungsausfüllende Kausalität unterliegt dabei der Beweiserleichterung gemäß § 287 ZPO. Die weiteren Folgen können im Sinne des § 287 ZPO also geschätzt werden [vgl. Drittler 2017, S. 362 f.].

Das in Abb. 5.1 dargestellte beispielhafte Stufenkonzept dient der Übersicht zu den entscheidenden Kausalitätsfragen in diesem Kontext:

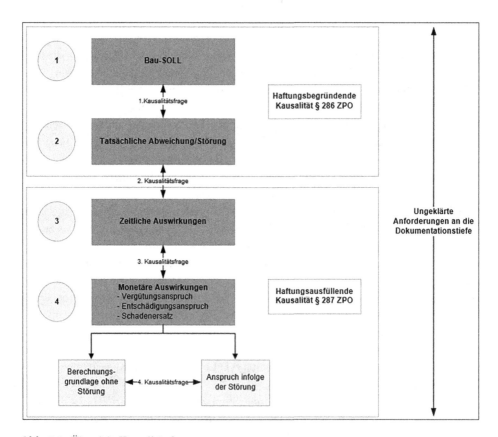

Abb. 5.1 Übersicht Kausalitätsfragen

Die Dokumentation ist somit entscheidend für die Aufbereitung eines Anspruchs infolge von Bauablaufstörungen. Ohne die benötigten Informationen und Nachweise ist eine konkrete bauablaufbezogene Darstellung nicht möglich. Die Gerichte geben in ihren bekannten Urteilen jedoch nicht vor, wie genau die Dokumentation zu erfolgen hat, um ihren Anforderungen zu genügen. Dies kann auch nicht die Aufgabe der ordentlichen Gerichte sein. Vielmehr wurden die Anspruchsvoraussetzungen und damit die erforderlichen Nachweise hervorgehoben, sodass die Anspruchssteller hieraus entsprechende Rückschlüsse für ihre Nachweis- und Dokumentationssystematik ziehen können und müssen.

Infolge von Bauablaufstörungen (Verzugs- oder Annahmeverzugszeiträume) können dem Auftragnehmer grundsätzlich auch monetäre Ansprüche entstehen. Nachfolgend werden diesbezüglich Schadensersatz- und Entschädigungsansprüche beschrieben:

Schadensersatzanspruch

Der § 6 Abs. 6 VOB/B gewährt – bei Vorliegen von Verschulden seitens des Auftraggebers – einen Schadensersatzanspruch des konkret nachweisbaren und bezifferbaren Schadens nach der sogenannten Differenzhypothese, d. h. dem Vergleich zweier Vermögenslagen („*Vermögenslage ohne Schadensereignis*" – „*Vermögenslage inkl. Schadensereignis*").

Hinsichtlich der Schadensschätzung haben die Richter des Bundesgerichtshofes ebenfalls Anforderungen an die Dokumentation formuliert [BGH, Urteil vom 20.02.1986 – VII ZR 286/84 vom 20.02.1986]:

> „*Schließlich ist noch von Bedeutung, dass die Klägerinnen es offenbar versäumt haben, die angeblich durch die Behinderung entstandenen Mehrkosten bereits während der Bauabwicklung im Einzelnen festzuhalten. Die sich hieraus bei der Schadensermittlung ergebenden Unsicherheiten gehen demnach zu ihren Lasten. Im Zweifel wird sich daher die Schätzung eher an der unteren als an der oberen Grenze des wahrscheinlichen Schadens zu orientieren haben.*"

Dadurch, dass keine baubegleitende Dokumentation der Mehrkosten (Ist-Kosten) erfolgte, ging dies zu Lasten der Klägerinnen, indem die Schätzung dahingehend angepasst wurde [vgl. BGH, Urteil vom 20.02.1986 – VII ZR 286/84 vom 20.02.1986].

Ziel muss es daher sein, den Richtern konkrete und geeignete Grundlagen für die durchzuführende Schätzung der Anspruchshöhe vorzulegen. Dies ist nur im Rahmen der baubegleitenden Dokumentation zu leisten. Eine im Nachgang erfolgende Herleitung der relevanten Informationen ist zumeist nicht mit der gleichen Präzision möglich.

Entschädigungsanspruch

Daneben besteht die grundsätzliche Möglichkeit, Entschädigungsansprüche aufgrund von Annahmeverzügen auf Basis der Regelungen des § 642 BGB zu formulieren.

Gemäß einem jüngeren Urteil des Bundesgerichtshofes zum § 642 BGB vom 26.10.2017 können jedoch nur für den Annahmeverzugszeitraum selbst und nicht für etwaige Auswirkungen auf den weiteren Bauablauf Ansprüche aus § 642 BGB geltend gemacht werden. Dazu formuliert der Bundesgerichtshof [Urteil vom 26.10.2017 – VII ZR 16/17] Folgendes:

„Zeitliches Kriterium für die Berechnung der Entschädigungshöhe ist nach dem Wortlaut des § 642 Abs. 2 BGB nur die Dauer des Verzugs, nicht jedoch dessen Auswirkung auf den weiteren Bauablauf [...]. Dies bedeutet, dass die angemessene Entschädigung nach § 642 BGB für die Wartezeiten des Unternehmers gezahlt wird und eine Kompensation für die Bereithaltung von Personal, Geräte und Kapital darstellen soll [...]."

Die Anforderungen an den Kausalitätsnachweis haben sich auch mit diesem Urteil des BGH nicht geändert. Der Bundesgerichtshof hat vielmehr die gesetzlichen Vorgaben an die Berechnung des Entschädigungsanspruchs der Höhe nach hervorgehoben und vorgehende Urteile richtigerweise korrigiert.

Die Höhe der Entschädigung bemisst sich allein nach der Dauer des Verzuges und nicht nach dessen Auswirkung auf den weiteren Bauablauf.

Die Anspruchsvoraussetzungen für einen Entschädigungsanspruch gemäß § 642 BGB bestehen folglich in der Verletzung einer Mitwirkungsobliegenheit des Auftraggebers, nämlich dem Annahmeverzug (§ 293 ff. BGB) und im Rahmen eines VOB-Vertrages zusätzlich in der schriftlichen Behinderungsanzeige gemäß § 6 Abs. 1 VOB/B. Der Entschädigungsanspruch setzt dabei anders als der Schadensersatzanspruch kein Verschulden voraus. Die Entschädigung wird auf der Basis der vereinbarten Vergütung und der Dauer des Verzuges ermittelt und ist auf den zeitabhängigen Mehraufwand beschränkt.

Der Auftragnehmer kann bei der Geltendmachung von Bauablaufstörungen zwischen den Anspruchsgrundlagen wählen. Sowohl für den Entschädigungs- als auch für den Schadensersatzanspruch ist die Darlegung der haftungsbegründenden und haftungsausfüllenden Kausalität erforderlich.

Damit ein störendes Ereignis zu einer Verlängerung der Ausführungsfristen oder zu einem Annahmeverzug des Auftraggebers führt, müssen folgende Voraussetzungen vorliegen:

• Der hindernde Umstand muss aus der Risikosphäre des Auftraggebers stammen.
• Weiter muss dieser zu einer kausalen Behinderung des Auftragnehmers führen.
• Der Auftragnehmer muss die Behinderung anzeigen, sofern nicht die Ursache und die Auswirkung offenkundig sind (§ 6 Abs. 1 VOB/B).

Grundsätzlich wurden bereits ausgewählte Dokumentationsmethoden und -mittel beschrieben, welche sich auch zur Störungsdokumentation eignen. Gerade auch der analoge oder gar digitale Bautagesbericht eignet sich besonders zur Störungsidentifikation und Dokumentation der konkreten Auswirkungen von Störungssachverhalten auf den Bauablauf. Auch die besonderen Merkmale des Bautagesberichtes hinsichtlich der Störungsanalyse werden ergänzend aufgegriffen.

Insbesondere die fortschreitende Baudigitalisierung ermöglicht neue Dokumentationsmethoden (z. B. digitalisierter und softwareunterstützter Bautagesbericht, Foto- und Videodokumentationen mit Drohnen und/oder 360°-Kameras, etc.). Diesbezüglich wird jedoch abermals der Hinweis vorgebracht, dass es weniger auf die Art und Weise der Dokumentation, sondern viel eher auf die Erfassung relevanter Informationen ankommt.

5.1.2 Dokumentation der eingetretenen Störungen beziehungsweise der hindernden Umstände

Ein hinderndes Ereignis muss sich „in Form einer tatsächlichen Behinderung des Bauablaufes" auswirken. Die baubetriebliche Praxis zeigt diesbezüglich jedoch, dass häufig zu Unrecht von der Dauer eines störenden Ereignisses auf die Dauer einer Behinderung geschlossen wird. Hierbei müssen Störungen hingegen weder zwingend zu einer Behinderung noch zu einer Behinderung mit selbiger Dauer führen. Entscheidend ist die tatsächlich wirksame Störungsdauer.

Beispielsweise können versäumte Planliefertermine Störungen darstellen, da bestimmte Ausführungsunterlagen nicht termingerecht übergeben wurden. Wollte oder konnte der Auftragnehmer zu dem bestimmten Zeitpunkt in dem Bereich, für den die Ausführungspläne erforderlich sind, ohnehin nicht ausführen, wirkt sich der Umstand der verspäteten Lieferung nicht auf den Bauablauf aus, sodass zwar eine Störung, aber keine Behinderung vorliegt.

Zur Ermittlung der Fristverlängerung muss zunächst der Behinderungsbeginn, d. h. der Eintrittszeitpunkt des Störungssachverhalts oder der unterlassenen Mitwirkung, festgestellt werden [vgl. Kapellmann/Messerschmidt, Markus 2015, § 6 VOB/B Rn. 36 f.].

In der VOB/B vorgesehene Dokumentation der eingetretenen Störungen ist die Behinderungsanzeige.

Diese dient vornehmlich der Information, dem Schutz und der Warnung des Auftraggebers [BGH, Urteil vom 21.12.1989 – VII ZR 132/88]. Sie dient somit primär dem Auftraggeber, der die in seinem Risikobereich entspringenden baubetrieblichen Hindernisse beseitigen und die entsprechenden Koordinationsmaßnahmen gem. § 4 Abs. 1 Nr. VOB/B verlassen kann, sobald ihn der Auftragnehmer durch die Anzeige einer Behinderung in die Lage versetzt, die Umstände wahrzunehmen.

Die Anzeige muss unverzüglich, d. h. ohne schuldhaftes Zögern schriftlich angezeigt werden. Zwar ist die schriftliche Anzeige schon allein aus Beweisgründen sinnvoll, die herrschende Meinung vertritt hingegen die Auffassung, dass die mündliche Anzeige ausreicht [vgl. Beck'scher VOB-Kommentar, Berger 2013, § 6 Abs. 1 Rn. 36].

Inhaltlich muss die Behinderungsanzeige vor dem Hintergrund der Schutz-, Warn- und Hinweisfunktion alle Merkmale der Behinderung umfassen, sodass einerseits die hindernden Umstände und andererseits deren (absehbare) Auswirkungen ersichtlich sind [vgl. Roquette et al. 2021, S. 158 ff.].

Auch bei Ansprüchen gemäß § 642 BGB ist die Behinderungsanzeige bei einem VOB-Vertrag Anspruchsvoraussetzung [vgl. Roquette et al. 2021, S. 161].

Gemäß § 6 Abs. 3 S. 2 VOB/B muss der Auftraggeber auch über den Wegfall der hindernden Umstände informiert werden. Dies ist schon allein zum Zweck der Nachweissicherung elementar, um das Ende einer Behinderung darlegen zu können. Unterlässt der Auftragnehmer die Abmeldung der hindernden Umstände, kann die Behinderungsdauer auch ersatzweise mithilfe der Bautagesberichte, dem Eingangsdatum eines fehlenden Planes oder auch anhand eines Leistungsstandberichtes ermittelt werden [vgl. Roquette et al. 2021, S. 161].

Nachdem die überwiegend rechtlichen Anforderungen beschrieben wurden, wird der Fokus nun auf die baubetrieblichen Aspekte einer Behinderungsanzeige gelegt. Für die Fortführung des Bauablaufes, auch im Störungsfall, muss der Auftraggeber den Auftragnehmer bei der Anpassungsdisposition nach der Anzeige der Behinderung unterstützen. Aus diesem Grund muss der Auftragnehmer auch die Störungssachverhalte, die auf die höhere Gewalt zurückzuführen sind, anzeigen. Nur so können Auswirkungen minimiert oder kompensiert werden.

Neben der Unverzüglichkeit und der Schriftform ist weiterhin Voraussetzung, den Störungsumfang, d. h. die betroffenen Arbeiten beziehungsweise Vorgänge, zu benennen. Auch die Störungstiefe, also die Unterscheidung, ob Folgen erwartet werden oder bereits eingetreten sind, ist im Sinne der Warnfunktion anzugeben. Sind Arbeiten nicht oder nicht wie geplant durchzuführen, muss der Auftragnehmer auch Angaben zur Störungsdauer machen (s. dazu Abb. 5.2).

Der Bundesgerichtshof hat in der Entscheidung vom 21.12.1989 – VII ZR 132/88 – festgehalten, dass sich diese Aspekte (vgl. Abb. 5.2) jedoch nicht immer voraussehen lassen. Die Wirkungen von Behinderungen auf die Produktivität und damit auf den Bauablauf sowie die Höhe des Ersatzanspruches können oftmals erst im Nachhinein detailliert aufbereitet werden. Wesentlich ist daher zunächst, dem Auftraggeber anzuzeigen, dass die Behinderung aus seinem Risikobereich stammt (Informationsfunktion), dass sich hieraus Folgen ergeben werden (Warnfunktion) und dass eine Dokumentation der Auswirkungen erfolgen sollte (Schutzfunktion).

Ferner hob der Bundesgerichtshof hervor, dass der Bezug zum Soll-Bauablauf, d. h. zum ursprünglich vorgesehenen Vorgang hergestellt werden muss. In der anschließenden Nachweisführung (anspruchsausfüllende Kausalität) sind dann die konkret entschiedenen Folgen der Behinderung darzulegen.

Mit der Behinderungsanzeige ist es allerdings hinsichtlich einer erforderlichen bauablaufbezogenen Nachweisführung nicht getan. Es besteht nach der Identifizierung einer Störung die Möglichkeit, sämtliche tatsächlichen Folgen und Auswirkungen baubegleitend zu dokumentieren. Diese Möglichkeit wird in der Praxis jedoch häufig nicht wahrgenommen, da die Auffassung besteht, mit der Behinderungsanzeige der Dokumentationspflicht ausreichend nachgekommen zu sein. Für die spätere Nachweisführung ist es

Aspekte Bauablauf	Aspekte Mehrkosten	Formale Aspekte
Störungsbeginn	Störungsbedingt betroffene Ressourcen	Anzeige ohne schuldhaftes Zögern
Auswirkungen auf geplante Vorgänge	Beschreibung der Maßnahmen zur Kompensation von Mehrkosten	Richtiger Adressat
Beschreibung und Visualisierung von Terminverschiebungen		Benennung der Störungsart
Beschreibung möglicher Dispositionsmaßnahmen		Nummerierung der Anzeige
		Anmeldung/Vorbehalt Bauzeitverlängerung und Mehrkostenerstattung

Abb. 5.2 Beispielhafter Inhalt einer Behinderungsanzeige

allerdings von Bedeutung, die tatsächlichen Auswirkungen aufzeigen und nachweisen zu können. Demzufolge sollten alle Folgeeinflüsse akribisch erfasst werden:

- Dauer der Behinderung
- Konkrete Auswirkungen auf die geplanten Termine
- Verschiebungen der geplanten Vorgänge
- Auswirkungen auf den geplanten Bauablauf
- Betroffene Kapazitäten inkl. der Dauer der Kapazitätsbindung
- Mitwirkungshandlungen (z. B. Verfahrensumstellungen, Dispositionsmaßnahmen)
- Finanzielle Aufwendungen für Mitwirkungshandlungen

Behinderungsanzeigen führen im Projektverlauf oftmals zu einer Verschlechterung der Beziehungen zwischen Auftraggeber und Auftragnehmer, da der Auftraggeber oftmals lediglich den Versuch der Anspruchswahrung oder die Kaschierung von Verzügen durch den Auftragnehmer vermutet [vgl. Drittler 2017, S. 361]. Behinderungsanzeigen sind demnach negativ belastet, obwohl das Gegenteil der Fall sein sollte. Hierüber müssen die Parteien unbedingt Klarheit schaffen. Gleichermaßen muss der Auftraggeber im Anschluss an die Anzeige alles Notwendige dafür tun, um die Hindernisse abzustellen und weitere

Auswirkungen abzuwenden. Eine in der Praxis oftmals beobachtete Abwehrhaltung und Zurückweisung der Anzeigen gefährdet die Kosten- und Terminziele. Ein kooperatives Verhalten bietet die Chance, die Auswirkungen von hindernden Umständen abzuwenden.

Vieldiskutiert ist die Anzeige von Behinderungssachverhalten in Bautagesberichten. Im Urteil des BGH vom 20.02.1986 (VII ZR 286/84) wird die Bedeutung des Bautagesbe-richtes für die Erfassung von Behinderungen ausdrücklich hervorgehoben. *Kapellmann/ Schiffers* merken diesbezüglich an, dass der Bautagesbericht, sofern dieser ohne zeitliche Verzögerung an den Auftraggeber übergeben wird, gleichzeitig als Behinderungsanzeige anzusehen ist. Insbesondere, wenn der Auftraggeber mit seiner Unterschrift den Inhalt des Berichtes bestätigt, dokumentiert er die Kenntnis über den möglichen Behinderungssach-verhalt. Eine Weigerung der Unterzeichnung kann dabei als Beweisvereitelung zu Lasten des Auftraggebers gewertet werden. Die genannten Autoren sind also der Auffassung, dass eine Anzeige gemäß § 6 Abs. 1 VOB/B entbehrlich ist, sobald der Sachverhalt im Bauta-gesbericht vermerkt ist. Demnach kann beispielsweise das Fehlen von Ausführungsunter-lagen kontinuierlich aufgeführt werden, sodass der Störungszeitraum hinlänglich doku-mentiert wird. Somit ermöglicht der Bautagesbericht eine sachliche und emotionslose Dokumentation von Störungssachverhalten, aber auch von geänderten oder zusätzlichen Leistungen [vgl. Kapellmann und Schiffers 2011, S. 578 f.].

Im Falle des Vorliegens einer Störung empfiehlt es sich, auch ihre Auswirkungen zu erfassen, um die Anforderungen an eine Behinderungsanzeige zu erfüllen. Sollten daher durch fehlende Planunterlagen oder andere Störungen Arbeitskräfte nicht oder nicht pro-duktiv eingesetzt werden können, sollten das betroffene Gewerk, die vorgesehene Tätig-keit, die Personenanzahl und die Namen der Personen benannt werden. Gleichzeitig soll-ten auch die produktiven Leistungen dokumentiert werden, sodass auch externe Dritte anhand der Berichte den tatsächlichen Bauablauf nachvollziehen können. Der Aufwand bei einem gestörten Bauablauf ist entsprechend aufwendig, weniger aufwendig allerdings, als wenn die Störungen und Auswirkungen im Nachhinein beschrieben werden müssten [vgl. Rohr-Suchalla 2008, S. 113 f.].

Auch das entwickelte Musterformular, welches bereits dargestellt wurde, kann diese Anforderung an die Praktikabilität[1] so lange nicht erfüllen, bis die Unternehmen strategi-sche Rahmenbedingungen schaffen, die eine adäquate Dokumentation erlauben. Die an dieser Stelle abzuwägenden Kosten, z. B. für eine zusätzliche Arbeitskraft, die ausschließ-lich zu Dokumentationszwecken vor Ort ist, mit jenen Kosten, die unter Umständen später durch die Aufbereitung eines Nachtrags entstehen, bilden den Kerninhalt dieser strategi-schen Entscheidung.

Die Bedeutung des Bautagesberichtes für die Rekonstruktion des Bauablaufes wird durch die Einflüsse der internen und externen Dokumentationselemente deutlich. Diese

---

[1] Ein entscheidendes Kriterium für ein qualitativ hochwertiges Muster ist auch in der Praktikabilität zu erkennen. Auf der Baustelle sind es zumeist die Vorarbeiter oder die Bauleiter, die für die Verfas-sung des Bautagebuchs auf der Auftragnehmerseite verantwortlich sind. Diese sind durch ihre ar-beits- und zeitintensiven täglichen Aufgaben oftmals nur punktuell in der Lage, das Musterformular entsprechend sorgfältig auszufüllen, sodass sämtlichen rechtlichen und baubetrieblichen Anforde-rungen genügt wird.

ermöglichen unterschiedliche Soll-Ist-Vergleiche und Analysen des tatsächlichen Baugeschehens, um konkrete Aussagen zu Verzögerungen treffen zu können. Warum eine angestrebte Tagesleistung nicht erbracht werden konnte, kann beispielsweise anhand der Per-
sonalbindung durch angeordnete Stundenlohn- oder Nachtragsleistungen belegt werden.
Auch aus diesem Grund enthält der Bautagesbericht Angaben zum Personal- und Maschi-
neneinsatz, zu Stundenlohnarbeiten, zu Planeingängen, zu Störungen, zu Mengen und zu
Abnahmen. Bei dieser Gelegenheit ist auf die Vernetzung der Informationen zu achten und
ggf. mit zusätzlichen Dokumenten zu ergänzen [vgl. Dorn 1997, S. 103 ff. und S. 141].

Der Bautagesbericht ist die Quintessenz der Bauablauf- respektive der Baufortschritts-
dokumentation. Hierin kommen die wesentlichen Informationen aus Lohstundenberich-
ten, aus Gerätestundenberichten, aus der Foto- oder Videodokumentation, aus den Wetter-
daten und aus dem allgemeinen Schriftverkehr zusammen.

5.1.3 Dokumentation des Planungsfortschritts

Der Auftraggeber ist – in Abhängigkeit von der Vertragsausgestaltung – dafür verantwortlich, die notwendigen Ausführungsunterlagen rechtzeitig zu übergeben. Kommt er dieser
Mitwirkungsverpflichtung nicht oder nicht rechtzeitig nach, hat dies unmittelbare Auswirkungen auf die vorgesehene Leistungserbringung.

Die Übergabe von ausführbaren und freigegebenen Plänen ist die wichtigste Vorbereitung für die tatsächliche Leistungserbringung. Der Auftraggeber hat aus diesem Grund die
Sorge für die rechtzeitige Übermittlung zu tragen [vgl. § 3 VOB/B]. Des Weiteren sollten
die vorgesehenen Übergabefristen von Ausführungsunterlagen für zusammenhängende
Bauabschnitte im Soll-Terminplan aufgeführt werden. Nur so ist eine nachträgliche Kontrolle und Steuerung möglich.

Wichtig ist zudem die Berücksichtigung der Vorlaufzeiten, die der Auftragnehmer für
die Sichtung und Prüfung der Unterlagen und die Erstellung der Werk- und Montageplanung benötigt, bevor die eigentliche Leistungserbringung erfolgen kann. Diese Vorlaufzeit
variiert je nach Gewerk teilweise erheblich.

Um die jeweiligen Planübergaben an die Auftragnehmer zu dokumentieren, führen die
Erfüllungsgehilfen des Auftraggebers, also die Objekt- und Fachplaner, sogenannte Planausgangslisten. Eine lückenlose Dokumentation wird dabei jedoch selten erreicht, da viele
Pläne auch auf dem „kurzen Dienstweg" übergeben werden [vgl. Bielefeld/Sundermeier
in Würfele et al. 2012, S. 581]. Hiervon ist zum Zweck einer hohen Dokumentationsqua-
lität abzuraten, auch wenn die Aussicht auf Zeiteinsparungen oftmals dazu verleitet.

Das Pendant zu den Planausgangslisten der Planer stellt die Planeingangsliste der Auftragnehmer dar. Hierin werden sämtliche der erhaltenen Pläne erfasst. Diese „Doppelar-
beit" ist sinnvoll, da Listen nicht selten inhaltliche Fehler aufweisen, die auf den ersten
Blick nicht erkennbar sind. Ferner ist zu berücksichtigen, dass der Ersteller der
Planausgangsliste, sofern er für die rechtzeitige Übergabe verantwortlich ist, kein Inte-
resse daran hat, den eigenen Leistungsverzug zu dokumentieren [vgl. Bielefeld/Sunder-
meier in Würfele et al. 2012, S. 581 f.].

Nur mithilfe der Listen kann die Erfüllung der Mitwirkungsobliegenheiten des Auftraggebers kontrolliert und nachgewiesen werden. Soll-Ist-Abweichungen können dann dem Auftraggeber angezeigt werden, damit Abhilfe geschaffen und negative Auswirkungen vermieden werden können.

Diese treten dann auf, wenn der Auftragnehmer einen bestimmten Plan für die vorgesehene Ausführung benötigt, leistungsbereit ist und keine oder unzureichende Ausweichmöglichkeiten (Dispositionsmöglichkeiten) hat. Das Fehlen von Ausführungsunterlagen führt offenkundig dazu, dass die bestimmte Leistung nicht ausgeführt werden kann. Wie das OLG Köln bereits am 01.12.1980 festgestellt hat, führt das Fehlen von Ausführungsunterlagen allerdings nicht zwangsläufig zu Behinderungen des Auftragnehmers, da oftmals andere Arbeitsmöglichkeiten bestehen [OLG Köln, Urteil vom 01.12.1980–22 U 73/80]. Ist die Fortführung der Arbeiten als Ganzes jedoch tatsächlich behindert, muss der Auftragnehmer hierzu substanziiert vortragen. Die Planeingangsliste kann somit auch Störungssachverhalte erfassen und dokumentieren, sodass der Unternehmer anschließend in die Lage versetzt wird, eine Behinderungsanzeige gemäß § 6 Abs. 1 VOB/B zu verfassen, die den rechtlichen Anforderungen genügt.

Die tatsächlichen Übergabetermine und damit die Dokumentation des auftragnehmerseitigen Wissenstandes werden zusätzlich in der Planeingangsliste erfasst. Bei der Erstellung der Liste sind die folgenden Anforderungen zu berücksichtigen:

- Es ist auf eine einheitliche Bezeichnung, Nummerierung und Indexierung der Pläne zu achten.
- Die Soll- und Ist-Übergabetermine müssen erfasst werden.
- Eine textliche Beschreibung der mit den Indexierungen markierten Änderungen ist anzufertigen.
- Eine unmittelbare Sichtung und Prüfung der Pläne (z. B. im Hinblick auf Kollisionen, fehlende Maßketten und Spezifikationen) im Rahmen des vertraglich Vereinbarten, ist empfehlenswert.
- Die Ausführungsreife muss dokumentiert werden.
- Die Verbindlichkeit der Pläne ist zu prüfen.
- Eine Beschreibung der konkreten Auswirkungen bei Fehlen der Planunterlagen ist anzufertigen.

Zudem müssen bei festgestellten Abweichungen Hinweise an den Auftraggeber mithilfe von ergänzendem Schriftverkehr erteilt werden. Sollte der Auftragnehmer Bedenken gegen die vorgesehene Art der Ausführung haben, sind diese dem Auftraggeber gemäß § 4 Abs. 3 VOB/B anzuzeigen. Überdies ist dem Auftraggeber im Falle einer fehlenden terminkritischen Planübergabe eine Behinderung gemäß § 6 Abs. 1 VOB anzuzeigen. Die Auswirkungen des Fehlens von Plänen können ergänzend anhand eines Terminplanes aufgezeigt werden.

Bei der Erfassung der tatsächlichen Planübergaben ist es somit nicht allein mit der Auflistung der Übergabetermine getan. Auch hier sind ein systematisches Vorgehen und vernetztes baubetriebliches sowie juristisches Denken erforderlich. Um ein belastbares Dokument für den Nachweis von Störungssachverhalten zu erhalten, empfiehlt es sich, die Planeingangsliste vom Auftraggeber unterzeichnen zu lassen und eigens geplante Schadensminderungsmaßnahmen (z. B. Dispositionsmöglichkeiten) aufzuführen.

Die einschlägige Literatur legt bei der Gestaltung von Musterformularen den Fokus auf die Primärfunktion, d. h. den Soll-Ist-Vergleich der Planübergabedaten. Vielfach fehlen jedoch Angaben zu der Verwendung der Planunterlagen sowie die Zuordnung zu den betroffenen Bauabschnitten. Diese Informationen sind hinsichtlich der Aussagekraft des Dokumentationsmittels jedoch unabdingbar. Der Verwender muss demnach mithilfe zusätzlicher Bemerkungen die notwendigen Informationen dokumentieren, damit im Störungsfall eine weiterführende Analyse erfolgen kann. Da diese oftmals deutlich später oder gar erst nach dem Projektabschluss erfolgt, gestaltet sich eine Rekonstruktion von tatsächlichen baulichen Erfordernissen und Auswirkungen der Planverzüge schwieriger.

Das in Abb. 5.3 dargestellte Beispielformblatt zeigt eine Variante der Planeingangsliste, welche einen detaillierten terminlichen und inhaltlichen Soll-Ist-Vergleich zulässt. Demnach sind Planungsänderungen nebst deren Auswirkungen entsprechend den baubetrieblichen und rechtlichen Anforderungen zu erfassen:

Mit den Planlieferlisten können, wie beispielhaft dargestellt, auch Informationen zur Ermittlung von Vergütungs-, Entschädigungs- und Schadensersatzansprüchen festgehalten werden, indem zum einen etwaige Störungszeiträume und zum anderen die konkret betroffenen Ressourcen erfasst werden. Diese können je nach Anspruchsgrundlage sodann im Zuge der Geltendmachung entsprechend der Höhe nach bepreist werden.

Dokumentation Planbeistellung														

Blatt Nr.:
Datum:
Auftraggeber:
Auftragnehmer:

Baustelle:
Auftragsnummer:
Örtl. BL AG:
Örtl. BL AN:

Ersteller der Dokumentation:

Bei verspäteten Planbeistellungen ist der Auftraggeber unverzüglich zu informieren, sodass ggf. erforderliche Dispositionsmaßnahmen abgestimmt werden können.

Plan Nr. / Vorgänger	Planbezeichnung	Index	Dokumentation und Auswirkungen geänderter oder zu spät beigestellter Pläne										Bewertung			Notizen [beispielsweise eingeleitete Ersatzmaßnahmen]
			Soll-Übergabe-datum	Ist- Übergabe-datum	Betroffene Leistung	Örtl. Bezug [Bauteil, Geschoss]	Planungs-mängel	Zeitl. Aus-wirkungen Mängel	Änderungen zu Vorgänger	Anpassung W+M Planung	Dauer Umplanung	Material- und Personal-disposition	Betroffene Ressourcen	Auswirk-ungen	Schadens-minderung	

W+M = Werkstatt- und Montageplanung

Abb. 5.3 Beispielformular Planbeistellung zur Störungsdokumentation

5.1.4 Dokumentation von Störungsursachen

Störungssachverhalte müssen systematisch dokumentiert werden, um die konkreten Folgen und die möglichen Lösungsansätze zu erfassen und zu steuern. Optionen hierfür stellen Besprechungsprotokolle beziehungsweise Aktennotizen dar. Ein Störungsursachen- und Störungssteuerungsbericht kann ebenfalls Abhilfe schaffen. Die Berichte können zum Gegenstand von Besprechungen und anschließend von beiden Parteien unterzeichnet werden. Hierdurch wird nicht nur ein geeignetes Beweisdokument geschaffen, sondern auch die Kooperation bei Störungssachverhalten unterstützt und gefördert. Asymmetrische Informationsverteilungen und das ergebnisorientierte Durchsetzen von Interessen sollte zu diesem Zweck zurückgestellt werden und einer gemeinsamen kooperativen Vorgehensweise weichen.

Störungsursachenberichte dienen ferner der Darstellung von Soll-Ist-Abweichungen sowie deren ersichtlichen Faktoren. Überdies bieten sie die Möglichkeit der detaillierten Störungsanalyse sowie die Grundlage für die Anspruchsgeltendmachung und (Um-)Disposition [vgl. Bielefeld/Sundermeier in Würfele et al. 2012, S. 616].

Das Beispielformblatt in Abb. 5.4 stellt eine Variante eines Störungsursachenberichts dar, welche eine detaillierte Störungsdokumentation und -steuerung zulässt.

Stammen festgestellten Behinderungen aus der Risikosphäre des Auftraggebers, kann der Auftragnehmer nach der beschriebenen Darlegung der Sachverhalte und deren Auswirkungen auf den Bauablauflauf (sowie unter Berücksichtigung der jeweiligen Anspruchsvoraussetzungen) beispielsweise Schadensersatz- oder Entschädigungsansprüche geltend machen.

Unabhängig von einer zu zugrunde zu legenden Anspruchsgrundlage sind in jedem Einzelfall mithilfe der zur Verfügung stehenden Dokumentationsmittel die konkret betroffenen Ressourcen (Personal, Material, Gerät und Nachunternehmer) festzuhalten und im Zuge der Anspruchsdarlegung der Höhe nach nachzuweisen.

An die monetäre Bewertung der konkret betroffenen Ressourcen werden bei Heranziehung eines Entschädigungs- oder Schadensersatzanspruches unterschiedliche Anforderungen gestellt. Den anzuführenden Mehraufwendungen liegen jedoch immer die infolge des Annahmeverzuges oder Bauzeitverlängerung betroffenen Ressourcen zugrunde.

Die bauzeitabhängigen Kosten, z. B. für Personal, Geräte und allgemeine unternehmerische Kapazitäten, fallen vergeblich oder länger als ursprünglich kalkuliert an. Auch Material- und Nachunternehmerpreise können im Vergleich zur Kalkulation steigen.

Entsprechende Mehraufwendungen sind immer den Einzelsachverhalten (Einzelstörungen) zuzuordnen und zu dokumentieren. Selbiges gilt auch für die weiteren Kosten- und Preisbestandteile, sofern sie betroffen sind.

Die Baustellengemeinkosten bilden als Teil des Gemeinkostenumlagebetrages je nach Leistungsbeschreibung und Projektausgestaltung einen wesentlichen Faktor im Zusammenhang mit der voraussichtlichen Bauzeit. Aus diesem Grund werden zeitunabhängige von zeitabhängigen Baustellengemeinkosten unterschieden.

Dabei fallen die Baustellengemeinkosten zu unterschiedlichen Zeitpunkten in einer jeweils anderen Intensität an. Zu Beginn und zum Ende der Auftragsabwicklung sind die Kosten z. B. für die Baustelleneinrichtung und das aufsichtführende Personal, geringer als zur Hauptbauphase. Dies ist auf den Umstand zurückzuführen, dass die entsprechenden

Störungsübersicht

Blatt Nr.:
Datum:
Auftraggeber:
Auftragnehmer:

Baustelle:
Auftragsnummer:
Örtl. BL AG:
Örtl. BL AN:

Ersteller:

Die aufgeführten Störungen werden gemäß § 6 Abs. 1 VOB/B unverzüglich schriftlich angezeigt.

Nr.	Beschreibung [hindernder Umstand, Problemsachverhalt]	Soll-Ist Abweichungen / Störungssachverhalte / Erschwerte Ausführungen										Schadensminderung / Mehraufwand				Notizen/Hinweise/Ergänzende Dokumente*
		Datum der Feststellung	Verursacher	Voraussichtl. Verzögerung	Geplante Leistung	Datum der Behebung	Aus-wirkungen	Örtl. Bezug [Bauteil, Geschoss]	Betroffene Personen	Leistungs-bereitschaft angezeigt	Bestätigung/ Abstimmung mit AG	Mögliches Vorgehen	Personal Disposition	Anderweitige Leistung	Mehr-aufwand	

Fotodokumentation, Skizzen, VOB-Schriftverkehr

Abb. 5.4 Beispiel Störungsursachenbericht

Kapazitäten mit fortschreitendem Projektverlauf zunächst aufgebaut und zum Projektabschluss abgebaut werden.

Ergeben sich folglich zeitliche Verschiebungen in den Perioden, hat dies, sofern keine Anpassung der Kapazitäten erfolgen kann, direkte Auswirkungen auf die entsprechenden Kosten.

Allgemeine Geschäftskosten erfassen jene Kosten, die durch die Verwaltung, die Serviceleistungen sowie die Hilfsbetriebe des Unternehmens anfallen. Sie werden in der Kalkulation durch vorbestimmte Zuschlagssätze berücksichtigt, was einer umsatzbezogenen, d. h. zeitunabhängigen, Berücksichtigung entspricht.

Dies bedeutet, dass die Allgemeinen Geschäftskosten zumeist umsatzbezogen kalkuliert werden, in der Realität allerdings zeitabhängig und in Unabhängigkeit von der Bauleistung anfallen, sodass infolge von Behinderungen beziehungsweise zeitlichen Folgen von Bau-Soll-Modifikationen Kostenunterdeckungen entstehen können [vgl. Sundermeier in Würfele et al. 2012, S. 170 f.].

Die Bauzeit kann somit erhebliche Auswirkungen auf die wirtschaftliche Situation eines Unternehmens haben. Kommt es im Projekt zu Bauablaufstörungen, sind die Annahmen des Kalkulators schnell obsolet. In diesem Fall kann die wirtschaftliche Projektumsetzung nur dann gewährleistet werden, wenn die Baustellendokumentation eine Anspruchssicherung ermöglicht oder im Dialog mit dem Auftraggeber nach anderweitigen Lösungsansätzen gesucht wird.

5.1.5 Baubetriebliche Methoden zur Darstellung von Bauablaufstörungen

Für die Darlegung von Bauablaufstörungen ist in der Regel auf der Grundlage der dokumentierten Projektinformationen eine detaillierte und umfangreiche baubetriebliche Ausarbeitung zu erstellen. Eine bauablaufbezogene Darstellung, welche für die Darlegung eines Entschädigungsanspruches mit Einschränkungen nicht erforderlich ist, kann diesbezüglich der folgenden Beispielsystematik folgen:

1. Analyse der Vertragsunterlagen (Bau-Soll-Analyse)
   a. Baubetriebliche Analyse des inhaltlichen und umständlichen Bau-Solls
   b. Darstellung geschuldeter Planungs- und/oder Bauleistungen
   c. Analyse von Schnittstellen, Verantwortlichkeiten und Risikosphären
   d. Darstellung der Vertragsfristen und -termine
   e. Analyse der technischen und kapazitiven Abhängigkeiten
   f. Identifikation erforderlicher Vorleistungen
   g. Bewertung der Plausibilität und Machbarkeit des geplanten Bauablaufes unter Berücksichtigung der Kalkulationsansätze
   h. Darstellung und Analyse des kritischen Weges beziehungsweise der kritischen Wege
2. Analyse des tatsächlichen Ist-Bauablaufes
   a. Identifikation der zeitlich maßgeblichen Baustellenereignisse
   b. Ermittlung des tatsächlich kritischen Weges beziehungsweise der tatsächlich kritischen Wege

   c. Erste chronologische Sortierung der Projektkorrespondenz/Projektdokumentation

   d. Erste Aufklärung möglicher Eigenstörungen des Auftragnehmers

   e. Untersuchung der Leistungs- und Kooperationsbereitschaft des Auftragnehmers

3. Einzelstörungsanalyse

   a. Sachverhaltsbeschreibung und Risikozuordnung für jede Störung

   b. Zusammenstellung aller relevanten Störungsdaten (Eintritt, Wegfall, örtlicher Bezug, betroffene Leistungen, Auswirkungen)

   c. Detaillierte, störungsbezogene Auswertung der Dokumentationsunterlagen (Behinderungsanzeigen, Besprechungsprotokolle, Bautagebücher, Terminpläne, Fotodokumentation)

   d. Juristische Fragestellung: Klärung der jeweiligen Anspruchsgrundlage im Einzelfall

4. Terminplanvisualisierungen und baubetriebliche Auswertung

   a. Grundlage: Der vereinbarte Vertragsterminplan oder der plausible und machbare Soll-0-Plan, welcher die Vertragstermindaten widerspiegelt

   b. Eventuelle Anpassung des Vertragsterminplanes, um die Anforderungen an Plausibilität und Machbarkeit zu erfüllen

     • Variante 1: Soll'-Methode:

       1. Einzelfortschreibung des plausiblen und machbaren Bauablaufplans um die Ist-Daten der Einzelstörungssachverhalte aus der Risikosphäre des Auftraggebers

       2. Einarbeitung möglicher Sekundärauswirkungen und etwaiger Bauablaufanpassungen

       3. Abgleich der Fortschreibung mit dem Ist-Bauablauf zur Verifizierung der tatsächlichen Auswirkungen (Nachweis mittels Induktion)

     • Variante 2: Ist'-Methode:

       1. Erstellung eines rechenbaren (verknüpften) Ist-Bauablaufes unter Berücksichtigung aller tatsächlichen Baustellenereignisse (insbesondere: Vertragsleistungen, außervertragliche Leistungen, Störungen AN/AG)

       2. Ermittlung des hypothetisch ungestörten Bauablaufes (Ist') durch rückwärtsgerichtete, hypothetische Herausrechnung der Störungssachverhalte aus der Risikosphäre des Auftraggebers

       3. Gegenüberstellung von Soll-, Ist- und Ist'-Bauablauf

   c. Auswertung der baubetrieblichen Ergebnisse und Risikozuweisung von Bauzeitverlängerungsanteilen

5. Darlegung des finanziellen Anspruchs

   a. Berechnungssystematik entsprechend der Anspruchsgrundlage im Einzelfall

     • Darlegung der jeweils konkret betroffenen Ressourcen

     • Abgrenzung von geplanten Ressourcen (Soll-Ist-Vergleich)

     • Monetäre Bewertung der konkreten Mehraufwendungen gemäß Berechnungssystematik der Anspruchsgrundlagen

Die Informationen für die baubetriebliche Vertragsanalyse sind projektspezifisch unterschiedlich, sodass die Datenerhebung immer von dem Einzelfall abhängt. Die Erfassung der relevanten Daten für die Störungsanalyse kann mithilfe der in den vorausgehend beschriebenen Kapiteln systematisiert und damit vereinfacht werden. Erforderlich ist in diesem Zusammenhang – wie ausgeführt – immer auch die Erfassung der konkret betroffenen Ressourcen (z. B. Personal, Gerät, Einrichtungselement, etc.).

Die mit der beispielhaften Aufbereitungssystematik angeführten Varianten der Terminplanvisualisierungen und baubetrieblichen Auswertungen werden im folgenden Kapitel näher vorgestellt, da hierin die wesentliche und erforderliche Herausforderung im Zusammenhang mit der Darlegung von Bauablaufstörungen liegt. Auf dieser Grundlage können im Anschluss die konkret von den Bauablaufstörungen betroffenen Ressourcen bepreist und in Ansatz gebracht werden.

Variante 1: Soll'-Methode

Bei der Aufbereitung eines gestörten Bauablaufes ist nicht die gewählte Aufbereitungsbeziehungsweise Darstellungsmethodik entscheidend, sondern vielmehr die richtige Anwendung der zur Verfügung stehenden Methoden. Die in der baubetrieblichen Praxis etablierte Soll'-Methode wird häufig als Grundlage für die konkrete bauablaufbezogene Darstellung von Bauzeitansprüchen verwendet. Diese wird von den baubetrieblichen Sachverständigen in unterschiedlichen Erscheinungsformen dargestellt und verstanden. Oftmals hat die Aufbereitung jedoch aufgrund einer unzureichenden Verifizierung der Bauablaufmodifikationen respektive Bauablauffortschreibungen durch den Abgleich mit dem tatsächlichen Ist-Bauablauf rein rechnerische beziehungsweise hypothetische Darstellungen zum Ergebnis. Gerade diese hypothetischen Ergebnisse entsprechen jedoch ausdrücklich nicht den Anforderungen an eine bauablaufbezogene Darstellung, welche immer am tatsächlichen Ist-Bauablauf gespiegelt werden muss.

Nur durch diese Form der Anwendung, das heißt nur durch die konsequente Überprüfung der für die Bauablaufmodifikation getroffenen Kausalitätserwägungen, kann der (induktive) Nachweis von kausalen Störungsauswirkungen gelingen. Eine Verifizierung der zunächst hypothetischen beziehungsweise rechnerischen Annahmen anhand des tatsächlichen Ist-Bauablaufes ist für jeden Einzelsachverhalt vorzunehmen. Wesentliche Arbeitsschritte bei Anwendung der Soll'-Methodik müssen vor diesem Hintergrund darüber hinaus erbracht werden:

Grundlage der Soll'-Methode ist der machbare Soll-Bauablaufplan, welcher infolge der Einarbeitung sämtlicher Störungssachverhalte zum Soll'-Bauablauf wird. Dieser störungsmodifizierte Bauablauf stellt einen rechnerisch hypothetischen Ablauf dar, da der ursprünglich geplante Bauablauf um die auftraggeberseitig zu verantwortenden Störungen fortgeschrieben und somit die Verlängerung der Vertragstermine nach § 6 Abs. 2 und 4 VOB/B ermittelt wurde. Die Soll'-Methode gilt als eine hinreichend genaue Annäherung an die tatsächlichen Ereignisse auf der Baustelle, sofern bestimmte Grundsätze eingehalten werden [vgl. Roquette et al. 2021, S. 169, u. a. kritisch dazu: Drittler im ibr-Blockeintrag vom 16.12.2011].

Die wesentlichen Erarbeitungsschritte bei der Soll'-Methode lauten wie folgt:

- Erarbeitung/Festlegung des plausiblen und machbaren Soll-Bauablaufes,
- Dokumentation und Analyse von (Einzel-)Störungssachverhalten,
- Fortschreibung des Soll-Bauablaufes um die Störungssachverhalte und Ermittlung der konkreten Auswirkungen
- Gegenüberstellung von Soll'- und Ist-Bauablauf.

Der Soll-Bauablauf kann auch nach Baubeginn noch anhand der Vertragstermine erstellt werden, um eine bauablaufbezogene Aufbereitung des Anspruches vorzunehmen.

Im nächsten Schritt werden die Störungssachverhalte, die beispielsweise mithilfe einer Störungsliste identifiziert und dokumentiert werden können, den Vorgängen des Soll-Bauablaufes zugeordnet und erfasst. Im Zuge der Dokumentation werden die Geschehnisse auf der Baustelle erfasst, die Verursachung der Störungen untersucht, die Leistungsbereitschaft geprüft und die Kausalität festgestellt. Die von der Störung betroffenen Vorgänge werden anschließend festgehalten.

Im letzten Schritt werden die ermittelten Störungen in den Soll-Bauablauf eingearbeitet, sodass eine Fortschreibung der Soll-Vorgänge um die Störungssachverhalte erfolgt. Die Soll-Vorgänge werden je nach Störungssachverhalt verlängert, verschoben oder unterbrochen. Der störungsmodifizierte und eingefügte Vorgang sollte sich dabei vom ursprünglich geplanten Vorgang abheben (Nummerierung, grafisch/farblich). Liegt die Störung auf dem kritischen Weg, werden die Auswirkungen auf den Endtermin dank der Verknüpfungen offensichtlich. Überdies werden dann die Ergebnisse des berechneten störungsmodifizierten Bauablaufes mit dem Ist-Bauablauf verglichen, um die tatsächlichen Auswirkungen belegen zu können [vgl. Roquette et al. 2021, S. 189].

Die Gegenüberstellung kann die in Abb. 5.5 dargestellten beispielhaften Ergebnisse hervorbringen.

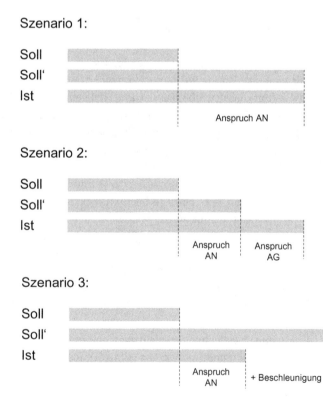

Abb. 5.5 Beispielhafte Bewertungsergebnisse Soll'-Methode

Sämtliche Störungen sind zu betrachten und zu bewerten. Hierbei wird der Fokus auf die terminkritischen Störungen gelegt, die im Zuge der Erstellung des störungsmodifizierten Bauablaufes ermittelt werden können. Eine ABC-Analyse beziehungsweise eine Cluster-Bildung können bei der Bewertung hilfreich sein.

Die Soll'-Methode ist die aktuell bekannteste und verbreitetste Methode zur Aufbereitung von Bauzeitverlängerungsansprüchen und wurde von verschiedenen Autoren abgewandelt und weiterentwickelt [vgl. beispielsweise Keller/Rodde und Adaptionsverfahren nach Mechnig/Völker/Mack und Zielke]. Ausgangspunkt ist immer ein Soll-Bauablauf, welcher unter Berücksichtigung der tatsächlichen Baustellenereignisse fortgeschrieben und mit dem Ist-Bauablauf verglichen wird. Werden jedoch Eigenstörungen des Auftragnehmers und deren tatsächlichen Auswirkungen nicht ausreichend berücksichtigt, führt die Anwendung der Methode zu hypothetischen Ansprüchen.

Im Folgenden wird ein stark vereinfachtes Beispiel für einen störungsmodifizierten Bauablauf nach Variante 1 (Soll'-Methode) dargestellt:

Beispiel Soll'-Methode

Der Störungszeitraum infolge einer nicht fristgerechten Beistellung eines Ausführungsplanes für das Kellergeschoss erstreckt sich vom 30. März 2007 bis zum 30. Juni 2007 und weist somit eine Dauer von drei Monaten auf. Die hypothetische Störungsdauer ist durch die Analyse des tatsächlichen Ablaufes (Soll-Ist-Vergleich) hinsichtlich der tatsächlich wirksamen Störungsdauer zu untersuchen. Nur die adäquat kausale Verschiebung der Ausführungsfristen infolge der Behinderung kann eine Grundlage für die Berechnung eines Anspruches sein (s. Abb. 5.6). In dem Störungszeitraum sollten folgende Soll-Leistungen (Vorgänge) erbracht werden:

- Anteilig Baustelleneinrichtung (Vorgang Nr. 3)
- Anteilig Baugrube (Vorgang Nr. 5)
- Fundamentengräben schließen (Vorgang Nr. 6)
- Fundamente/Sohle (Vorgang Nr. 7)
- Kellergeschoss (Vorgang Nr. 8)
- Anteilig Erdgeschoss (Vorgang Nr. 10)
- Anteilig1. Obergeschoss (Vorgang Nr. 15)

Die Einarbeitung des Störungszeitraumes in den Soll-Bauablauf führt folglich zu einer hypothetischen Verschiebung der Arbeiten im Kellergeschoss des Gebäudes (s. Abb. 5.7).

Der Störungssachverhalt wirkte sich vorerst auf den bis hierhin kritischen Weg aus und führt zu einer rechnerischen Bauzeitverlängerung von ca. 2 Monaten.

Anhand des Ist-Bauablaufes wird jedoch deutlich, dass die Arbeiten im Kellergeschoss auch ohne den fehlenden Ausführungsplan aufgenommen werden konnten. Das beispielsweise mithilfe der Bautagesberichte feststellbare tatsächliche Startdatum ist der 04.06.2007. Der Störungssachverhalt hat sich demgemäß nicht vollends auf die mögliche Leistungserbringung ausgewirkt. Infolge der Störungsverifizierung anhand des tatsächlichen Bauablaufes ist die in Abb. 5.8 dargestellte Anpassung der Terminplanmodifikation vorzunehmen:

Der tatsächlich wirksame Störungszeitraum (tatsächliche Auswirkung der Störung auf den Bauablauf) wird durch die in Abb. 5.9 gezeigte grafische Gegenüberstellung von Soll, Soll' und Ist deutlich

Der Störungssachverhalt hat sich demnach nur partiell auf den tatsächlichen Bauablauf ausgewirkt. Die tatsächliche Bauzeitverlängerung von ca. einem Monat kann somit beispielsweise Gegenstand eines Schadensersatzanspruches des Auftragnehmers gegen den Auftraggeber sein, sofern die weiteren dahingehenden Anspruchsvoraussetzungen entsprechend erfüllt sind.

Variante 2: Ist'-Methode:

Eine alternative Darstellungsvariante kann eine Betrachtung ausgehend vom Ist-Bauablauf sein. Im Folgenden wird der grundlegende Ansatz der Methode unabhängig von spezifischen Ausgestaltungsformen beispielhaft vorgestellt.

Der Ist-Bauablauf enthält alle tatsächlichen Projektereignisse und kann daher eine von den Parteien unanfechtbare tatsächliche Grundlage für den Nachweis von bauzeitlichen Ansprüchen darstellen. Zur Ermittlung eines auftragnehmerseitigen Anspruches auf Bauzeitverlängerung können die Bauablaufstörungen aus der Risikosphäre des Auftraggebers durch den Vergleich des tatsächlichen (gestörten) Bauablaufes mit dem hypothetisch ungestörten Ist-Ablauf identifiziert werden. Zunächst unabhängig davon, ob die ursprünglich vorgesehenen Annahmen im Soll-Bauablauf plausibel und umsetzbar waren, ermöglicht der Vergleich der beiden Ist-Terminpläne ausschließlich jener Zeitspanne auszuweisen, welche auf auftraggeberseitig zu vertretende Störungssachverhalte zurückzuführen sind.

Für den Vergleich werden die im Ist-Bauablauf enthaltenen Störungssachverhalte herausgerechnet, sodass sich ein hypothetisch ungestörter Bauablaufplan (Ist') mit einem (wahrscheinlich) früheren Fertigstellungstermin ergibt. Die zeitliche Differenz zwischen dem hypothetisch ungestörten Fertigstellungstermin und dem tatsächlich erreichten Termin stellt die wirksame (Gesamt-)Verzögerung dar, welche der Verantwortungssphäre des Auftraggebers entspricht

Der hypothetisch ungestörte Terminplan, welcher auch die Eigenstörungen des Auftragnehmers enthält, kann dabei vom Soll-Terminplan abweichen. Die Differenz zwischen dem Soll-Bauablauf und dem hypothetisch ungestörtem Ist-Bauablauf ist der Verzögerungszeitraum, welcher sich der Auftragnehmer zurechnen lassen müsste.

Die Gegenüberstellung kann die in Abb. 5.10 beispielhaft dargestellten Ergebnisse hervorbringen:

Nr.	Vorgangsname	Anfang	Ende	Vorgänger
0	**Bürogebäude**	**Die 06.03.07**	**Don 13.09.07**	
1	**1 Soll**	**Die 06.03.07**	**Sam 14.07.07**	
2	1.1 Baugenehmigung	Die 06.03.07	Die 06.03.07	
3	1.2 Ausführungsbeginn	Die 06.03.07	Sam 17.03.07	2
4	1.3 Baustelleneinrichtung	Die 20.03.07	Mit 11.04.07	3EA+1 Tag
5	1.4 Mutterboden	Die 27.03.07	Mit 28.03.07	4EA-14 Tage
6	1.5 Baugrube	Mit 28.03.07	Sam 07.04.07	5EA-1 Tag
7	1.6 Fundamentgräben schliessen	Fre 20.04.07	Die 24.04.07	8EA-10 Tage
8	1.7 Fundamente/Sohle	Die 10.04.07	Die 01.05.07	6EA+1 Tag
9	1.8 Kellergeschoss	Mit 02.05.07	Mit 27.06.07	8
10	1.9 Erdgeschoss	Die 29.05.07	Sam 14.07.07	9EA-26 Tage

Abb. 5.6 Beispielhafter Soll-Bauablauf

Nr.	Vorgangsname	Anfang	Ende	Vorgänger
0	**Bürogebäude**	**Die 06.03.07**	**Don 13.09.07**	
1	**1 Soll**	**Die 06.03.07**	**Sam 14.07.07**	
2	1.1 Baugenehmigung	Die 06.03.07	Die 06.03.07	
3	1.2 Ausführungsbeginn	Die 06.03.07	Sam 17.03.07	2
4	1.3 Baustelleneinrichtung	Die 20.03.07	Mit 11.04.07	3EA+1 Tag
5	1.4 Mutterboden	Die 27.03.07	Mit 28.03.07	4EA-14 Tage
6	1.5 Baugrube	Mit 28.03.07	Sam 07.04.07	5EA-1 Tag
7	1.6 Fundamentgräben schliessen	Fre 20.04.07	Die 24.04.07	8EA-10 Tage
8	1.7 Fundamente/Sohle	Die 10.04.07	Die 01.05.07	6EA+1 Tag
9	1.8 Kellergeschoss	Mit 02.05.07	Mit 27.06.07	8
10	1.9 Erdgeschoss	Die 29.05.07	Sam 14.07.07	9EA-26 Tage
11	**2 Soll'**	**Die 06.03.07**	**Don 13.09.07**	
12	2.1 Baugenehmigung	Die 06.03.07	Die 06.03.07	
13	2.2 Ausführungsbeginn	Die 06.03.07	Sam 17.03.07	12
14	2.3 Baustelleneinrichtung	Die 20.03.07	Mit 11.04.07	13EA+1 Tag
15	2.4 Mutterboden	Die 27.03.07	Mit 28.03.07	14EA-14 Tage
16	2.5 Baugrube	Mit 28.03.07	Sam 07.04.07	15EA-1 Tag
17	2.6 Fundamentgräben schliessen	Fre 20.04.07	Die 24.04.07	18EA-10 Tage
18	2.7 Fundamente/Sohle	Die 10.04.07	Die 01.05.07	16EA+1 Tag
19	2.8 Störungssachverhalt 1	Fre 30.03.07	Sam 30.06.07	
20	2.9 Kellergeschoss	Mon 02.07.07	Mon 27.08.07	18:19
21	2.10 Erdgeschoss	Sam 28.07.07	Don 13.09.07	20EA-26 Tage

Abb. 5.7 Beispielhafte Gegenüberstellung Soll- und Soll'-Bauablauf

Nr.	Vorgangsname	Anfang	Ende	Vorgänger
22	3 ist	Die 06.03.07	Don 16.08.07	
23	3.1 Baugenehmigung	Die 06.03.07	Die 06.03.07	
24	3.2 Ausführungsbeginn	Die 06.03.07	Sam 17.03.07	23
25	3.3 Baustelleneinrichtung	Die 20.03.07	Mit 11.04.07	24EA+1 Tag
26	3.4 Mutterboden	Die 27.03.07	Mit 28.03.07	25EA-14 Tage
27	3.5 Baugrube	Mit 28.03.07	Sam 07.04.07	26EA-1 Tag
28	3.6 Fundamentgräben schliessen	Fre 20.04.07	Die 24.04.07	29EA-10 Tage
29	3.7 Fundamente/Sohle	Die 10.04.07	Die 01.05.07	27EA+1 Tag
30	3.8 Störungssachverhalt 1	Fre 30.03.07	Sam 30.06.07	
31	3.9 Kellergeschoss	Mon 04.06.07	Mon 30.07.07	29;30EA-24 Tag
32	3.10 Erdgeschoss	Sam 30.06.07	Don 16.08.07	31EA-26 Tage

Abb. 5.8 Beispielhafter Ist-Bauablauf

Nr.	Vorgangsname	Anfang	Ende	Vorgänger	Feb '07	Mrz '07	Apr '07	Mai '07	Jun '07	Jul '07	Aug '07	Sep '07	Okt '07
0	**Bürogebäude**	**Die 06.03.07**	**Don 13.09.07**										
1	**1 Soll**	**Die 06.03.07**	**Sam 14.07.07**										
2	1.1 Baugenehmigung	Die 06.03.07	Die 06.03.07			06.03							
3	1.2 Ausführungsbeginn	Die 06.03.07	Sam 17.03.07	2	06.03	17.03							
4	1.3 Baustelleneinrichtung	Die 20.03.07	Mit 11.04.07	3EA+1 Tag		20.03 11.04							
5	1.4 Mutterboden	Die 27.03.07	Mit 28.03.07	4EA-14 Tage		27.03 28.03							
6	1.5 Baugrube	Mit 28.03.07	Sam 07.04.07	5EA-1 Tag		28.03 07.04							
7	1.6 Fundamentgräben schliessen	Fre 20.04.07	Die 24.04.07	8EA-10 Tage			20.04 24.04						
8	1.7 Fundamente/Sohle	Die 10.04.07	Die 01.05.07	6EA+1 Tag			10.04 01.05						
9	1.8 Kellergeschoss	Mit 02.05.07	Mit 27.06.07	8				02.05	27.06				
10	1.9 Erdgeschoss	Die 29.05.07	Sam 14.07.07	9EA-26 Tage				29.05	14.07				
11	**2 Soll'**	**Die 06.03.07**	**Don 13.09.07**										
12	2.1 Baugenehmigung	Die 06.03.07	Die 06.03.07			06.03							
13	2.2 Ausführungsbeginn	Die 06.03.07	Sam 17.03.07	12	06.03	17.03							
14	2.3 Baustelleneinrichtung	Die 20.03.07	Mit 11.04.07	13EA+1 Tag		20.03 11.04							
15	2.4 Mutterboden	Die 27.03.07	Mit 28.03.07	14EA-14 Tage		27.03 28.03							
16	2.5 Baugrube	Mit 28.03.07	Sam 07.04.07	15EA-1 Tag		28.03 07.04							
17	2.6 Fundamentgräben schliessen	Fre 20.04.07	Die 24.04.07	18EA-10 Tage			20.04 24.04						
18	2.7 Fundamente/Sohle	Die 10.04.07	Die 01.05.07	16EA+1 Tag			10.04 01.05						
19	2.8 Störungssachverhalt 1	Fre 30.03.07	Sam 30.06.07				30.03		30.06				
20	2.9 Kellergeschoss	Mon 02.07.07	Mon 27.08.07	18;19						02.07	27.08		
21	2.10 Erdgeschoss	Sam 28.07.07	Don 13.09.07	20EA-26 Tage						28.07	13.09		
22	**3 Ist**	**Die 06.03.07**	**Don 16.08.07**										
23	3.1 Baugenehmigung	Die 06.03.07	Die 06.03.07			06.03							
24	3.2 Ausführungsbeginn	Die 06.03.07	Sam 17.03.07	23	06.03	17.03							
25	3.3 Baustelleneinrichtung	Die 20.03.07	Mit 11.04.07	24EA+1 Tag		20.03 11.04							
26	3.4 Mutterboden	Die 27.03.07	Mit 28.03.07	25EA-14 Tage		27.03 28.03							
27	3.5 Baugrube	Mit 28.03.07	Sam 07.04.07	26EA-1 Tag		28.03 07.04							
28	3.6 Fundamentgräben schliessen	Fre 20.04.07	Die 24.04.07	29EA-10 Tage			20.04 24.04						
29	3.7 Fundamente/Sohle	Die 10.04.07	Die 01.05.07	27EA+1 Tag			10.04 01.05						
30	3.8 Störungssachverhalt 1	Fre 30.03.07	Sam 30.06.07				30.03		30.06				
31	3.9 Kellergeschoss	Mon 04.06.07	Mon 30.07.07	29;30EA-24 Tag					04.06	30.07			
32	3.10 Erdgeschoss	Sam 30.06.07	Don 16.08.07	31EA-26 Tage						30.06	16.08		

Abb. 5.9 Beispielhafte Gegenüberstellung von Soll-, Soll'- und Ist-Bauablauf

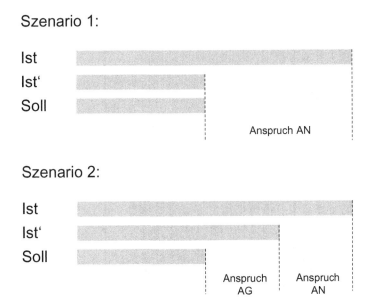

Abb. 5.10 Beispielhafte Bewertungsergebnisse Ist'-Methode

Im Folgenden wird ein stark vereinfachtes Beispiel für einen Nachweis nach Variante 2 (Ist'-Methode) dargestellt. Der vorbeschriebene Störungssachverhalt des fehlenden Ausführungsplanes für das Kellergeschoss wird zu diesem Zwecke erneut aufgegriffen:

Beispiel Ist'-Methode
Nach einem Projektabschluss wird ein rechenbarer Ist-Bauablauf erstellt. Die tatsächlichen Ausführungszeiträume sowie Bauablaufstörungen wurden wie folgt im Detail festgehalten. Die tatsächliche Fertigstellung erfolgte am 27.08.2007 (s. Abb. 5.11).

Die Herausrechnung des auftraggeberseitig zu vertretenden Störungssachverhaltes führt zum hypothetisch ungestörten Bauablauf, welcher am 06.08.2007 und somit über 20 Kalendertage früher endet:

Der Störungssachverhalt aus der Risikosphäre des Auftraggebers hatte somit eine Bauzeitverlängerung von 21 Kalendertagen (06.08.2007–27.08.2007) zur Folge (s. Abb. 5.12).

Im letzten Analyseschritt erfolgt sodann die Gegenüberstellung von Ist, Ist' und Soll, wie in Abb. 5.13 dargestellt.

Die Gegenüberstellung von dem hypothetisch ungestörten Ist'-Bauablauf und dem Soll-Bauablauf macht deutlich, dass die Vertragsleistungen im Ist-Bauablauf mehr Zeit in Anspruch genommen haben als ursprünglich geplant. Diese Darstellung lässt den Rückschluss zu, dass sich auch der Auftragnehmer mögliche Eigenstörungen zurechnen lassen müsste (Zeitraum vom 14.07.2007 bis zum 06.08.2007).

Nr.	Vorgangsname	Anfang	Ende	Vorgänger
0	Bürogebäude IST	Die 06.03.07	Mon 27.08.07	
1	Ist	Die 06.03.07	Mon 27.08.07	
2	1.1 Baugenehmigung	Die 06.03.07	Die 06.03.07	
3	1.2 Ausführungsbeginn	Die 06.03.07	Sam 17.03.07	2
4	1.3 Baustelleneinrichtung	Die 20.03.07	Mit 11.04.07	3EA+1 Tag
5	1.4 Mutterboden	Die 27.03.07	Mit 28.03.07	4EA-14 Tage
6	1.5 Baugrube	Mit 28.03.07	Don 19.04.07	5EA-1 Tag
7	1.6 Fundamentgräben schliessen	Mit 02.05.07	Sam 05.05.07	8EA-10 Tage
8	1.7 Fundamente/Sohle	Sam 21.04.07	Sam 12.05.07	6EA+1 Tag
9	1.8 Störungssachverhalt 1	Fre 30.03.07	Sam 30.06.07	
10	1.9 Kellergeschoss	Mon 04.06.07	Mon 30.07.07	8:9EA-24 Tage
11	1.10 Erdgeschoss	Sam 30.06.07	Mon 27.08.07	10EA-26 Tage

Abb. 5.11 Beispielhafter Ist-Bauablauf

Nr.	Vorgangsname	Anfang	Ende	Vorgänger
0	**Bürogebäude IST**	**Die 06.03.07**	**Mon 27.08.07**	
1	1 Ist	Die 06.03.07	Mon 27.08.07	
2	1.1 Baugenehmigung	Die 06.03.07	Die 06.03.07	
3	1.2 Ausführungsbeginn	Die 06.03.07	Sam 17.03.07	2
4	1.3 Baustelleneinrichtung	Die 20.03.07	Mit 11.04.07	3EA+1 Tag
5	1.4 Mutterboden	Die 27.03.07	Mit 28.03.07	4EA-14 Tage
6	1.5 Baugrube	Mit 28.03.07	Don 19.04.07	5EA-1 Tag
7	1.6 Fundamentgräben schliessen	Mit 02.05.07	Sam 05.05.07	8EA-10 Tage
8	1.7 Fundamente/Sohle	Sam 21.04.07	Sam 12.05.07	6EA+1 Tag
9	1.8 Störungssachverhalt 1	Fre 30.03.07	Sam 30.06.07	
10	1.9 Kellergeschoss	Mon 04.06.07	Mon 30.07.07	8:9EA-24 Tage
11	1.10 Erdgeschoss	Sam 30.06.07	Mon 27.08.07	10EA-26 Tage
12	**2 Ist'**	**Die 06.03.07**	**Mon 06.08.07**	
13	2.1 Baugenehmigung	Die 06.03.07	Die 06.03.07	
14	2.2 Ausführungsbeginn	Die 06.03.07	Sam 17.03.07	13
15	2.3 Baustelleneinrichtung	Die 20.03.07	Mit 11.04.07	14EA+1 Tag
16	2.4 Mutterboden	Die 27.03.07	Mit 28.03.07	15EA-14 Tage
17	2.5 Baugrube	Mit 28.03.07	Don 19.04.07	16EA-1 Tag
18	2.6 Fundamentgräben schliessen	Mit 02.05.07	Sam 05.05.07	19EA-10 Tage
19	2.7 Fundamente/Sohle	Sam 21.04.07	Sam 12.05.07	17EA+1 Tag
20	2.8 Kellergeschoss	Mon 14.05.07	Mon 09.07.07	19
21	2.9 Erdgeschoss	Sam 09.06.07	Mon 06.08.07	20EA-26 Tage

Abb. 5.12 Beispielhafte Gegenüberstellung von Ist- und Ist'-Bauablauf

Nr.	Vorgangsname	Anfang	Ende	Vorgänger	Gantt
0	Bürogebäude IST'	Die 06.03.07	Mon 27.08.07		
1	1 Ist	Die 06.03.07	Mon 27.08.07		
2	1.1 Baugenehmigung	Die 06.03.07	Die 06.03.07		06.03
3	1.2 Ausführungsbeginn	Die 06.03.07	Sam 17.03.07	2	06.03 – 17.03
4	1.3 Baustelleneinrichtung	Die 20.03.07	Mit 11.04.07	3EA+1 Tag	20.03 – 11.04
5	1.4 Mutterboden	Die 27.03.07	Mit 28.03.07	4EA-14 Tage	27.03 – 28.03
6	1.5 Baugrube	Mit 28.03.07	Don 19.04.07	5EA-1 Tag	28.03 – 19.04
7	1.6 Fundamentgräben schliessen	Mit 02.05.07	Sam 05.05.07	8EA-10 Tage	02.05 – 05.05
8	1.7 Fundamente/Sohle	Sam 21.04.07	Sam 12.05.07	6EA+1 Tag	21.04 – 12.05
9	1.8 Störungssachverhalt 1	Fre 30.03.07	Sam 30.06.07		30.03 – 30.06
10	1.9 Kellergeschoss	Mon 04.06.07	Mon 30.07.07	8;9EA-24 Tage	04.06 – 30.07
11	1.10 Erdgeschoss	Sam 30.06.07	Mon 27.08.07	10EA-26 Tage	30.06 – 27.08
12	2 Ist'	Die 06.03.07	Mon 06.08.07		
13	2.1 Baugenehmigung	Die 06.03.07	Die 06.03.07		06.03
14	2.2 Ausführungsbeginn	Die 06.03.07	Sam 17.03.07	13	06.03 – 17.03
15	2.3 Baustelleneinrichtung	Die 20.03.07	Mit 11.04.07	14EA+1 Tag	20.03 – 11.04
16	2.4 Mutterboden	Die 27.03.07	Mit 28.03.07	15EA-14 Tage	27.03 – 28.03
17	2.5 Baugrube	Mit 28.03.07	Don 19.04.07	16EA-1 Tag	28.03 – 19.04
18	2.6 Fundamentgräben schliessen	Mit 02.05.07	Sam 05.05.07	19EA-10 Tage	02.05 – 05.05
19	2.7 Fundamente/Sohle	Sam 21.04.07	Sam 12.05.07	17EA+1 Tag	21.04 – 12.05
20	2.8 Kellergeschoss	Mon 14.05.07	Mon 09.07.07	19	14.05 – 09.07
21	2.9 Erdgeschoss	Sam 09.06.07	Mon 06.08.07	20EA-26 Tage	09.06 – 06.08
22	3 Soll	Die 06.03.07	Sam 14.07.07		
23	3.1 Baugenehmigung	Die 06.03.07	Die 06.03.07		06.03
24	3.2 Ausführungsbeginn	Die 06.03.07	Sam 17.03.07	23	06.03 – 17.03
25	3.3 Baustelleneinrichtung	Die 20.03.07	Mit 11.04.07	24EA+1 Tag	20.03 – 11.04
26	3.4 Mutterboden	Die 27.03.07	Mit 28.03.07	25EA-14 Tage	27.03 – 28.03
27	3.5 Baugrube	Mit 28.03.07	Sam 07.04.07	26EA-1 Tag	28.03 – 07.04
28	3.6 Fundamentgräben schliessen	Fre 20.04.07	Die 24.04.07	29EA-10 Tage	20.04 – 24.04
29	3.7 Fundamente/Sohle	Die 10.04.07	Die 01.05.07	27EA+1 Tag	10.04 – 01.05
30	3.8 Kellergeschoss	Mit 02.05.07	Mit 27.06.07	29	02.05 – 27.06
31	3.9 Erdgeschoss	Die 29.05.07	Sam 14.07.07	30EA-26 Tage	29.05 – 14.07

Zeitskala-Kopf: Feb '07, Mrz '07, Apr '07, Mai '07, Jun '07, Jul '07, Aug '07, Sep '07, Okt '07 (jeweils unterteilt A M E)

Abb. 5.13 Beispielhafte Gegenüberstellung Ist-, Ist'- und Soll-Bauablauf

Wie bereits festgestellt, kann die für den Einzelfall geeignete Darstellungsmethode gewählt werden. Bei richtiger Anwendung und den hierfür erforderlichen Daten können mithilfe beider Methoden die Auswirkungen von Bauablaufstörungen mit hinreichender Genauigkeit dargestellt werden. Mitunter stellt die Ist'-Methode jedoch eine weniger fehleranfällige Variante dar, welche durch die überwiegende Betrachtung des tatsächlichen Bauablaufes die Darlegung von rein hypothetischen Ansprüchen bereits größtenteils verhindert.

Hinsichtlich der monetären Folgen von Bauablaufstörungen haben die Gerichte die Möglichkeit, auf Basis einer adäquaten Grundlage Schätzungen vorzunehmen (§ 287 ZPO). Hierfür bedarf es sowohl für die Darlegung eines Entschädigungs- als auch eines Schadensersatzanspruches einer Aufstellung von auf einen Referenzzeitraum (Zeitraum des Annahmeverzuges oder Bauzeitverlängerung) bezogene Ressourcen. Wie die Kalkulation von Schadensersatz- beziehungsweise Entschädigungsansprüchen erfolgt, ist Gegenstand der folgenden Abschnitte.

5.2 Kalkulation ausgewählter Ansprüche – Schadensersatz und Entschädigung

5.2.1 § 6 Abs. 6 VOB/B

Neben den reinen Vergütungsanpassungen können bei der Abwicklung von Bauverträgen auch andere Kalkulationserfordernisse entstehen. Grundsätzlich kann der Bauvertrag durch Pflichtverletzungen, z. B. des Auftraggebers, gestört werden. Der Auftragnehmer kann dann den Vertrag nicht so abwickeln, wie er es ursprünglich geplant hatte. Dabei ist aber zu beachten, dass Änderungen aufgrund von bauinhaltlichen geänderten Leistungen und sonstigen Anordnungen des Auftraggebers keine Pflichtverletzungen sind, sondern im Rahmen des Vertrages zulässig und daher unter die Anspruchsgrundlagen des § 2 VOB/B fallen. Hat der Auftraggeber aber eine Pflichtverletzung begangen, sind die Ansprüche des Auftragnehmers grundsätzlich anders zu kalkulieren als die reinen geänderten Vergütungsansprüche.

Voraussetzung für die Ansprüche des Auftragnehmers ist dabei, dass eine Pflichtverletzung des Auftraggebers aus dem Vertragsverhältnis vorliegt. Abzugrenzen von der Pflichtverletzung sind dabei die Obliegenheitsverletzungen. Dies wird im Einzelfall genau zu prüfen sein, da Pflichten und Obliegenheiten, die aus einem Vertrag resultieren, voneinander abgegrenzt werden müssen. Folgt aus einer Pflichtverletzung des Auftraggebers eine Behinderung des Auftragnehmers, so hat dieser Anspruch auf den dadurch entstandenen nachweislichen Schaden (siehe VOB/B § 6 (6)). Bei VOB-Verträgen sind dabei zusätzlich einige Sonderreglungen zu beachten. So ist es erforderlich als Voraussetzung für einen solchen Anspruch, dass der Auftragnehmer die Behinderung angezeigt hat (§ 6 (1) 1 VOB/B), es sei denn, die Behinderung war offenkundig.

Der nachweislich entstandene Schaden umfasst nicht den entgangenen Gewinn im Unterschied zu den Regelungen des BGB (§ 252 BGB), es sei denn die Pflichtverletzung beruht auf Vorsatz oder grober Fahrlässigkeit beruht.

Gerichte haben die Kalkulation dieser Ansprüche aus Pflichtverletzungen nochmals spezifisch geregelt und hohe Ansprüche an den Nachweis des entstandenen Schadens gestellt.

Im Übrigen gilt diese Regelung analog für Ansprüche des Auftraggebers, wenn der Auftragnehmer hindernde Umstände zu vertreten hat, die bei ihm einen nachweislichen Schaden entstehen lassen.

Die Kalkulationsmethodik solcher Ansprüche aus dem dann gestörten Bauablauf setzt eine mehrstufige Kalkulation voraus. Die Höhe des Anspruchs wird dabei nach der sogenannten Differenzhypothese berechnet. Es muss dabei kalkuliert werden, welcher Vermögenszustand eingetreten wäre, wenn es die Pflichtverletzung nicht gegeben hätte und dieser Zustand verglichen wird mit dem Vermögenszustand, der tatsächlich durch die Pflichtverletzung eingetreten ist.

In einem ersten Schritt muss die sogenannte haftungsbegründende Kausalität nachgewiesen werden. Der Auftragnehmer muss dabei zum Beispiel den Zusammenhang zwischen der Pflichtverletzung des Auftraggebers und der bei ihm entstandenen Behinderungen darlegen und gerichtsfest beweisen. Da eine Pflichtverletzung sehr häufig vor allem terminliche Verzüge nach sich zieht, müssen dann auch die terminlichen Auswirkungen bewiesen werden.

Dazu ist eine bauablaufbezogene Darstellung erforderlich und es reicht nicht, die Pflichtverletzungen des Auftraggebers nur zu beschreiben und dann auf die tatsächlich eingetretene Behinderung zu verweisen. Die ablaufbezogene Darstellung muss zwingend eine Aussage darüber treffen, welche terminlichen Folgen sich aus der Pflichtverletzung ergeben haben. Dabei ist auch zu berücksichtigen, welche Unregelmäßigkeiten oder Störungen auf beiden Seiten also sowohl auf Auftraggeberseite wie auch auf Auftragnehmerseite vorgefallen sind. Es wird zunächst der fiktive ungestörte Bauablauf ohne eingetretene Behinderungen auf Basis des Bauvertrages ermittelt. In einem zweiten Schritt wird dann der tatsächliche Bauablauf dargestellt und Veränderungen den Pflichtverletzungen zugeordnet.

Aus diesen bauablaufbezogenen Darstellungen ergibt sich dann der durch die Pflichtverletzung entstandene Terminverzug, einmal der direkt durch die Pflichtverletzung betroffenen Arbeiten, aber auch der nachfolgenden Arbeiten und des Gesamtprojektes sowie einer möglichen Verzögerung der Projektfertigstellung. Diese angepassten störungsinduzierten Bauablaufpläne werden dann dem ursprünglich geplanten Bauablauf gegenübergestellt. Hieraus ergeben sich die Folgen der Pflichtverletzung des Auftraggebers. Dies ist eine wesentliche Voraussetzung, um den Anspruch richtig kalkulieren zu können.

Der auf dieser Basis in einem zweiten Schritt – auch als haftungsausfüllende Kausalität bezeichnet – zu ermittelnde Schadenersatzanspruch muss nun durch den Vergleich von den beiden Vermögenslagen ermittelt werden. Dabei ist der Grundsatz einer konkreten Schadensberechnung zugrunde zu legen. Dies bedeutet, der Schaden darf nicht abstrakt ermittelt werden, sondern muss auf Basis der realen Projektverhältnisse ermittelt werden. Als erste Vermögenslage wird die hypothetische Vermögenslage ermittelt, die sich ohne eingetretene Behinderung ergeben hätte. Diese Vermögenslage ist hypothetisch, da sie zwar ursprünglich geplant war, aber durch die Behinderung nicht realisiert werden konnte. Daher ist die Ermittlung dieser Vermögenslage auf Annahmen und Schätzungen angewiesen. Verzögerungen und mangelnde Produktivität auf Seiten des Auftragnehmers sind dabei in die Betrachtung mit einzubeziehen. Dem wird die zweite Vermögenslage, die sich tatsächlich ergeben hat, gegenübergestellt. Diese tatsächliche Vermögenslage, die durch die Behinderung tatsächlich entstanden ist, kann durch die tatsächlichen Verhältnisse auf der Baustelle ermittelt werden. Dazu sind die angefallenen Kosten auf der Baustelle sowie die sich durch die Pflichtverletzung ergebenen und in der bauablaufbezogenen Darstellung nachgewiesenen Terminverzüge zu nutzen. Gestörte Bauabläufe haben sehr häufig zur Folge, dass die Produktion oft umgestellt werden muss, es muss improvisiert werden und üblicherweise sinkt die Effizienz und Produktivität von Gerät und Personal ab. Bei gleichbleibenden zeitlichen Kosten steigen damit die Kosten pro Produktionseinheit an. Dies führt dann typischerweise auch zu Bauzeitverlängerungen oder Bauzeitverschiebungen. Sind die Behinderungen länger und gravierender, können weitere typische Mehrkosten entstehen. Bei der Kalkulation dieser Vermögenslage ist entscheidend, keine Kostenpositionen zu übersehen. Beispielhaft ist dabei an die folgenden Kostenpositionen zu denken:

- längerer Einsatz von Personal und Gerät (bei verminderter Produktivität)
- Stillstandskosten von Personal und Gerät
- zusätzliche Vorhaltekosten für Baustelleneinrichtung
- zusätzliche Baustellengemeinkosten (z. B. zusätzliches Bauleitungspersonal, längere Vorhaltung Bauleitungspersonal, …)
- Preisanpassungen für Material und sonstige zugekaufte Leistungen (z. B. Nachunternehmer, Gerätemieten, …)
- zusätzliche Kosten durch Verschiebung von Leistungen in die ungünstigere Jahreszeit
- etc.

Im Gegensatz zur Beweisnotwendigkeit des Ursachenzusammenhangs zwischen eingetretener Behinderung und Pflichtverletzung des Auftraggebers, kann nach § 287 ZPO die Schadenshöhe geschätzt werden.

Zur Verdeutlichung soll diese Ermittlung an einem einfachen Beispiel illustriert werden.

Ein Auftragnehmer schuldet das Herstellen von 1000 m³ Betonfundamenten, die zugehörige Planung wird vom Auftraggeber geliefert. Die Betonfundamente sollen in 5 Bauabschnitten betoniert werden. Dafür sind je Abschnitt 1 Kalenderwoche, insgesamt also 5 Kalenderwochen als Arbeitszeit eingeplant. Die Planlieferung durch den Auftraggeber soll jeweils 2 Wochen vor Beginn der Betonierarbeiten beim Auftragnehmer vorliegen, dies wurde vertraglich vereinbart. Der Auftragnehmer plant die Arbeiten mit 5 Arbeitnehmern, dem teilzeitlichen Einsatz eines Poliers (10 % seiner Arbeitszeit) und einer von einem Nachunternehmer gestellten Betonpumpe abzuwickeln. Er hat die folgende Kalkulation für diesen Auftrag erstellt.

Es ergeben sich dabei insgesamt die in Abb. 5.14 dargestellte Kostenzusammenstellung mit einer Auftragssumme, die auch so beauftragt wurde.

Im Laufe der Projektabwicklung kann der Auftraggeber seine vertragliche Verpflichtung, die Planunterlagen 2 Wochen vor Beginn der Fertigung für die Abschnitte 1 und 2 zu liefern, nicht einhalten. Der Auftraggeber liefert die Planunterlagen für die Bauabschnitte 1 und 2 erst einen Tag vor dem ursprünglich geplanten Beginn der Bauarbeiten und damit

Urkalkulation

		Lohn	Stoff	Gerät	NU	
EKdT						
	1000 m³ Beton Fundament					
	Lohn: 1 h/m³ mit 40€ ML ohne Polier	40.000,00 €				
	Material: Beton 150 €/m³		150.000,00 €			
	Gerät Rüttenflaschen, Kleingerät... (eigen)					
	500 € psch pro KW, 5 KW			2.500,00 €		
	Betonpumpe 10€/m³				10.000,00 €	
						202.500,00 €
BGK						
	Polier 10%, 6.500€/Mon., 5 KW					812,50 €
	Baustelleneinrichtung: Container, Kleingeräte 750€/KW, 5 KW					3.750,00 €
	Strom 400 €/KW, 5 KW					2.000,00 €
						6.562,50 €
						209.062,50 €
Zuschläge						
AGK	8,50%	9,83%	20.543,71 €	63%		20.543,71 €
G	5,00%	5,78%	12.084,54 €	37%		12.084,54 €
			32.628,25 €	100%		
						241.690,75 €

Abb. 5.14 Beispiel zu § 6 Abs. 6 VOB/B Schadensersatz

2 Wochen zu spät. Die Planlieferungen für die restlichen Abschnitte sind termingerecht geliefert worden. Durch eine Umdisposition konnte der Auftragnehmer erreichen, dass trotz der um 2 Wochen verspäteten vertragswidrigen Lieferungen der Planunterlagen für Bauabschnitt 1 und 2 die Arbeiten mit nur einwöchiger Verzögerung beginnen konnten. Die Gesamtbauzeit hat sich damit nur um eine Woche verzögert, in der die Baustelle stillgestanden hat. Die Lieferung des Betons konnte der Auftragnehmer kostenfrei umdisponieren, ebenso wie die durch einen Nachunternehmer gestellte Betonpumpe.

Der Auftragnehmer meldet aufgrund der verzögerten Planlieferung beim Auftraggeber eine Behinderung an und kalkuliert nun seinen Schadensersatzanspruch. Obwohl der Auftragnehmer seine vertragliche Verpflichtung, die Planunterlagen zu liefern, um 2 Wochen überschritten hat, kommt es nun auf den tatsächlichen Gang der Arbeiten an. Da der Auftragnehmer durch Umdispositionen erreichen konnte dass die Bauarbeiten nur um eine Woche verzögert stattgefunden haben, ist auch nur diese Verzögerung bei der Ermittlung des Schadensersatzes anzusetzen. Zusätzlich konnte der Auftragnehmer während der Woche Baustillstand von seinen geplanten 5 gewerblichen Mitarbeitenden, 2 Mitarbeitende auf einer anderen Baustelle einsetzen.

Es ergeben sich nun die in Abb. 5.15 dargestellten beiden Vermögenslagen. Dabei ist zu berücksichtigen, dass die verzögerte Planlieferung zwar fahrlässig erfolgte, aber in diesem Fall davon ausgegangen wurde, dass dies nicht vorsätzlich oder grob fahrlässig geschah. Daher kann ein möglicherweise entgangener Gewinn nicht angesetzt werden.

Es ergibt sich die dargestellte Vermögensdifferenz und damit der entstehende Schadensersatzanspruch.

Es gibt nun bei der Ermittlung dieser Schadensersatzansprüche aus gestörtem Bauablauf einige Besonderheiten.

1. Hypothetische ungestörte Vermögenslage (hier nach Urkalkulation)

	Lohn	Stoff	Gerät	NU	
EKdT					
1000 m³ Beton Fundament					
Lohn: 1 h/m³ mit 40€ ML ohne Polier	40.000,00 €				
Material: Beton 150 €/m³		150.000,00 €			
Gerät Rüttenflaschen, Kleingerät... (eigen)					
500 € psch pro KW, 5 KW			2.500,00 €		
Betonpumpe 10€/m³				10.000,00 €	
				202.500,00 €	

BGK		
Polier 10%, 6.500€/Mon., 5 KW	812,50 €
Baustelleneinrichtung:	3.750,00 €
Container, Kleingeräte 750€/KW, 5 KW	
Strom 400 €/KW, 5 KW	2.000,00 €
	6.562,50 €
	209.062,50 €

Zuschläge

AGK	8,50%	9,83%	20.543,71 €	63%		20.543,71 €
G	5,00%	5,78%	12.084,54 €	37%		
			32.628,25 €	100%		
						229.606,21 €

2. tatsächliche Vermögenslage

	Lohn	Stoff	Gerät	NU	
EKdT					
1000 m³ Beton Fundament					
Lohn: 3 Mann 6 KW, 2 Mann	44.800,00 €				
5 KW mit 40€ ML ohne Polier					
Material: Beton 150 €/m³		150.000,00 €			
Gerät Rüttenflaschen, Kleingerät... (eigen)					
500 € psch pro Tag, 6 Wochen			3.000,00 €		
Betonpumpe 10€/m³				10.000,00 €	
				207.800,00 €	

BGK		
Polier 10%, 6.500€/Mon., 5 KW	975,00 €
Baustelleneinrichtung: Container, Kleingeräte 750 pro Woche	4.500,00 €
Strom 400 €/Woche	2.000,00 €
	7.475,00 €
	215.275,00 €

Zuschläge

AGK	8,50%	9,83%	21.154,19 €	63%		21.154,19 €
G	5,00%	5,78%	12.443,64 €	37%		
			33.597,83 €	100%		
						236.429,19 €
					Anspruch	**6.822,98 €**

Abb. 5.15 Beispiel zur hypothetischen und tatsächlichen Vermögenslage

Nutzung einer durch den Auftragnehmer erstellten Urkalkulation

Wenn die Annahme besteht, dass die ursprüngliche Kalkulation des Auftragnehmers ein guter Anhaltspunkt für diese Vermögenslage ist, kann diese dafür verwendet werden. Auf jeden Fall sind aber die tatsächlichen Mengen und Einsatzzeiten, z. B. durch Bautagebücher zu nutzen, um dies zu prüfen.

Baustellengemeinkosten

Oft werden Baustellengemeinkosten in der Kalkulation prozentual auf die Einzelkosten der Teilleistungen umgelegt. Baustellengemeinkosten können bei Ermittlung des Schadenersatzanspruches jedoch nicht pauschal aufgeschlagen werden, sondern die Mehrkosten müssen konkret als Einzelkosten ermittelt werden.

Allgemeine Geschäftskosten

Grundsätzlich kann in Frage gestellt werden, ob Kostenerhöhungen bei Einzelkosten der Teilleistungen und Baustellengemeinkosten tatsächlich auch höhere allgemeine Geschäftskosten nach sich ziehen, die üblicherweise durch einen pauschalen Prozentsatz angesetzt werden. Der Zuschlag für Allgemeine Geschäftskosten wird üblicherweise einmal jährlich auf Basis der allgemeinen Umsatzplanung eines Unternehmens festgelegt. Der Auftragnehmer müsste nun im Rahmen der konkreten Schadensermittlung nachweisen, dass er aufgrund des gehinderten Bauablaufes tatsächlich auch höhere allgemeine Geschäftskosten zu tragen hatte. Dieser Nachweis ist regelmäßig sehr schwer zu führen und nur in Ausnahmefällen möglich. Trotzdem ist es herrschende Meinung, dass allgemeine Geschäftskosten in Ansatz gebracht werden können. Ansonsten wäre jede Störung des Bauablaufs für den Auftragnehmer nur aufgrund der Tatsache, dass er die zusätzlichen allgemeinen Geschäftskosten nicht nachweisen kann, ein Vermögensverlust.

Berücksichtigung von entgangenem Gewinn

Gemäß § 6 (6) VOB/B kann im Falle einer grob fahrlässigen oder vorsätzlichen Pflichtverletzung durch den Auftraggeber auch der entgangene Gewinn bei der Schadensermittlung angesetzt werden. Dabei ist nach § 252 BGB der Gewinn anzusetzen der nach dem gewöhnlichen Lauf der Dinge oder nach den besonderen Umständen mit Wahrscheinlichkeit erwartet werden konnte. Es kann also in diesem Fall ein mit Wahrscheinlichkeit erwarteter Gewinn und damit häufig ein in der Kalkulation angesetzter Gewinn bei der Schadensermittlung angesetzt werden. Allerdings kann gegen diese Annahme auch der Gegenbeweis angebracht werden. In unserem Beispiel würde sich in einem solchen Fall der Schadensanspruch ergeben (Abb. 5.16).

Ansatz von Preissteigerungen

Führen behinderungsbedingte Bauzeitverzögerungen zu einer Verschiebung der Beschaffung von Material und Gerät und zu Preissteigerungen, so können diese Preissteigerungen eingerechnet werden. Der Auftragnehmer hat diese Preissteigerungen allerdings eindeutig zu belegen. Das gleiche gilt, wenn behinderungsbedingte Bauzeitverzögerungen zu Lohnkostensteigerungen führen, zum Beispiel durch tarifliche Lohnerhöhungen.

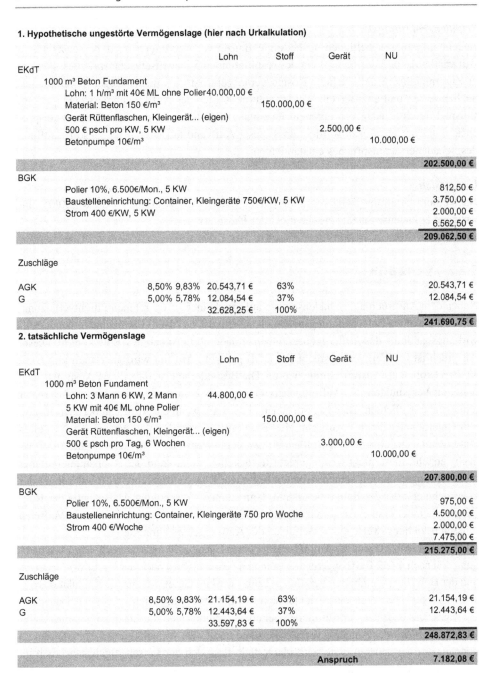

1. Hypothetische ungestörte Vermögenslage (hier nach Urkalkulation)

		Lohn	Stoff	Gerät	NU	
EKdT						
1000 m³ Beton Fundament						
Lohn: 1 h/m³ mit 40€ ML ohne Polier		40.000,00 €				
Material: Beton 150 €/m³			150.000,00 €			
Gerät Rüttenflaschen, Kleingerät... (eigen)						
500 € psch pro KW, 5 KW				2.500,00 €		
Betonpumpe 10€/m³					10.000,00 €	
						202.500,00 €
BGK						
Polier 10%, 6.500€/Mon., 5 KW						812,50 €
Baustelleneinrichtung: Container, Kleingeräte 750€/KW, 5 KW						3.750,00 €
Strom 400 €/KW, 5 KW						2.000,00 €
						6.562,50 €
						209.062,50 €

Zuschläge

AGK	8,50%	9,83%	20.543,71 €	63%		20.543,71 €
G	5,00%	5,78%	12.084,54 €	37%		12.084,54 €
			32.628,25 €	100%		
						241.690,75 €

2. tatsächliche Vermögenslage

		Lohn	Stoff	Gerät	NU	
EKdT						
1000 m³ Beton Fundament						
Lohn: 3 Mann 6 KW, 2 Mann		44.800,00 €				
5 KW mit 40€ ML ohne Polier						
Material: Beton 150 €/m³			150.000,00 €			
Gerät Rüttenflaschen, Kleingerät... (eigen)						
500 € psch pro Tag, 6 Wochen				3.000,00 €		
Betonpumpe 10€/m³					10.000,00 €	
						207.800,00 €
BGK						
Polier 10%, 6.500€/Mon., 5 KW						975,00 €
Baustelleneinrichtung: Container, Kleingeräte 750 pro Woche						4.500,00 €
Strom 400 €/Woche						2.000,00 €
						7.475,00 €
						215.275,00 €

Zuschläge

AGK	8,50%	9,83%	21.154,19 €	63%		21.154,19 €
G	5,00%	5,78%	12.443,64 €	37%		12.443,64 €
			33.597,83 €	100%		
						248.872,83 €
					Anspruch	**7.182,08 €**

Abb. 5.16 Beispiel zur hypothetischen und tatsächlichen Vermögenslage bei Berücksichtigung von entgangenem Gewinn

Schadenermittlungskosten

Regelmäßig führen behinderungsbedingte Bauzeitverzögerungen auch zu zusätzlichem Aufwand aufgrund der Ermittlung des resultierenden Schadensersatzanspruches. Werden in Zusammenhang dafür extern Kosten verausgabt, ist dies in der Regel unkompliziert nachzuweisen und anzusetzen. Werden interne Kosten des Auftragnehmers erzeugt, zum Beispiel durch Einsatz von eigenem Personal zur Aufstellung des Schadensersatzanspruches, muss nachgewiesen werden, dass dieser Aufwand tatsächlich für diese Ermittlung des Schadenersatzanspruches entstanden ist.

Umsatzsteuer

Nach einem Urteil des BGH von 2008 [BHG, Urteil v. 24.01.2008, – VII ZR 280/05] unterliegen Schadensersatzansprüche nicht der Umsatzsteuer.

5.2.2   § 642 BGB

Neben dem Anspruch auf Schadensersatz, aufgrund einer zu vertretenen Pflichtverletzung, gibt es auch einen Entschädigungsanspruch auf Basis § 642 BGB durch eine fehlende Mitwirkungshandlung des Auftraggebers, wenn er dadurch in Annahmeverzug kommt. Dieser Anspruch ist im Werkvertragsrecht des BGB geregelt. Auf ihn wird aber auch in § 6 (6) VOB/B explizit als Anspruch hingewiesen. Die Besonderheit ist, dass dieser Anspruch auch ohne ein Verschulden des Auftraggebers entsteht. Es geht hier um die Verletzung reiner Obliegenheitspflichten. Dies ist zum Beispiel der Fall, wenn ein Auftraggeber zunächst einen Unternehmer damit beauftragt, eine Baugrube zu erstellen und danach einen zweiten Unternehmer beauftragt, den Rohbau zu erstellen. Wenn der Unternehmer, der die Baugrube erstellt, diese nicht termingerecht fertigstellen kann, kann der Rohbauunternehmer nicht termingerecht mit seinen Arbeiten beginnen. Den Auftraggeber trifft am Verzug des Unternehmers, der die Baugrube erstellt, kein eigenes Verschulden. Daher hätte der Rohbauunternehmer keinen Anspruch aus § 6 VOB/B auf Schadensersatz, da dies ein Vertreten müssen beziehungsweise ein Verschulden des Auftraggebers voraussetzt.

In diesen Fällen erhält der Auftragnehmer einen Entschädigungsanspruch. Die Entschädigung soll nach § 642 BGB angemessen sein und bestimmt sich nach der Dauer des Verzuges und der Höhe der vereinbarten Vergütung. Damit wird im Gesetz bereits die Kalkulationsvorschrift vorgegeben. Zum einen richtet sich die Entschädigung nach der reinen Dauer des Verzuges. Das bedeutet, der Auftragnehmer erhält lediglich eine Entschädigung dafür, dass er während der Zeit des Annahmeverzugs Personal und Gerät vorhalten muss, ohne leisten zu können. Auf der anderen Seite wird klargestellt, dass sich der Entschädigungsanspruch im Gegensatz zu den Schadenersatzansprüchen nicht nach der Differenzhypothese bemisst, sondern nach der Höhe der vereinbarten Vergütung, also auf Basis der Vertragspreise. Allerdings muss sich der Auftragnehmer Ersparnisse anrechnen lassen, die er infolge des Verzugs erzielt oder durch eine andere anderweitige Verwendung seiner Arbeitskraft erzielen kann, also zum Beispiel dadurch, dass er Gerät oder Personal auf anderen Projekten produktiv einsetzen kann. Damit erhält der Auftragnehmer einen Vergütungsanspruch. Auf der anderen Seite ist durch diese Berechnungsvorschrift auch geregelt, dass der Auftragnehmer zwar einen Entschädigungsanspruch für die Dauer des Verzugs erhält, aber ihm keine Entschädigung zusteht, wenn sich etwa die Bauzeit verlängert oder wenn die Bauzeit in eine ungünstigere Jahreszeit fällt. Dies hat der BGH in Urteilen vom 26.10.2017 und 26.04.2018 entschieden. Durch die Regelung, dass die Entschädigung für die Wartezeit des Unternehmers gezahlt wird, werden Mehrkosten, die nach dieser Verzugsphase anfallen, nicht entschädigt.

Die Kalkulation soll an einem kleinen einfachen Beispiel dargestellt werden. Ein Auftraggeber möchte ein Wohn- und Geschäftshaus errichten und beauftragt dafür 2 Unternehmer. Der erste Unternehmer soll die Baugrube erstellen und der zweite Unternehmer anschließend das Gebäude. Nach Auftragserteilung und Beginn der Bauarbeiten kann der Unternehmer, der die Baugrube erstellt, diese nicht termingerecht fertigstellen. Der Beginn der Arbeiten des zweiten Unternehmers muss verschoben werden. Der Unternehmer hatte allerdings seine Arbeiten schon disponiert und vorbereitet. Außerdem wurde erwartet, dass die Arbeiten zur Fertigstellung der Baugrube beschleunigt werden und die Erstellung der Baugrube noch termingerecht fertig gestellt werden kann. Er kann daher die Errichtung des ersten Hochbaukrans nicht mehr abbestellen und so wird dieser planmäßig errichtet. Außerdem ist planmäßig ein Polier auf der Baustelle eingesetzt, der auch anderweitig nicht eingesetzt werden kann. Die eingeplanten gewerblichen Mitarbeiter, die mit den Fundamentarbeiten beginnen sollten, können auf anderen Baustellen eingesetzt werden. Der gesamte Verzug der Baugrube beträgt schließlich 6 Monate und so kann die Baugrube erst mit sechsmonatiger Verspätung dem Unternehmer übergeben werden. Während dieser 6 Monate hatte der Unternehmer in Abstimmung mit dem Auftraggeber auch bereits Arbeiten zur Erstellung seiner Baustelleneinrichtung erbracht, so zum Beispiel Baustraßen erstellt und einige Container angeliefert. Dafür wurde teilzeitlich auch der schon installierte Hochbaukran genutzt. Nach Übergabe der Baugrube erstellt der Unternehmer die in Abb. 5.17 abgebildete Kalkulation zur Berechnung seines Entschädigungsanspruchs.

Im Rahmen seines Entschädigungsanspruchs kann er die Vorhaltezeit für den Hochbaukran inkl. dem Geräteführer sowie für den Polier ansetzen. Der Aufbau des Hochbaukrans ist nicht Teil der Entschädigung, da dieser zeitverzögert sowieso erfolgt wäre. Da der Hochbaukran und der Polier während der Zeit auch vertraglich vereinbarte Leistungen erbracht haben, so zum Beispiel das Erstellen der Baustraße oder das Aufstellen der Baustelleneinrichtungen, wie zum Beispiel der Container, sind diese Zeiten anzurechnen, beziehungsweise von den Kosten der Vorhaltung in Abzug zu bringen. Es ergibt sich die oben gezeigte Entschädigungssumme.

Zur Berechnung des Entschädigungsanspruchs gilt im Einzelnen:

Kosten der Bereithaltung von Gerät und Personal während der Dauer des Annahmeverzuges

Die direkt zuordenbaren Kosten können zum Beispiel aus der Angebotskalkulation abgeleitet werden, da der Entschädigungsanspruch auf Basis der vereinbarten Vergütung zu ermitteln ist, soweit sich daraus eine angemessene Entschädigung ergibt.

Urkalkulation

	Lohn	Stoff	Gerät	NU	EP	GP
Baustelleneinrichtung						
180 Tage Hochbaukran						
Lohn: 8h/d mit 40€ ML	320,00 €					
Gerät A+R (eigen)		364,00 €				
					684,00 €	123.120,00 €
BGK						
180 Polier 100%, 7.000€/Mon.					43,75 €	7.875,00 €
					684,00 €	130.995,00 €

Zuschläge

AGK	8,50%	9,83%	67,21 €	63%		12.872,34 €
G	5,00%	5,78%	39,54 €	37%		7.571,97 €
			106,75 €	100%		
						151.439,31 €

Anderweitiger Erwerb

	Lohn	Stoff	Gerät	NU	EP	GP
Baustelleneinrichtung						
-10 Tage Hochbaukran						
Lohn: 8h/d mit 40€ ML	320,00 €					
Gerät A+R (eigen)		364,00 €				
					684,00 € -	6.840,00 €
BGK						
-10 Polier 100%, 7.000€/Mon.					43,75 € -	437,50 €
					684,00 € -	7.277,50 €

Zuschläge

AGK	8,50%	9,83%	67,21 €	63%	-	715,13 €
G	5,00%	5,78%	39,54 €	37%	-	420,66 €
			106,75 €	100%		
					-	8.413,29 €
Entschädigungsanspruch netto						**143.026,01 €**
Mwst (19%)						27.174,94 €
Entschädigungsanspruch netto						**170.200,95 €**

Abb. 5.17 Beispiel zum Entschädigungsanspruch nach § 642 BGB

Baustellengemeinkosten

Baustellengemeinkosten können bei Ermittlung des Schadenersatzanspruches nicht pauschal zugeschlagen werden, sondern die Mehrkosten müssen konkret ermittelt werden.

Anderweitiger Erwerb

Werden während der Zeit des Annahmeverzugs zum Beispiel vertragliche Leistungen erbracht oder Geräte und Personal auf anderen Baustellen produktiv eingesetzt, sind diese Kosten bei der Ermittlung des Entschädigungsanspruchs gegenzurechnen, da in diesen Fällen Gerät und Personal nicht mehr unproduktiv vorgehalten werden.

Ersparte Aufwendungen

Kann der Unternehmer zum Beispiel Kosten für Geräte, die er geplant hatte anzumieten, vermeiden, so ist er gehalten, dies im Rahmen seiner Schadensminderungspflicht zu veranlassen. Diese ersparten Kosten sind dann im Rahmen der Entschädigungsberechnung anzusetzen.

Mehrkosten, die nach Beendigung des Annahmeverzugs entstehen

Entstehen Mehrkosten nach Beendigung des Annahmeverzugs, sind diese nicht vom Entschädigungsanspruch umfasst und können nicht eingerechnet werden. So zum Beispiel, wenn durch die Verschiebung der Arbeiten später Lohnkosten steigen oder Materialpreise erhöht werden.

Allgemeine Geschäftskosten

Der Ansatz für allgemeine Geschäftskosten kann wie in der Auftragskalkulation erfolgen.

Gewinn

Der Gewinnansatz kann üblicherweise wie in der Auftragskalkulation erfolgen, da der Entschädigungsanspruch nach der vereinbarten Vergütung zu ermitteln ist. Es gibt hierzu allerdings auch andere gerichtliche Urteile, die eine Bezuschlagung mit Gewinn verneinen.

Nachlässe/Skonti

Nachlässe sind zu berücksichtigen. Skonti Vereinbarungen sind zu berücksichtigen, wenn entsprechend der Zahlungsvereinbarungen auch geleistet wird.

Umsatzsteuer

Der Entschädigungsanspruch unterliegt der Umsatzsteuer.

Erratum zu: Kostenermittlung und -kalkulation im Bauprojekt

Erratum zu:
A. Malkwitz, *Kostenermittlung und -kalkulation im Bauprojekt*,
https://doi.org/10.1007/978-3-658-38927-7

„In der ursprünglich veröffentlichten Fassung sind einige Abbildungen und Textstellungen nicht aus der freigegebenen Fassung verwendet worden. Die Abbildungen und Textstellungen wurden inzwischen ausgetauscht und werden hier auch wiedergegeben."

Die korrigierte Originalversion der Kapitel ist verfügbar unter:
https://doi.org/10.1007/978-3-658-38927-7

Literatur

BGL 2020	Baugeräteliste, Wiesbaden und Berlin: Bauverlag GmbH, 2020
Dorn 1997	Dorn, C.: Systematisierte Aufbereitung von Dokumentationstechniken zur Steuerung von Bauabläufen und zum Nachweis von Bauablaufstörungen, 1. Auflage, Düsseldorf: VDI Verlag, 1997
Drittler 2017	Drittler, M.: Nachträge und Nachtragsprüfung, 3. Auflage, Köln: Werner Verlag, 2017
Ganten/Jansen/Voit 2013	Ganten, H. (Hrsg.); Jansen, G. (Hrsg.); Voit, W. (Hrsg.): Beck'scher VOB-Kommentar, Teil B, 3. Auflage, München: C. H. Beck, 2013
Leinemann 2019	Leinemann, R. (Hrsg.): VOB/B Kommentar, 7. Auflage, Köln: Werner Verlag, 2019
Madauss 2017	B.-J. Madauss (2017): Projektmanagement, 7. Auflage, Springer Verlag, 2017
Kapellmann/ Schiffers 2011	Kapellmann, K.; Markus, J.; Schiffers, K.-H.; Mechnig, M.: Vergütung, Nachträge und Behinderungsfolgen beim Bauvertrag, Band 1, 6. Auflage, Köln: Werner Verlag, 2011
KLR Bau 2016	Hauptverband der Deutschen Bauindustrie (Hrsg.); Zentralverband des Deutschen Baugewerbes (Hrsg.): Kosten- und Leistungsrechnung der Bauunternehmen – KLR Bau, 8. Auflage, Köln: Rudolf Müller, 2016
Rohr-Suchalla 2008	Rohr-Suchalla, K.: Der gestörte Bauablauf, 1. Auflage, Stuttgart: Fraunhofer IRB Verlag, 2008
Roquette/Viering/ Leupertz 2021	Roquette, A.; Viering, M.; Leupertz, S.: Handbuch Bauzeit, 4. Auflage, Köln: Werner Verlag, 2021
Schierenbeck	Schierenbeck, Grundzüge der Betriebswirtschaftslehre, 14. Auflage, Oldenbourg, 1999
Vygen/Joussen/ Lang/Rasch 2021	Vygen, K.; Joussen, E.; Lang, A.; Rasch, D: Bauverzögerung und Leistungsänderung, 8. Auflage, Köln: Werner Verlag, 2021
Plümecke et al.	Plümecke et al., Preisermittlung für Bauarbeiten, 28. Auflage, Verlagsgesellschaft Rudolf Müller, 2017
Schmitz, et al. 2020	Schmitz, et al. (2020): Baukosten 2020/21, 24. Auflage, Verlag für Wirtschaft und Verwaltung, 2020
SIRADOS Baudaten	Sirados Baudaten, Kalkulationsatlas 2022 für Roh- und Ausbau im Neubau, WEKA MEDIA Gmbh & Co. KG, 2022

BKI Baukosten	Hrsg. Müller, R., BKI Baukosten Gebäude + Positionen + Bauelemente Neubau 2022
Baupreislexikon	F:data GmbH Online Dienst
Würfele/Gralla/ Sundermeier 2012	Würfele, F.; Gralla, M.; Sundermeier, M.: Nachtragsmanagement, 2. Auflage, Köln: Werner Verlag, 2012
Kapellmann/ Messerschmidt 2015	Kapellmann, K. (Hrsg,); Messerschmidt, B. (Hrsg.): VOB Teile A und B, 5. Auflage, München: C. H. Beck, 2015

Ausgewählte Gerichtsurteile

BGH, Urteil vom 20.02.1986 – VII ZR 286/84

BGH, Urteil vom 21.12.1989 – VII ZR 132/88

BGH, Urteil vom 24.02.2005 – VII ZR 141/03

BGH, Urteil vom 28.07.2011 – VII ZR 45/11

BGH, Urteil vom 26.01.2012 – VII ZR 19/11

BGH, Urteil vom 26.10.2017 – VII ZR 16/17

BGH, Urteil vom 08.08.2019 – VII ZR 34/18

OLG Köln, Urteil vom 01.12.1980 – 22 U 73/80

OLG München – Urteil vom 26.02.2013 – 9 U 2340/11

© Der/die Herausgeber bzw. der/die Autor(en), exklusiv lizenziert an Springer
Fachmedien Wiesbaden GmbH, ein Teil von Springer Nature 2022
A. Malkwitz et al., *Kostenermittlung und -kalkulation im Bauprojekt*,
https://doi.org/10.1007/978-3-658-38927-7

Wesentliche Gesetze, Normen, Richtlinien

ATV DIN 18352 i. V. m. der ATV DIN 18299	
BGB	Bürgerliches Gesetzbuch in der Fassung der Bekanntmachung vom 2. Januar 2002 (BGBl. I S. 42, 2909; 2003 I S. 738), das zuletzt durch Artikel 2 des Gesetzes vom 21. Dezember 2021 (BGBl. I S. 5252) geändert worden ist.
DIN 276-2018-12	
DIN 277-2021-08	
HOAI	Verordnung über die Honorare für Architekten- und Ingenieurleistungen, 2021
EG VOB/A	Vergabe- und Vertragsordnung für Bauleistungen – Teil A Allgemeine Bestimmungen für die Vergabe von Bauleistungen, Ausgabe 2019
VOB/A 2019	Vergabe- und Vertragsordnung für Bauleistungen – Teil A Allgemeine Bestimmungen für die Vergabe von Bauleistungen, Ausgabe 2019
VOB/B 2019	Vergabe- und Vertragsordnung für Bauleistungen – Teil B Allgemeine Vertragsbedingungen für die Ausführung von Bauleistungen, Ausgabe 2019
VOB/C 2019	Vergabe- und Vertragsordnung für Bauleistungen – Teil C Allgemeine Technische Vertragsbedingungen für Bauleistungen (ATV), Ausgabe 2019
VHB Bund 2017	Vergabehandbuch des Bundes, 2017

© Der/die Herausgeber bzw. der/die Autor(en), exklusiv lizenziert an Springer Fachmedien Wiesbaden GmbH, ein Teil von Springer Nature 2022
A. Malkwitz et al., *Kostenermittlung und -kalkulation im Bauprojekt*,
https://doi.org/10.1007/978-3-658-38927-7

Stichwortverzeichnis